Gutes Deutsch
Gute Briefe

Fachbuch für Schriftverkehr
in Wirtschaft und Verwaltung

Neu bearbeitet von:
Rainer Breitkreutz
Klaus Richter

19. Auflage

westermann

19. Auflage Druck 5 4 3 2 1
Herstellungsjahr 2000 1999 1998 1997 1996
Alle Drucke dieser Auflage können im Unterricht parallel verwendet werden.

Verlagslektorat: Simone Nieke, Yvonne Krämer
Herstellung: Katharina Bock
Druck und Bindung: westermann druck GmbH, Braunschweig

ISBN 3-14-**20 7102**-4

Hinweise zu diesem Buch

Ein Fachbuch für den Schriftverkehr, das als Nachschlage- und Arbeitsbuch konzipiert ist, muss den neuesten Entwicklungen im Bereich des Schriftverkehrs entsprechen. In der 19. Auflage wurden deshalb die Neuerungen der DIN 5008 und der DIN 676 aufgenommen. Alle Musterbriefe und Textbausteine sind dem Sprachwandel eines modernen Schriftverkehrs angepasst. Das Buch richtet sich nach den Regeln der neuen Rechtschreibung.

Wie bisher werden die beiden Stoffgebiete des Buches „Gutes Deutsch – Gute Briefe“ äußerlich sichtbar getrennt: die weißen Seiten enthalten das Thema Schriftverkehr, die am Rand farbig markierten, die Deutschkapitel.

Die Situationsaufgaben am Ende des Buches fördern in besonderem Maße das selbstständige, handlungsbezogene Denken in Zusammenhängen.

Als sinnvolle Ergänzung zu diesem Buch werden ein handlungsorientiertes Arbeitsheft und eine CD-ROM angeboten.

Dieses Zeichen verweist auf die zusammenfassenden Abschnitte „Aufbau und Inhalt“.

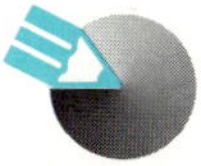

Aufgaben und Übungen wurden mit diesem Symbol gekennzeichnet.

Bei den „Textbausteinen“, die Sie als Texthilfen für Ihren Briefentwurf finden, handelt es sich um eine Auswahl; sie kann beliebig ergänzt werden.

Beachten Sie bitte:

Viele Übungen zum Schriftverkehr ermöglichen die Entwicklung von Briefreihen. Bei diesen Aufgaben verweisen in Klammern gesetzte Ziffern auf vorausgehende oder nachfolgende Übungen, z. B.: (← 95/3)

Die erste Zahl nennt die entsprechende Seite (hier: 95), die zweite verweist auf die jeweilige Aufgabennummer (hier: 3).

Gesamtüberblick

Inhaltsverzeichnis

Schriftverkehr

Deutsch

Der kaufmännische Schriftverkehr

1 Die betriebliche Kommunikation

Wer zum ersten Mal die Büroräume eines großen Betriebes betritt, ist von dem Geschehen dort meist verwirrt und beeindruckt: Telefone klingeln, Maschinen surren, Angestellte eilen mit Arbeitspapieren vorbei, einige stehen redend beisammen, andere sind am Schreibtisch über Unterlagen gebeugt oder geben Befehle in ihren Computer ein und starren gebannt auf den Bildschirm. Diese Vorgänge werden unter dem Begriff **betriebliche Kommunikation** zusammengefasst, wobei sich **schriftliche Kommunikation**, **mündliche Kommunikation** und **Telekommunikation** unterscheiden lassen.

Um möglichst alle Fälle der Kommunikation beschreiben zu können wählt man für den, der die Information abgibt, die Bezeichnung **Sender**, für den, der sie entgegen nimmt, die Bezeichnung **Empfänger**. Der Weg, den die Information nimmt, wird **Informations**- oder **Kommunikationskanal** genannt. Da Empfänger und Sender sowohl Menschen als auch Maschinen sein können, ist eine Kommunikationsbeziehung auch zwischen Mensch und Maschine möglich. Bekommt eine Sekretärin z. B. ihre Schreibanweisung vom Diktierenden selbst, so besteht eine Kommunikationsbeziehung Mensch – Mensch. Arbeitet sie hingegen an einem Personalcomputer und ruft Daten ab, dann liegt eine Kommunikationsbeziehung Maschine – Mensch vor.

Bei einer ungestörten Kommunikation kommt die abgegebene Information fehlerfrei in Wort und Inhalt beim Empfänger an. Aber wie bei dem beliebten Spiel „Stille Post" können sich auch in der betrieblichen Praxis Daten auf dem Wege vom Sender zum Empfänger verändern. Je nach Ursache des Fehlers unterscheidet man technische, semantische und psychologische Störungen. Bei einer **technischen Störung** wird z. B. wegen eines Apparatefehlers eine bestimmte Information unterdrückt oder falsch weitergegeben. Eine **semantische Störung** entsteht, wenn die Beteiligten den Inhalt einer Information falsch deuten, z. B. der Empfänger unter der Aussage „Anfang Juni" die ersten acht Tage dieses Monats versteht, während der Sender den Ersten des Monats gemeint hat. Eine **psychologische Störung** liegt vor, wenn z. B. ein Mitarbeiter eine Information unbewusst abändert, weil er wegen ihres schlechten Inhaltes Nachteile befürchtet.

Wie der Straßenverkehr durch Regeln geordnet wird und dadurch ein Verkehrssystem entsteht, so ist auch die betriebliche Kommunikation bestimmten Regeln unterworfen. Jedes Unternehmen besitzt daher sein besonderes Kommunikationssystem. Für die Informationsbeziehung zwischen Vorgesetzen und Untergebenen benutzt man die Bezeichnung **vertikale Kommunikation**. Die Informationsbeziehung zwischen gleichgestellten Mitarbeitern nennt man **horizontale Kommunikation**. Der Informationsaustausch mit dem außerbetrieblichen Bereich eines Unternehmens (Kunden, Lieferanten, Behörden, Banken etc.) kann besondere Probleme (Geheimhaltung, Wettbewerbsvereinbarungen, Zuständigkeiten) aufwerfen, die entsprechende Regelungen verlangen. In vielen Fällen ist die **innerbetriebliche** und die **außerbetriebliche Kommunikation** voneinander abgegrenzt und ein Informationsaustausch ist nur über bestimmte Kontaktstellen (z. B. Pressestelle) möglich.

Mit einer Vielzahl von Anweisungen sorgt man in der betrieblichen Praxis auch dafür, dass die Informationen auf dem schnellsten Weg weitergegeben werden. Die nach festgelegten Regeln ablaufenden Informationsvorgänge kennzeichnen das **formelle Kommunikationssystem;** in ihm sind alle Informationsvorgänge nachvollziehbar und kontrollierbar.

Daneben bildet sich aber meist noch ein **informelles Kommunikationssystem** aus. Dazu gehören z. B. die Gespräche am Fließband, in der Kantine, auf dem Weg zur Arbeit oder im Sportclub. Solche Kommunikationsbeziehungen und -wege entstehen meist zufällig und sind oft nicht von Dauer. Ursache für ihre Entstehung können Verwandtschaft, Vereinszugehörigkeit oder persönliche Zuneigung sein. Der betriebliche Wert des informellen Kommunikationssystems ist meist sehr gering, unter Umständen sogar schädlich, wenn dadurch z. B. falsche oder vertrauliche Mitteilungen verbreitet werden.

Das vorliegende Buch greift den Bereich der schriftlichen Kommunikation auf. Da hierfür der Begriff **Schriftverkehr** geläufig ist, wird er im weiteren Verlauf verwendet.

2 Einige Überlegungen zum Schriftverkehr

Aufgabe des kaufmännischen Schriftverkehrs ist es ein Gespräch zwischen Geschäftspartnern, das nicht immer möglich ist, durch das geschriebene Wort zu ersetzen oder die Ergebnisse einer mündlichen Aussprache festzuhalten. Der Kaufmann muss beanstanden und mahnen, Erkundigungen einholen, Auskünfte geben, Verträge abschließen usw. Das beweist, welche große Bedeutung dem **Geschäftsbrief** zukommt.

Da ein Schreiben immer Rückschlüsse auf seinen Verfasser zulässt, müssen das Äußere eines Geschäftsbriefes und seine Formulierung frei von Beanstandungen sein.

Für den Aufbau und den Inhalt des Geschäftsbriefes gelten folgende drei Forderungen:

Übersichtlicher Aufbau	**Beschränkung auf das Wesentliche**	**Klare, treffende Ausdrucksweise**

Als Verfasser eines Briefes sollte man sich die Person des Empfängers vorstellen; denn man erwartet, dass jeder Geschäftsbrief individuell geschrieben wird, d. h. eine persönliche Note hat. Eine Hausfrau ist anders anzusprechen als ein Handwerksmeister oder die Sachbearbeiterin bei einer Verwaltungsbehörde. Grundsätzlich aber sollten Geschäftsbriefe höflich und freundlich sein, auch Humor führt mitunter zum gewünschten Erfolg.

Weit verbreitet ist die Ansicht, man müsse eine besondere Kaufmannssprache verwenden oder dem Brief Aktualität verleihen, indem man auf Begriffe aus der Werbesprache zurückgreift. Solche Briefe wirken meist „hohl" und sind weder ansprechend noch überzeugend. (vgl. dazu das Kapitel „Stilübungen", Seite 197).

Eine besondere Bedeutung hat heute der **individuelle Massenbrief,** der insbesondere bei gezielten Werbeaktionen der Industrie und des Handels oder bei Bankgeschäften an eine große Gruppe von Adressaten (z. B. alle Einwohner eines Stadtteils) verschickt wird. Er wird auf computergesteuerten Schreibanlagen entworfen, gespeichert und nach einer eingegebenen Adressenliste ausgedruckt. Für den einzelnen Brief werden die individuellen Daten automatisch aus der Liste entnommen, sodass der Empfänger den Eindruck gewinnen muss, dass der Brief speziell für ihn geschrieben wurde (vgl. dazu das Kapitel „Moderne Textverarbeitung", Seite 220).

Für nichtvertrauliche, kurze Informationen eignet sich gut die **Postkarte**. Sie ist ein kostengünstiges Kommunikationsmittel, einfach und schnell zu bearbeiten und im Postversand preiswert. Um das lästige beidseitige Beschreiben zu vermeiden und den Einsatz moderner Schreibsysteme zu ermöglichen wird die Rückseite der Postkarte mit allgemeinen Werbemitteilungen bedruckt. Die eigentliche kurze Nachricht wird auf die Aufschriftseite neben die Postanschrift geschrieben. Oder aber man beschreibt großflächig die Rückseite der Postkarte und arbeitet auf der Aufschriftseite mit Adressaufklebern (siehe Seite 16).

3 Die Normung beim Schriftverkehr

Die Bemühungen, den Schriftverkehr zu rationalisieren, führen dazu den Geschäftsbrief in Form und Aufbau bestimmten Festlegungen zu unterwerfen. Sie sollen den Brief maschinengerecht machen, die Übersichtlichkeit erhöhen und seine Bearbeitung erleichtern.

Solche Festlegungen heißen **Normen**. Sie werden vom Deutschen Institut für Normung e.V. (DIN) herausgegeben, nachdem sie anhand von Erfahrungen und Erkenntnissen aus der Praxis erarbeitet wurden. Ihre Anwendung ist nicht zwingend vorgeschrieben, doch die Vorteile, die sich aus ihrer Benutzung im täglichen Schriftverkehr ergeben, führen dazu, dass sie zur grundsätzlichen Regel werden.

Für den Bürobereich ist ein spezieller Normenausschuss Bürowesen (NBü) tätig, der z. B. für folgende Normen verantwortlich ist:

Papierformate	DIN 476	Geschäftsbrief	DIN 676
Briefhüllen	DIN 678 und DIN 680	Rechnungen	DIN 4991
Bestellungen	DIN 4992	Best.-Annahme	DIN 4993
Lieferschein und Lieferanzeige			DIN 4994
Regeln für Maschinenschreiben			DIN 5008

Das vorliegende Buch erklärt den Aufbau des **Geschäftsbriefes als Vordruck** in der Größe A4 und der Form B gemäß DIN 676, denn dieser Brief kommt in der Geschäftspraxis sehr häufig vor. Die Schreibangaben und Gestaltungshinweise entsprechen der DIN 5008 über die „Schreib- und Gestaltungsregeln für die Textverarbeitung".

Beide Normen gehen davon aus, dass der Brief maschinell erstellt wird, und verwenden daher Begriffe aus dieser Schreibtechnik: Die Anzahl der Buchstaben, die auf eine Schreibzeile passen, hängt von der Schriftart und der Buchstabengröße ab. Man spricht von der Schriftteilung. Bei der sogenannten 10er-Teilung (Pica) passen 10 Buchstaben (Anschläge) auf eine Zeilenlänge von 1 Zoll. Man teilt also eine Zeile in entsprechende Schreibschritte auf und bezeichnet jeden Schritt mit **Grad**. Auf diese Weise lassen sich Schreibanweisungen für die Aufteilung einer Zeile geben. Solche Angaben nützen aber nur, wenn die verwendete Schreibmaschine technisch entsprechend eingerichtet ist. In der modernen Textverarbeitung benutzt man aber eine Vielzahl von Schriftarten und -größen, wodurch sich jedesmal eine andere Schriftteilung und folglich auch eine andere Gradzahl ergibt. Durch die Angabe von Zentimetern, bezogen auf die linke Blattkante, wird dieses Problem umgangen.

Umrechnung von Grad in cm bei der 10er-Schriftteilung (Pica):

für den linken Textrand **(Grad - 0,5) x 0,254 cm = ... cm;** z. B. Grad 10 = 2,41 cm
für den rechten Textrand **(Grad + 0,5) x 0,254 cm = ... cm;** z. B. Grad 64 = 16,38 cm

Das Vorrücken auf einer Schreibzeile ohne den Druck eines Zeichens bezeichnet man als **Leerschritt**.

Der **Zeilenabstand** ist die Entfernung von Zeile zu Zeile, normalerweise schreibt man mit einfachem Abstand (einzeilig), bei besonderen Schriftstücken wie Berichten, Arbeitsanweisungen oder Gutachten ist ein größerer Zeilenabstand erlaubt.

Die **Leerzeile** entsteht, indem man eine Zeile überspringt. Textteile werden dadurch voneinander abgerückt, wodurch sich die Übersichtlichkeit erhöht.

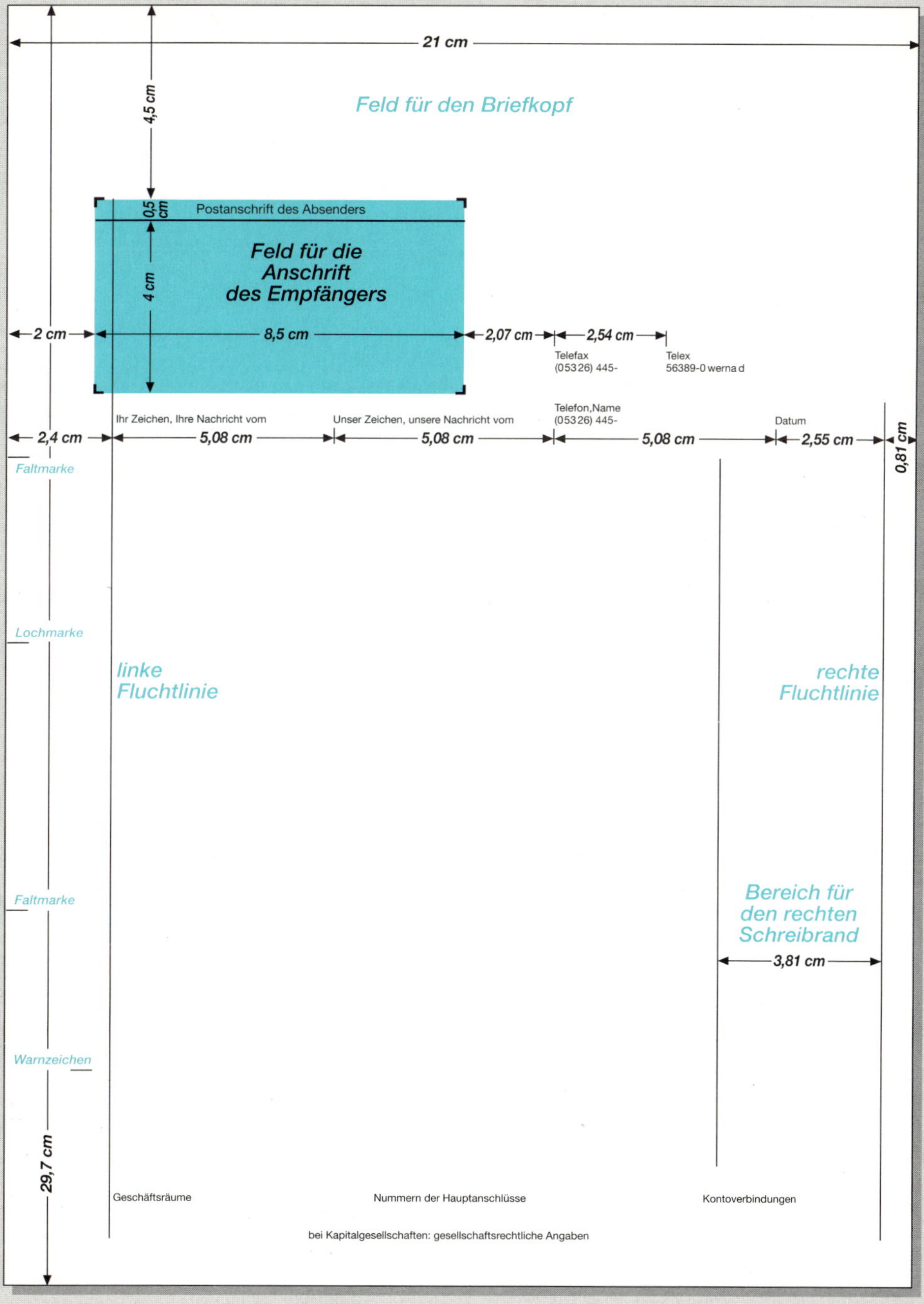

Geschäftsbrief A4 , Form B, DIN 676

4 Die Umhüllungen beim Schriftverkehr

Bis auf die Postkarte werden alle schriftlichen Mitteilungen in **Umhüllungen** versandt, wobei Umschläge, Taschen, Schachteln und Einschläge unterschieden werden. Am häufigsten werden Briefumschläge benutzt, wobei die Formate und die Lage der Fenster durch entsprechende Normen festgelegt sind (DIN 678 - ohne Fenster, DIN 680 - mit Fenster). Für eine Standardbriefumhüllung mit und ohne Fenster gilt:

Länge:	14 cm bis 23,4 cm
Höhe:	9 cm bis 12,5 cm
Dicke:	bis 0,5 cm
Gewicht:	bis 20 g

Die Postanschriften von Absender und Empfänger (Seite 23) sind mit den gleichen Angaben, wie sie auf dem Briefblatt verwandt wurden, auf die vorgegebenen Stellen des Umschlages zu schreiben. Verwendet man dagegen eine Fensterbriefhülle, erspart man sich diese Arbeit, denn bei entsprechender Faltung des Briefblattes (siehe Faltmarken) erscheinen die Angaben im Brieffenster.

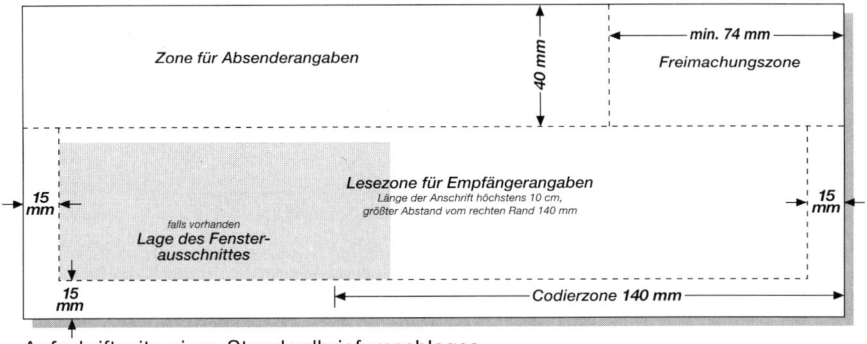

Aufschriftseite eines Standardbriefumschlages

Eine entsprechende Aufteilung findet sich auch bei der Postkarte wieder:

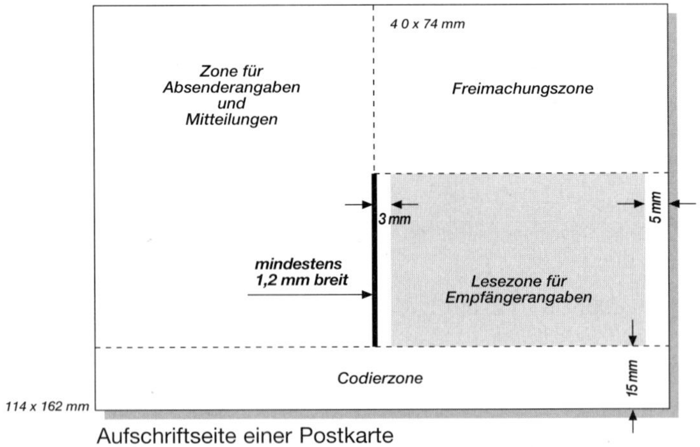

Aufschriftseite einer Postkarte

5 Schriftverkehr und Registratur (Ablage)

Der Gesetzgeber schreibt dem Kaufmann vor, dass er die eingegangenen und die Durchschriften der abgesandten **Briefe sechs Jahre lang aufbewahren** muss (§ 257 HGB). Doch selbst wenn diese Bestimmung nicht bestünde, könnte er nicht darauf verzichten, die Briefe geordnet und leicht auffindbar abzulegen; denn oft werden die „Vorgänge" wieder benötigt. Dann müssen die Schriftstücke schnell zur Hand sein; man spricht in diesem Zusammenhang von der „Zugriffsgeschwindigkeit". Eine hohe Zugriffsgeschwindigkeit wird erreicht, wenn für die Ablage der geeignete Ort und die sinnvollste Ablagetechnik gefunden werden.

Nach dem Standort der Registratur unterscheidet man Arbeitsplatz-, Abteilungs- und Zentralregistratur. Das sogenannte „lebende" Schriftgut wird in der **Arbeitsplatz- oder Abteilungsregistratu**r gesammelt, was von dem Umfang des Schriftverkehrs und der Größe der Abteilung abhängt. Große Verwaltungen benötigen dagegen oft eine **Zentralregistratur**, weil viele Abteilungen mit dem abgelegten Schriftgut arbeiten müssen. Die sogenannte „Altablage" wird generell in einer Zentralregistratur vorgenommen, für die man Orte wählt, die wegen ihrer ungünstigen Lage für allgemeine Verwaltungsarbeiten ausfallen (Keller, Boden). Da aber der Raumbedarf oft sehr hoch ist, werden in vielen Unternehmen die Schriftstücke auf Mikrofilm aufgenommen und dann vernichtet.

Für die Ablage der Schriftstücke stehen z. B. Schnellhefter, Ordner und Hängemappen (Hänge- und Pendelregistratur) zur Verfügung. Die Entscheidung für eine Registraturart wird davon abhängen, an welchem Ort abgelegt werden soll und ob man das Schriftgut lose ablegen oder abheften will.

Vor dem Ablegen werden die Schriftstücke sortiert, je nach dem Ordnungsprinzip alphabetisch, zeitlich (chronologisch), nach Sachgebieten oder nach Nummern. Bei der geografischen Ablage sind Vertreterbezirke, Absatzgebiete usw. maßgebend. Die alphabetische Ablage überwiegt.

Die Ordner sind durch Register für das ganze Alphabet oder für Teile des Alphabetes untergliedert. Die in den Ordnern verwendeten Register werden für Ablagen bis zu 200 Unterteilungen geliefert. Diese Registerfolgen sind z. B. unterteilt bei

2 Ordnern:	A – K; L – Z
4 Ordnern:	A – F; G – K; L – S; Sch – Z
8 Ordnern:	A – B; C – F; G – H; I – K; L – N; O – S; Sch – St; T – Z
12 Ordnern:	A – Bn; Bo – D; E – F; G – Hd; He – J; K; L – Mn; Mo – Q; R – S; Sch; St – V; W – Z

Bei der alphabetischen Ordnung soll stets das deutsche Einheits-Abc verwendet werden (vgl. DIN 5007).

Die Abfolge bei Abkürzungen, Firmennennung usw. zeigen die folgenden Beispiele:

Vorangehende Wörter:		**Nachfolgende Wörter:**
Müller	Friedr. A. Müller	Meyer
A. Müller	Gebr. Müller	Meyer AG
F. Müller	Gebr. A. Müller	Meyer & Co.
Fr. Müller	Geschw. Müller	Meyer GmbH
Friedrich Müller	Karin Müller	Meyer KG
F.A. Müller	R. Müller	Meyer Nachf.

6 Was kostet ein Geschäftsbrief?

„Das kann nicht viel sein, bei dem bisschen Papier", könnte man meinen. Ein Brief muss jedoch entworfen, diktiert und geschrieben werden; dabei fallen anteilig die Lohnkosten der Beteiligten an. Diese sitzen an Arbeitsplätzen, welche mit der notwendigen technischen Ausrüstung versehen sind. All das befindet sich in Räumen, die gemietet werden, die beleuchtet, beheizt und gepflegt werden müssen. Die damit verbundenen Kosten wie Abschreibungen und allgemeine Verwaltungskosten sind dem Brief anzurechnen.

Bei der Herstellung des Briefes, unabhängig von der verwendeten Schreibtechnik, wie Schreibmaschine oder PC, wird Papier verbraucht. Verwendet man dabei bedruckte Formulare, sind zusätzlich Druckkosten entstanden. Auch die Herstellung der notwendigen Kopien ist mit erheblichen Kosten verbunden. Schließlich muss der Brief versandt werden, sodass auch noch Kosten für Briefhülle und Porto anfallen.

Es lohnt sich daher bei der Wahl der Kommunikationsart und -technik sehr kostenbewusst vorzugehen und die Vielzahl der angebotenen Möglichkeiten auszuschöpfen. In bestimmten Fällen reicht z. B. eine einfache Postkarte.

7 Briefgeheimnis und Datenschutz

Die Unverletzbarkeit des Briefgeheimnisses ist in der Bundesrepublik Deutschland durch Artikel 10 des Grundgesetzes als Grundrecht gewährleistet, ebenso das Post- und Fernmeldegeheimnis. Beschränkungen dürfen nur durch Gesetz angeordnet werden (z. B. Notstandsgesetze). Das Briefgeheimnis ist auch durch § 5 des Postgesetzes und im Gesetz über das Fernmeldewesen vom 14. 1. 1928 festgelegt.

Leider sind sich viele Menschen über die Verletzung des Briefgeheimnisses oft nicht im Klaren. Geschützt wird nämlich nicht der Inhalt des Briefes, sondern der äußere Zustand, in dem er sich befindet. Es kommt also nicht darauf an, ob der Öffnende den Brief liest; er macht sich schon strafbar, wenn er nur den Verschluss des Briefes verletzt. Ein Schriftstück gilt als verschlossen, wenn es mit einer Verschlusseinrichtung versehen ist, die das unbemerkte Öffnen des Schriftstückes verhindern soll.

Bei Drucksachen, die in offenen Briefhüllen, oder bei Zeitungen, die in Streifbändern verschickt werden, kann man nicht von einer Verschlusseinrichtung sprechen. Wer von solchen Schriftstücken Kenntnis nimmt, verletzt das Briefgeheimnis nicht.

Das Gesetz schützt nicht jeden Verschluss, sondern nur den, der dazu bestimmt ist, die unbemerkte Öffnung zu verhindern. So gilt z. B. ein Briefbündel, mit Bindfaden zugeschnürt, nicht als verschlossen, falls irgendein Dritter den Bindfaden unbemerkt lösen und ihn wieder in gleicher Weise zusammenknüpfen kann.

Schränke, Kassetten oder Aktentaschen gelten nicht als Verschlusseinrichtungen, weil diese Gegenstände nicht als Zubehör des Schriftstückes angesehen werden können.

Ob der Verschluss bei der Öffnung beseitigt oder nur beschädigt wird, ist unerheblich. Man kann auch dann das Briefgeheimnis verletzt haben, wenn der Verschluss ganz oder teilweise unversehrt bleibt.

Grundsätzlich darf nur der den Brief öffnen, der als Empfänger in der Briefanschrift genannt ist. Kann dieser über eine eigene Anschrift nicht erreicht werden, so schreibt man unter seinen Namen die Angabe eines Vermittlers:

Frau	oder	Herrn
Helga Weichert		Dr. K. Neumann
bei Foerster		i. H. Puhlmann AG
. . .		. . .

Eltern, Pflegeeltern und Vormünder sind auf Grund ihres Erziehungsrechtes befugt den Briefwechsel ihrer minderjährigen Kinder, Pflegekinder und Mündel zu überwachen. Ehemänner sind nicht berechtigt Briefe ihrer Frauen zu öffnen – und umgekehrt.

Dienstvorgesetzte sind berechtigt Briefe an ihre Untergebenen zu öffnen, wenn aus der Briefhülle oder sonstigen Merkmalen hervorgeht, dass es sich um eine dienstliche Angelegenheit handelt.

Ausdrücklich verliehen ist die Öffnungsbefugnis z. B. dem Strafrichter und dem Konkursverwalter.

Die Pflicht zur Geheimhaltung bezieht sich nicht nur auf Briefe, sondern auf alle Leistungen, die durch Unternehmen von Postdiensten erbracht werden, also auch auf den Postauftragsdienst, den Postpaketdienst usw.

Werden in einem Brief persönliche Daten weitergegeben, sind die Bestimmungen des Datenschutzgesetzes zu beachten. Das Bundesdatenschutzgesetz (BDSG) soll verhindern, dass ein Einzelner beim Umgang mit seinen *persönlichen* Daten durch Dritte benachteiligt wird. Das Gesetz versteht unter persönlichen Daten alle Angaben über die persönlichen und sachlichen Verhältnisse einer Person und regelt die Erhebung, Verarbeitung und Nutzung dieser Daten. Entsteht durch die Verletzung des Datenschutzes ein Schaden, ist der Verursacher zum Schadenersatz verpflichtet, der bei Nichtvermögensschäden in einer angemessenen Geldleistung besteht.

Andererseits ist unter bestimmten Voraussetzungen diese Datenübermittlung und -nutzung erlaubt, wenn z. B. die Daten aus allgemein zugänglichen Quellen entnommen oder nach Treu und Glauben auf rechtmäßige Weise erhoben wurden.

Dem Betroffenen steht jederzeit das Recht zu sich beim Herausgeber sowohl über den Inhalt und den Zweck der gesammelten Daten als auch nach deren Herkunft oder ihren Empfänger zu erkundigen.

8 Schriftverkehr mit Hilfe des Computers

Computer sind durch ihren vielseitigen Einsatz auch im Bereich des Schriftverkehrs der normalen Schreibmaschine weit überlegen. Schon die einfachsten Textprogramme lassen eine Auswahl zwischen vielen Schrifttypen und Schriftgrößen zu und bieten Möglichkeiten der grafischen Gestaltung. Das Bearbeitungsmenü mit seinen Angeboten wie Kopieren, Ausschneiden oder Einfügen erleichtert den Briefentwurf, der Brief stellt sich in druckreifer Form auf dem Bildschirm dar und kann so ausgedruckt und gespeichert werden. Wenn ein grafikfähiger Drucker zur Verfügung steht, ist auch die Bearbeitung von Formularen über den Computer sinnvoll. Alle benötigten Formulare befinden sich im Speicher und werden je nach Bedarf abgerufen, am Bildschirm ausgefüllt und gedruckt. Die umfangreiche Speicherfähigkeit eines Computers lässt z. B. die sogenannte programmierte Textverarbeitung zu, bei der aus einem großen Angebot von Textbausteinen ein bedarfsgerechter Brief zusammengesetzt wird (vergleiche Seite 220 ff).

Aber auch modernste Technik befreit den Briefschreiber nicht von der Problematik des Briefentwurfs. Das Wissen um Sachzusammenhänge, die Beherrschung von Sprache und Rechtschreibung und die Anwendung von Normen beim Aufbau und bei der Gestaltung der Briefe sind wesentliche Voraussetzungen für einen erfolgreichen Schriftverkehr.

Die vielseitigen technischen Möglichkeiten der Briefgestaltung, die ein Computer bietet, verführen allzu leicht zu ihrer übermäßigen Anwendung. War ein ansprechendes, einprägsames Äußeres des Briefes beabsichtigt, erreicht man nun das Gegenteil, er wird unübersichtlich, verwirrend und verspielt. Ausschlaggebend für die Wahl von Gestaltungsmitteln und für ihre Anwendung ist die Art des Briefes und die Person des Empfängers (vergleiche Seite 13). Eine Mahnung z. B. sollte situationsgemäß nicht nur sachlich abgefasst, sondern auch so gestaltet werden. Ein Werbeschreiben an Privathaushalte wird umso erfolgreicher sein, je bildhafter es ist. So kann man Schriftart und -größe wechseln, Worte schattiert oder in Konturschrift schreiben oder Brief- und Textteile durch Linien oder Rahmungen hervorheben.

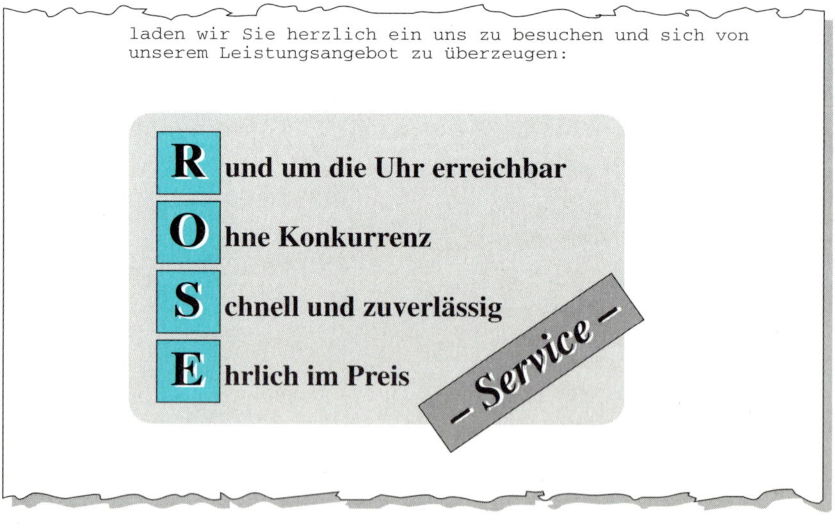
laden wir Sie herzlich ein uns zu besuchen und sich von unserem Leistungsangebot zu überzeugen:

R und um die Uhr erreichbar
O hne Konkurrenz
S chnell und zuverlässig
E hrlich im Preis

– Service –

Einführung in die Benutzung von Nachschlagewerken

„Eine Bürofachkraft muss die deutsche Rechtschreibung beherrschen" – diese Meinung wird Ihnen sicherlich auch schon begegnet sein. Auch wir sind der Auffassung, dass man von einer Schreibkraft erwarten kann, dass sie die wesentlichen Grundregeln der Rechtschreibung kennt. Es ist jedoch nahezu unmöglich alle Regeln und Ausnahmen zu beherrschen; daher gilt: in Zweifelsfällen immer in Rechtschreibwerken nachschlagen.

Wie man mit derartigen Nachschlagewerken umzugehen hat, soll anhand eines Wortbeispiels aus dem Rechtschreib-DUDEN[1] gezeigt werden.

Unter dem Stichwort „Computer" findet man dort folgende Eintragung:

① ② ③ ④ ⑤ ⑥ ⑦

Com|pu|ter [... ‘pju: ....], der; -s, - < engl. > (programmgesteuerte, elektron. Rechenanlage; Rechner)

Neben der richtigen Schreibweise können Sie aus der Eintragung noch folgende Informationen ablesen:

① Die senkrechten Striche im Stichwort geben die Silbentrennung an: „Computer".

② In eckigen Klammern wird bei Fremdwörtern die Aussprache wiedergegeben. Ein Doppelpunkt nach dem Vokal weist auf dessen Länge bei der Aussprache hin; ein Hauptakzent [‘] steht vor der betonten Silbe.

③ Bei Substantiven folgt die Angabe des Artikels: „der".

④ Der waagerechte Strich an dieser Stelle ersetzt das Stichwort „Computer"; der folgende Buchstabe gibt den Genitiv Singular (Wesfall der Einzahl) an: -s („des Computers").

⑤ Nach dem Genitiv Singular wird bei Substantiven stets der Nominativ Plural (Werfall der Mehrzahl) angegeben. Da er in diesem Fall mit dem Stichwort „Computer" identisch ist, erscheint nur der waagerechte Strich.

⑥ In den Winkelklammern steht die Herkunft des Wortes: „englisch".

⑦ In runden Klammern erscheint die Erklärung des Stichwortes: „elektronische Rechenanlage".

Bei einigen Stichwörtern gibt es noch weitere wichtige Hinweise, wie man am Wortbeispiel „wegen" sehen kann:

⑧ ⑨

we|gen (↑ R 46); *Präp. mit Gen.:* - Diebstahls, - Mangels, - des Vaters

[1] Aus: DUDEN, Bd. 1. Rechtschreibung der deutschen Sprache. 21. Aufl. Mannheim, Leipzig, Wien, Zürich: Dudenverlag 1996

⑧ Der Pfeil verweist auf die Regeln zur Rechtschreibung, Zeichensetzung und Formenlehre, die sich im Rechtschreib-DUDEN vor dem eigentlichen Wörterverzeichnis befinden.

⑨ Die Anmerkung „Präp. mit Gen." bedeutet, dass die Präposition „wegen" den Genitiv verlangt, was beispielhaft erklärt wird.

Zum Schluss seien noch weitere Nachschlagewerke genannt, die für eine Bürofachkraft unter Umständen sehr wichtig sein können:

1. ein **Fremdwörterlexikon** (vgl. dazu S.178);

2. ein **Synonym-Wörterbuch**, das für einen zu ersetzenden Ausdruck eine Vielzahl von passenden Ersatzwörtern anbietet; stilistisch unschöne Wiederholungen in einem Geschäftsbrief werden so vermieden;

3. ein **Grammatik-Fachbuch**, das bei schwierigen Satzkonstruktionen weiterhelfen kann.

Lernen Sie den richtigen Umgang mit dem DUDEN:

1. Wie wird im DUDEN die Silbentrennung dargestellt? 2. Welche Angaben macht der DUDEN prinzipiell bei Substantiven? 3. Wo findet man im DUDEN die Regeln zur Zeichensetzung? 4. Suchen Sie aus dem DUDEN die folgenden Wörter heraus und notieren Sie jeweils den dazugehörigen Artikel: Prospekt, Joghurt, Bonus, Streichholz, Tratte, Skonto. 5. Bestimmen Sie mit Hilfe des DUDENs jeweils den Genitiv Singular der folgenden Substantive: Bonus, Rabatt, Angebot, Regress, Klausel, Inserat. 6. Welche ergänzenden Hinweise gibt der DUDEN bei Adjektiven? Schlagen Sie in den „Hinweisen für den Benutzer" auf den ersten Seiten des DUDENs nach. 7. Klären Sie die Aussprache der folgenden Wörter: Usance, Fondue, Etat, Dolcevita, Taille, Allonge.

Der Geschäftsbrief nach DIN 676 und DIN 5008

Während auf der Seite 15 der Geschäftsbrief A4, Form B, in seinem grundsätzlichen Aufbau dargestellt wurde, werden nun seine wesentlichen Bestandteile gemäß DIN 676 und DIN 5008 genauer erklärt.

Grundsätzlich bleiben, immer von der linken Blattkante aus gemessen, 2 cm als **Heftrand** frei, die Schreibangaben beginnen nach 2,41 cm **(linke Fluchtlinie).** Die Schreibzeile endet frühestens nach 16,38 cm, spätestens aber nach 20,19 cm **(rechte Fluchtlinie).**

1 Der Briefkopf

enthält die Firma des Absenders mit einem werbewirksamen Firmenzeichen und Angaben über den Sitz der Unternehmung; er ist 4,5 cm hoch und erstreckt sich über die gesamte Blattbreite.

2 Die Postanschrift des Absenders

ist vorgedruckt und befindet sich über dem durchgezogenen Strich des Anschriftfeldes. Sie enthält nur die postnotwendigen Angaben, sodass die Angabe der Branche entfällt.

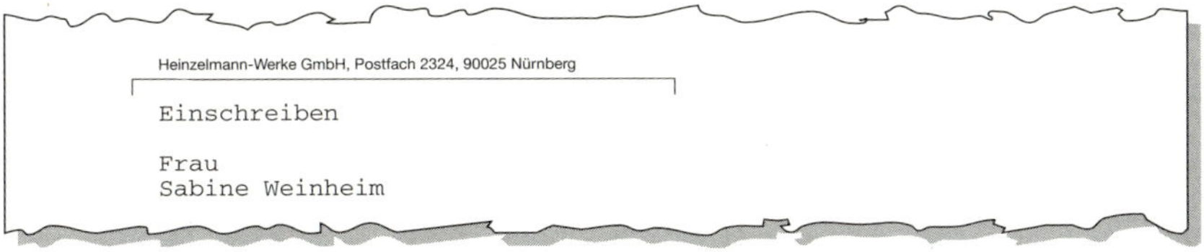

3 Das Anschriftfeld

ist nach den DIN-Vorschriften neunzeilig, 8,5 cm breit und 4,0 cm hoch.

Inhalt und Aufbau der Anschrift sind auf dem Briefbogen und der Briefumhüllung gleich (vgl. Seite 34).

Beispiele von **Privatanschriften:**

1	1 Büchersendung	1 Nicht nachsenden
2	2	2
3 Frau	3 Herrn Professor	3 Herrn
4 Karla Sindlier	4 Dr. Klaus Wachler	4 Wolfgang Knuth
5 An der Raun 19 // W7	5 Brinkstraße 26	5 bei Severing
6	6	6 Johannesthaler Chaussee 7
7 63667 Nidda	7 83395 Freilassing	7
8	8	8 21039 Hamburg
9	9	9

Beispiele von **Geschäftsanschriften:**

1 Einschreiben	1 Warensendung	1
2	2	2
3 Firma	3 Koch & Lehners KG	3 Farbdruck GmbH
4 Beate Klotz	4 Werbeabteilung	4 z. Hd. Herrn Walther
5 Astfeld	5 Postfach 57 39	5 Ernst-Wiechert-Str. 27
6 Bindingstr. 8	6	6
7	7 12057 Berlin	7 03044 Cottbus
8 38685 Langelsheim	8	8
9	9	9

Beispiele von **Auslandsanschriften:**

1	1	1 Mit Luftpost
2	2	2
3 Tonstudio	3 Monsieur B. Dumont	3 Multicore Solders Ltd.
4 Susanne Stängler	4 Agence de presse	4 322 St. John Street
5 Mozartgasse 12	5 15, rue du Faubourg	5 LONDON EC1V 4QH
6 A-9500 VILLACH	6 F-75438 PARIS	6 GROSSBRITANNIEN
7	7	7
8	8	8
9	9	9

Wichtige Hinweise zur Anschriftgestaltung:

1. Unterstreichungen erfolgen nur, wenn die Angaben in der 1. Zeile (zur Versendungsform usw.) nicht durch eine Leerzeile abgesetzt werden können.

2. Auf die Bezeichnung „Firma" wird verzichtet, wenn dies auf Grund des Namens schon zu erkennen ist.

3. Neben „Herrn" oder „Frau" setzt man die Berufs- oder Amtsbezeichnung: Herrn Professor, Frau Rechtsanwältin, Herrn Direktor. Akademische Grade (nicht aber den Titel „Professor") und die Diplome kann man abkürzen; sie stehen vor dem Namen, z. B.:

Frau	*Herrn*
Dr. Erika Meier	*Dipl.-Kfm. Klaus Bitter*

4. Ortsteile, die früher selbstständige Gemeinden waren, dürfen als eigenständige Angabe unter dem Empfängernamen genannt werden.

5. Besitzt der Empfänger ein Postfach, ist dieses an Stelle der Straße anzugeben. Die Nummer ist, von rechts beginnend, in Zweiergruppen zu schreiben.

6. Postleitzahl und Ortsangabe werden weder unterstrichen noch gesperrt geschrieben (vgl. die wichtigsten Regeln zur Schreibung von Straßennamen auf Seite 167). Die Postleitzahl beginnt linksbündig und ist durch einen Leerschritt von der Ortsangabe getrennt.

7. Bei Auslandsanschriften werden Bestimmungsort und -land in Großbuchstaben geschrieben. Bei bestimmten Ländern wird vor der Postleitzahl das Nationalitätenkennzeichen für Kraftfahrzeuge angegeben; die Angabe des Bestimmungslandes kann dann entfallen.

Anschriften

1. Entwerfen Sie einen Briefkopf für Ihren Ausbildungsbetrieb. Vereinfachen Sie ihn so, dass Sie ihn beim Briefeschreiben auf Blanko-Vordrucken in der Schule jederzeit nachgestalten können.

2. Schreiben Sie formgerecht folgende Anschriften, wie sie sich aus den geschilderten Situationen ergeben:
a) Herr Seiboldt schreibt wegen einer Mietstreitigkeit an Herrn Dr. W. Korber, Rechtsanwalt in 31789 Hameln, Weserstraße 27 und schickt dabei ein wichtiges Beweisstück mit.
b) Frau Schwarzmann schreibt an ihren Sohn Udo, der in München studiert und bei Frau Häberlein in 81379 München, Pfaffenwinkel 31 zur Untermiete wohnt.
c) Wegen Unstimmigkeiten in der Kontenabrechnung ist an die Revisionsabteilung der Handelsbank in 37552 Einbeck, Postfach 35 zu schreiben.
d) Ein Düsseldorfer Textilunternehmer schreibt an seinen Geschäftspartner Webereitechnik GmbH in 39104 Magdeburg, Am Dom 12b in einer dringenden Angelegenheit.
e) Ein Unternehmer bittet durch Schreiben an die dänische Firma K. Poulsen mit Niederlassung in 71577 Hals, Nordmandhage 72 dringend um die Lieferung der bestellten Fischkonserven.

4 Die Kommunikationsangaben

informieren über den vorangegangenen Schriftwechsel, die beteiligten Kommunikationspartner, die Möglichkeiten der Kommunikationstechnik und das Absendedatum. Jede Angabe hat ein zugehöriges Leitwort. Die Leitwörter stehen über den Angaben, sind meist vorgedruckt und werden in einer Bezugszeichenzeile und einer Kommunikationszeile zusammengefasst.
Die **Bezugszeichenzeile** beginnt an der Fluchtlinie 0,85 cm unter dem Anschriftfeld. Sind die Leitwörter nicht vorgedruckt und müssen erst geschrieben werden, können sog. Kurzleitwörter verwendet werden:

Ihr Zeichen, Ihre Nachricht vom	Unser Zeichen, unsere Nachricht vom	Telefon, Name	Datum

oder

Ihr Zeichen, Ihre Nachricht vom	Unser Zeichen, unsere Nachricht vom	☎, Name (0 22 24) 4 71-	Datum

oder

`Ihre Zeichen`	`Unser Zeichen`	`Telefon, Name`	`Datum`
5,08 cm	*5,08 cm*	*5,08 cm*	

Die **Namenszeichen** werden als Buchstabenkürzel oder als Zahlenverschlüsselung angegeben, zuerst wird der Diktierende, dann der Schreibende genannt.
Kalenderdaten werden wie folgt geschrieben:

Nummerische Schreibweise: **`95-08-21`** oder **`1995-08-21`** (Jahr-Monat-Tag)

Alphanummerische Schreibweise: **`8. Aug. 1995`** oder **`8. August 1995`**

Die **Kommunikationszeile** steht rechts neben dem Anschriftfeld 12,57 cm vom linken Rand entfernt. Ihre Leitwörter stehen so, dass die Zeile für die dazugehörigen Angaben mit der letzten Zeile des Anschriftfeldes übereinstimmt:

Telefax	Telex
(0 53 26) 1 78-	36 82 41 bs d
3 62	

Bei der Verwendung von Textverarbeitungssystemen können alle Kommunikationsangaben in einem sog. **Informationsblock** zusammengefasst und rechts neben das Anschriftfeld 12,57 cm vom linken Rand entfernt geschrieben werden. Die erste Angabe steht in Höhe der ersten Zeile des Anschriftfeldes:

Ihr Zeichen: br-my
Ihre Nachricht vom: 96-04-18
Unser Zeichen: sel
Unsere Nachricht vom: 96-03-28

Name: Frau Mittelberg
Telefon: (0 53 11) 1 17 22-46
Telefax: (0 53 11) 1 17 23-40

Datum: 96-04-26

5 Der Betreff

gibt stichwortartig den Briefinhalt wieder:

- Reiseprospekt
- Einladung zur Geschäftseröffnung
- Bitte um Vertreterbesuch

Durch diesen Vermerk kann man den eingegangenen Brief an die richtige Bearbeitungsstelle leiten ohne ihn erst zu lesen.
Häufig spielen auch psychologische Gründe bei der Fassung des Betreffs eine Rolle. So wird man z. B. die Wörter „Mängelrüge“ oder gar „Beschwerde“ nicht einsetzen, weil sie verletzend wirken können. Dafür schreibt man z. B. „Beanstandung der gelieferten Sitzgruppe“.

Bei Werbebriefen ist der Betreff „Werbeangebot von Waschmaschinen“ recht unglücklich gewählt. Damit wird bei der heutigen Reklameflut kein Bedürfnis geweckt. Erfolgreicher wäre: „Arbeitsersparnis beim Waschen“, „Umweltfreundliches Waschen“ u. a.

Der Wortlaut des Betreffs beginnt in der Fluchtlinie; zwei Leerzeilen nach den Bezugszeichen oder dem Informationsblock. Der Betreffvermerk endet ohne Punkt und wird nicht unterstrichen. In Ausnahmefällen kann der Wortlaut des Betreffs zweizeilig sein:

Ihr Zeichen, Ihre Nachricht vom	Unser Zeichen, unsere Nachricht vom	Telefon,Name (05326) 445-	Datum
fe-h ..-11-20	be-f	18 Frau Belzig	..-12-15

```
.
.
Entwicklung eines Verkaufsprogramms
für die kommende Wintersaison
.
.
Sehr geehrte Damen und Herren,
```

Mitteilungen an den Geschäftspartner, die inhaltlich mit dem Betreff nicht oder nur entfernt zusammenhängen, können unter einem Teilbetreff in den Brief mit aufgenommen werden. Der **Teilbetreff** beginnt an der linken Fluchtlinie, wird unterstrichen und endet mit einem Punkt. Die Mitteilung folgt unmittelbar nach einem Leerschritt.

```
und hoffen daher, dass Sie mit der Terminverschiebung ein-
verstanden sind.
.
Qualitätsverbesserung. Durch eine neue Härtetechnik ist
es möglich die Oberfläche von Gussteilen noch feinporiger
zu verdichten, sodass
```

6 Die Anrede

steht bei Briefen der Größe A4 nach zwei Leerzeilen unter der Betreffangabe, bei Halbbriefen A5 und Postkarten nach einer Leerzeile; sie beginnt an der Fluchtlinie. Vom Text wird die Anrede bei allen Formaten durch eine Leerzeile getrennt. Beispiel für A4:

```
Angebot über Brasilzigarren
.
.
Sehr geehrter Herr Dr. Müller,
.
wir haben ...
```

Heute ist in Geschäftsbriefen die persönliche Anrede üblich:

Sehr geehrte Frau Bauer,

.

wir danken Ihnen für...

In vielen Unternehmen sind Frauen in verantwortlichen Positionen tätig und damit Empfängerinnen von Geschäftsbriefen. Bei der namentlichen Anrede ist zu beachten, dass auch unverheiratete Frauen mit „Frau" angesprochen werden.

Kennt man den Namen des Empfängers oder der Empfängerin nicht, dann verwendet man die Anrede:

Sehr geehrte Damen und Herren,

Um Zweifel in der Anrede auszuschließen sollte man bei der Unterschriftswiederholung auch den Vornamen schreiben, z. B. *Dieter Müller* oder *Sabine Schulz*. Dann weiß der Empfänger, an wen das Antwortschreiben zu richten ist, und kann die richtige Anrede wählen.

Bei **Titeln, Dienst- und Berufsbezeichnungen** sind folgende Besonderheiten in der Anschrift und Anrede zu berücksichtigen:

Anschrift	**Anrede**
Herrn Professor *Dr. Walter Pollack*	*Sehr geehrter Herr Professor,* *Sehr geehrter Herr Professor Pollack,*
Frau *Dr. Angelika Müller*	*Sehr geehrte Frau Doktor,* *Sehr geehrte Frau Dr. Müller,*
Frau *Dipl.-Ing. Erika Kamm*	*Sehr geehrte Frau Kamm,*

Herrn Rechtsanwalt
Dr. Helmut Bosse — *Sehr geehrter Herr Dr. Bosse,*

Herrn Direktor
Klaus Richter — *Sehr geehrter Herr Richter,*

Herrn Stadtbaurat
Felix Henko — *Sehr geehrter Herr Henko,*

Generell gilt, dass die Anrede „Herr", „Frau" nicht abgekürzt wird. Die akademischen Titel „Professor" und „Doktor" gelten als Teil des Namens und stehen vor dem Namen; Diplome, Berufsbezeichnungen und Amtsbezeichnungen werden in der Anrede nicht aufgeführt.

Für Werbebriefe und Rundschreiben bieten sich z. B. folgende Anreden an:

- *Sehr geehrter Prämiensparer,*
- *Lieber Geschäftsfreund,*
- *Verehrter Depotkunde,*
- *Liebe Kolleginnen,*

7 Der Briefinhalt

Der Briefinhalt ergibt sich aus dem Sachverhalt, der zunächst genau geklärt werden muss. Dabei sind die betriebswirtschaftlichen und rechtlichen Grundlagen zu bedenken. Dann wird man sich über den Aufbau des Briefes Gedanken machen und am besten Gliederungspunkte aufstellen.

Bei der Gliederung ist darauf zu achten, daß die Gedankenschritte logisch aufeinanderfolgen. (In den folgenden Kapiteln werden zu den verschiedenen Arten der Geschäftsbriefe unter dem Stichwort „Aufbau und Inhalt ..." Gliederungsvorschläge vorgelegt, vgl. z. B. Seite 80.)

Hervorhebungen weisen auf Wichtiges hin:

1. Ganze Textteile kann man durch Einrücken oder Zentrieren hervorheben.

   Die Einrückung wird durch jeweils eine Leerzeile vom übrigen Text abgesetzt, beginnt frühestens nach 4,95 cm vom linken Rand und endet spätestens 0,81 cm vor dem rechten Blattrand. Wird die Einrückung zentriert geschrieben, sind dagegen die Abstände zu den Blatträndern gleich groß.

2. Das Unterstreichen ist eines einfaches Mittel der Hervorhebung.

3. Durch das S p e r r e n sollte man nur Worte hervorheben, weil gesperrte Texte unübersichtlich wirken. Vor und hinter dem gesperrten Wort sind drei Leerschritte einzuhalten. Zeichen, die zum gesperrten Wort gehören oder ihm als Satzzeichen folgen, werden wie Buchstaben des gesperrten Wortes behandelt. Zahlen werden nicht gesperrt.

4. Durch „Anführungszeichen" kann man ebenfalls hervorheben.

5. Ein beliebtes Mittel der Hervorhebung ist die Veränderung des Schriftbildes. So lassen sich Worte in **Fettschrift**, neuer `Schriftart` oder -größe, *kursiv* oder in GROSSBUCHSTABEN darstellen.

Ein guter Geschäftsbrief zeichnet sich aber nicht nur durch übersichtliche Gliederung und ansprechende Gestaltung aus, sondern vielmehr durch eine klare und treffende Ausdrucksweise; im Kapitel „Stilübungen" (S.197) werden dazu wichtige Hinweise und Beispiele gegeben.

8 Der Briefgruß

Der Briefschluss macht manchen Schreibern Kummer. Sie glauben, nachdem sie das Wesentliche mitgeteilt haben, noch etwas Nettes zum Abschluss sagen zu müssen. Das ist im Geschäftsbrief unnötig.

Allerdings ist es üblich einen **Gruß** zu schreiben. Am gebräuchlichsten ist die Formulierung „Freundliche Grüße". Sie wird vom Text durch eine Leerzeile abgesetzt, beginnt an der Fluchtlinie und schließt ohne Satzzeichen.

Bestimmte Industriezweige oder Fachverbände benutzen Grußformulierungen wie „Glück auf", „Waidmannsheil" oder „Petri Heil", womit sie ihre besondere Verbundenheit mit dem Briefpartner ausdrücken wollen.

Bei kleinen geschäftlichen Mitteilungen, wie Lieferschein oder Gutschriftanzeige, kann die Grußformel entfallen. Man sollte sie auch nicht vordrucken.

9 Die Unterschrift

Eine Leerzeile nach der Grußformel wird die Firma oder Behörde genannt. Für die Unterschrift stehen in der Regel drei Zeilen Raum zur Verfügung.

Um Missverständnisse zu vermeiden – handelt es sich z. B. bei dem Unterzeichner um einen Mann oder eine Frau? –, wird der Vor- und Zuname nach den drei Leerzeilen maschinenschriftlich wiederholt.

Ist der eigentliche Unterzeichner verhindert die Unterschrift zu leisten, kann – jedoch nur nach Absprache – die Schreibkraft unter dem Zusatz „In Abwesenheit von ..." oder „Auf Anweisung von ..." unterschreiben.

Mit der Unterschrift wird der Inhalt einer Urkunde oder eines Schreibens anerkannt. Über die Frage, wie eine Unterschrift aussehen muss, ist im Gesetz nichts gesagt. Ein bloßer Schnörkel oder eine Schlangenlinie z. B. genügt nicht, weil eine Unterschrift „die Identität des Unterzeichnenden ausreichend kennzeichnen" muss. Dabei ist ein „individueller Schriftzug" erforderlich. „Schriftzug bedeutet eine Linienführung, die als Schrift dargestellt, ihrer Art nach einmalig ist und entsprechende charakteristische, individuelle Merkmale aufweist." So hat ein Oberlandesgericht entschieden.

Man muss unterscheiden zwischen dem **bürgerlichen Namen**, unter dem z. B. Herr Krause seine Privatangelegenheiten erledigt, und dem **kaufmännischen Namen** oder der **Firma**, unter der er sein Unternehmen betreibt und im Geschäft Briefe, Quittungen, Schecks, Wechsel usw. unterschreibt.

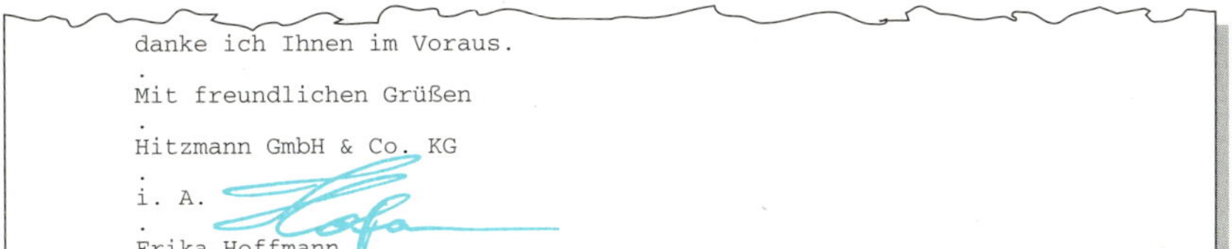
danke ich Ihnen im Voraus.

Mit freundlichen Grüßen

Hitzmann GmbH & Co. KG

i. A.

Erika Hoffmann

Der **Minderkaufmann** kann das Unternehmen nur unter seinem bürgerlichen Namen führen. Beim **Vollkaufmann** kann der bürgerliche Name von der Firma abweichen. Die Abweichungen sind aber durch bestimmte Grundsätze (Wahrheit, Ausschließlichkeit, Beständigkeit der Firma) eingeschränkt.

Der **Prokurist** unterschreibt mit dem die Prokura andeutenden Zusatz „ppa." (§ 51 HGB). Der **Handlungsbevollmächtigte** kennzeichnet mit dem Zusatz „i. V." die Vollmacht (§ 57 HGB). Bei Art- und Sondervollmachten wird meist mit dem Zusatz „i. A." unterschrieben. Der **Vorstand** einer AG gibt die Unterschrift ohne Zusatz.

Bei einem Vertrag müssen die Parteien auf derselben Urkunde unterschreiben. Werden über den Vertrag mehrere gleichlautende Urkunden aufgenommen, so genügt es, wenn jede Partei die für den Partner bestimmte Urkunde unterschreibt (BGB §126). Schriftliche Kaufverträge bestehen meist aus zwei Briefen (z. B. Angebot und Bestellung), die jeweils die Unterschrift des Verpflichteten tragen.

Trägt das Schriftstück **mehrere Unterschriften**, dann ist es üblich, dass der Linksunterzeichner die höher eingestufte Führungskraft ist, z. B. „ppa." links, „i. V." rechts.

Bei der **öffentlichen Beglaubigung** muss die Erklärung schriftlich abgefasst und die Unterschrift des Erklärenden von der zuständigen Behörde oder einem zuständigen Beamten oder Notar beglaubigt werden. Die Beglaubigung bezieht sich aber nur auf die Unterschrift, nicht auf den Text der Urkunde (BGB §129).

Bei der **öffentlichen Beurkundung** werden Willenserklärungen von einem Gerichtsbeamten oder Notar protokollarisch aufgenommen. Ihre Beurkundung bezieht sich also nicht nur auf die Echtheit der Unterschrift, sondern auch auf den Inhalt der Willenserklärung (BGB § 128).

Um die Echtheit einer Unterschrift überprüfen zu können werden oft Unterschriftsproben hinterlegt, z. B. bei der Eröffnung eines Kontos. Wer eine falsche Unterschrift abgibt, begeht **Urkundenfälschung**, was als strafbare Handlung mit Geld- oder Freiheitsstrafen geahndet wird.

10 Die Anlagen- und Verteilervermerke

In dem sog. **Anlagenvermerk** wird dem Empfänger eines Geschäftsbriefes mitgeteilt, dass dem Schreiben Unterlagen beigelegt worden sind:

Anlage	*oder*	3 Anlagen	*oder*	Anlagen Lageplan Tagesordnung 5 Stimmkarten

Der Vermerk beginnt an der linken Fluchtlinie nach einer Leerzeile unter der Maschinen geschriebenen Unterschriftswiederholung. Ist wegen der Länge des Brieftextes hier kein Platz mehr vorhanden, wird der Anlagenvermerk 12,57 cm vom linken Blattrand entfernt in Höhe des Briefgrußes geschrieben.

Ein **Verteilervermerk**, in dem die Stellen genannt werden, die eine Kopie des Schreibens erhalten, folgt dem Anlagenvermerk nach einer Leerzeile. Bei Platzmangel kann diese entfallen.

Freundliche Grüße
.
Teledienst GmbH
Fulda
.

.
ppa. Dieter Brinkmann
.
Anlagen
Berechnungsbogen
Schaltplan
.
Verteiler
AD II
Verkauf

Freundliche Grüße	Anlagen
.	Berechnungsbogen
Teledienst GmbH	Schaltplan
Fulda	.
.	Verteiler
	AD II
.	Verkauf
ppa. Dieter Brinkmann	

11 Die Geschäftsangaben

am Fuß des Geschäftsbriefes geben z. B. Auskunft über Geschäftsräume, Geschäftszeit, Telex, Telefax oder Kontoverbindungen. Bei Kapitalgesellschaften kommen zusätzlich unter die Geschäftsangaben gesellschaftsrechtliche Hinweise:

Geschäftsräume	Telex	Telefon	Kreissparkasse	Postbank Hannover
Hainbergstr. 13	96799 geba d	(05 51) 24 36 92	Göttingen	(BLZ 250 100 30)
Göttingen	Telefax (05 51) 22 43 51		(BLZ 260 501 10)	Konto-Nr. 423 65-305
			Konto-Nr. 1 210 245	USt-IdNr.DE511 127 612

Konto-Nr. 1 210 245 Konto-Nr. 423 65-305

Kommanditgesellschaft: Sitz Goslar; Registergericht: Goslar HRA 3021; Komplementär: IBG Industriebeteiligungsgesellschaft mbH; Sitz Goslar; Registergericht: Goslar HRB 1158; Geschäftsführer: Heinrich Besserer und Herbert Ernst, Goslar; USt-IdNr. 824 268 492

Mit der Errichtung des EU-Binnenmarktes gibt es eine weitere wichtige Angabe: die **Umsatzsteuer-Identifikationsnummer**. Diese steht am Fuß des Briefes bei den Geschäftsangaben und lautet z. B. USt-IdNr. DE 237 314 756. Sie ist gewissermaßen der Binnenmarktausweis für Einzelunternehmen und juristische Personen und besteht aus dem Staatencode und der Nummer. Ihre Bedeutung liegt in der Berechtigung des Vorsteuerabzuges bei Geschäften innerhalb des EU-Binnenmarktes.

12 Seitennummerierung und Folgeseiten

Besteht der Geschäftsbrief aus mehr als einer Seite, ist eine fortlaufende Nummerierung vorzunehmen. Dabei sind Anlagen, Übersichten u. Ä. in die Zählung mit einzubeziehen. Die Seitenzahl, z. B. - 2 -, wird in die 5. Zeile zentriert geschrieben, der Brieftext folgt mindestens nach einer Leerzeile.
Auf die Folgeseiten kann am Fuß des Briefes durch drei Punkte hingewiesen werden. Sie stehen mindestens eine Leerzeile nach dem Text am rechten Briefrand.

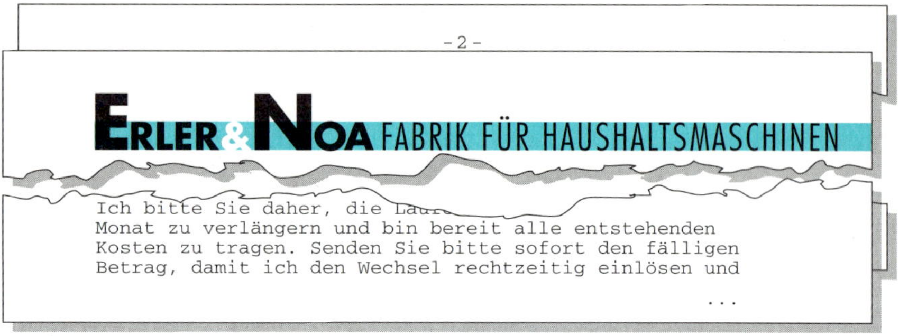
- 2 -

ERLER & NOA FABRIK FÜR HAUSHALTSMASCHINEN

Ich bitte Sie daher, die Lau...
Monat zu verlängern und bin bereit alle entstehenden
Kosten zu tragen. Senden Sie bitte sofort den fälligen
Betrag, damit ich den Wechsel rechtzeitig einlösen und

...

13 Die Eingangs- und Bearbeitungsvermerke

sind nicht durch DIN geregelt. In der kaufmännischen Praxis ist es aber üblich das Eingangsdatum des Briefes aufzuschreiben, eine bestimmte Bearbeitungsreihenfolge festzulegen oder die betroffenen Abteilungen zu nennen. Das geschieht auf einfache Weise mit Hilfe eines Stempels, den man der Übersichtlichkeit wegen immer an der gleichen Stelle des Briefes aufdrucken sollte und dessen Abdruck man mit den erforderlichen Eintragungen versieht.

Delta-Werke, Postfach 125, 32631 Lemgo

Einschreiben

Apparatebau
Volker Möbius
Mainzer Landstr. 83

65185 Wiesbaden

Eingang: 30. Jan. 19..					Erledigt von
An Dir.	Kasse	Eink.	Verk.	Buchh.	
Erst ablegen, wenn „erledigt" eingetragen					

14 Musterbriefe

Die bisher behandelten Briefbestandteile ergeben in ihrer zusammenfassenden Darstellung das **Muster eines Geschäftsbriefes** (Seite 33). Trotz des einheitlichen Aufbaues müssen Geschäftsbriefe aber nicht langweilig aussehen, denn durch eine werbewirksame Gestaltung des Briefkopfes schafft sich jeder Kaufmann seinen individuellen Briefvordruck.
Für den Privatbrief gibt es grundsätzlich keine Formvorschriften; inwieweit die dargestellten Schreib- und Gestaltungsvorschriften auch für ihn anzuwenden sind, hängt vom Empfänger und vom Briefinhalt ab. Viele private Schreiben sind z. B. an Verwaltungen oder Kaufleute gerichtet. Wenn man hierfür die Regeln nach DIN 676 und DIN 5008 entsprechend anwendet, ergibt sich folgendes **Muster eines Privatbriefes** (Seite 34).

Helmut Wagner & Sohn
Textilwarenfabrik

Helmut Wagner & Sohn, Postfach 256, 34035 Kassel

Einschreiben
.
Strickmoden
Schrader & Lehmann
Max-Richter-Str.95
.
87509 Immenstadt
.
.

Ihr Zeichen, Ihre Nachricht vom	Unser Zeichen, unsere Nachricht vom	Telefon,Name (05 61) 445-	Datum
fr-bl ..-03-02	l-hf	52 Frau Lahmer	..-03-06

.
.
Angebot über Strickjacken
.
.
Sehr geehrte Damen und Herren,
.
XXXXXXXXXXXXXXXXXXXXXXXXXXXXXXXXXXXXXXXXXXXXXXXXXXXXXXX
XXXXXXXXXXXXXXXXXXXXXXXXXXXXXXXXXXX.
.

XXXXXXXXXXXXXXXXXXXXXXXXXXXXXXXXXXXXXXXXXXXXXXXXXXXXXXX
XXXXXXXXXXXXXXXXXXXXXXXXXXXXXXXXXXXXXXXXXXXXXXXXXXXXXXX
XXXXXXXXXXXXXXXXXXXXXX
.
XXXXXXXXXXXXXXXXXXXXXXXXXXXXXXXXXXXX
XXXXXXXXXXXXXXXXXXXXXXXXXXX
.
XXXXXXXXXXXXXXXXXXXXXXXXXXXXXXXXXXXXXXXXXXXXXXXXXXXXXXX
XXXXXXXXXXXXXXXXXXXXXXXXXXXXXXXXXXXXXXXXXXXXXXXXXXXXXXX
XXXXXXXXXXX
.
Freundliche Grüße
.
Helmut Wagner & Sohn
.
ppa. Funke
.
Christiane Funke
.
2 Anlagen
.
Verteiler
XXXXXXXXXXXX
XXXXXXXXXX

Hoher Weg 19 Kassel | Telex 396041 | Telefax (05 61) 82 44 50 | Volksbank Göttingen (BLZ 260 900 50) Konto-Nr. 626 400 | Postbank Frankfurt (BLZ 500 100 60) Konto-Nr. 435 12-318 USt-IDNr.DE 621 498 354

Geschäftsbrief auf genormten Vordruck

.
.
.
.
Martin Kamm   19. Februar 19..
Bahnhofstraße 25
57072 Siegen
Tel. (02 71) 4 82 19
.
.
.
.
Einschreiben
.
Frau
Maria Huber
Am Lerchenholz 15
.
87538 Balderschwang
.
.
.
Ferienhaus im Juli
.
.
Sehr geehrte Frau Huber,
.
XXXXXXXXXXXXXXXXXXXXXXXXXXXXXXXXXXXXXXXXXXXXXXXXXXXXXXXXXXXX
XXXXXXXXXXXXXXXXXXXXXXXXXXXXXXXXXXXXXXXXXXXXXXXXXXXXXXXXXXXX
XXXXXXXXXXXXXXXXXXXXXXXX.
.
XXXXXXXXXXXXXXXXXXXXXXXXXXXXXXXXXXXXXXXXXXXXXXXXXXXXXXXXXXXX
XXXXXXXXXXXXXXXXXXXXXXXXXXXXXXXXXXXXXXXXXXXXXXXXXXXXXXXXXXXX
XXXXXXXXXXXX.
.
XXXXXXXXXXXXXXXXXXXXXXXXXXXXXXXXXXXXXXXXXXXXXXX.
.
Mit freundlichen Grüßen
.
Martin Kamm
.
Anlagen
Quittung
Kopie des Mietvertrages

.
.
.
.
Martin Kamm
Bahnhofstraße 25
57072 Siegen

.
.
.
.
.
.
.
.
.
Einschreiben
.
Frau
Maria Huber
Am Lerchenholz 15
.
87538 Balderschwang

Der förmliche Privatbrief mit Briefhülle C6

Die Zeichensetzung

Die Zeichensetzung (Interpunktion) ist zwar nicht das wichtigste Thema im täglichen Leben, aber für den Schriftverkehr ist sie sehr wesentlich; durch sie wird ein Text gegliedert und damit überschaubar. Oft entscheidet die Zeichensetzung auch über den Sinn eines Satzes. Fehlerhafte Interpunktion kann zu Missverständnissen führen und außerdem beeinträchtigt sie, ebenso wie mangelhafte Rechtschreibung, das Ansehen des Briefschreibers.

In diesem Kapitel beschränken wir uns auf die wichtigsten Grundregeln der Zeichensetzung sowie auf die Zweifelsfälle, die im Schriftverkehr häufig auftreten. Zur Erläuterung dieser Regeln werden grammatische Begriffe verwendet; die Bezeichnungen entsprechen der im DUDEN üblichen lateinischen Terminologie, z. T. werden in Klammern die deutschen Ausdrücke angegeben. Einen Überblick über die wichtigsten grammatischen Begriffe und deren Bedeutung finden Sie im Anhang „Grammatische Fachausdrücke“ (S. 240).

Durch die Rechtschreibreform von 1996 wurden dem/der Schreibenden größere Freiheiten als bisher auch bei der Interpunktion eingeräumt. Die vorliegende Auflage von „Gutes Deutsch - Gute Briefe“ trägt dieser Zielrichtung Rechnung, indem die entsprechenden Kapitel zur Zeichensetzung auf die neuen Gestaltungsmöglichkeiten eingehen.

1 Das Komma

1.1 Das Komma entscheidet über den Sinn

Franz, mein Bruder, und ich gingen spazieren.
Franz, mein Bruder und ich gingen spazieren.

Wie viele Personen gingen spazieren? Wie wichtig es ist, das Komma richtig zu setzen, beweist dieses Beispiel: im ersten Satz wird von zwei, im zweiten von drei Personen gesprochen.

Auch die folgenden Beispiele zeigen, dass ein Komma über **den Sinn eines Satzes** entscheidet:

Zur Arbeit, nicht zum Müßiggang sind wir auf dieser Erde.
Zur Arbeit nicht, zum Müßiggang sind wir auf dieser Erde.

Er verspricht, ein tüchtiger Kaufmann zu werden. (= Versprechen)
Er verspricht ein tüchtiger Kaufmann zu werden. (= Beurteilung)

Sie rieten ihm, zu folgen.
Sie rieten, ihm zu folgen.

Sabine versprach, ihrem Vater einen Brief zu schreiben.
Sabine versprach ihrem Vater, einen Brief zu schreiben.

1.2 Das Komma zwischen Sätzen

Herr Müller packt die Kiste aus, Herr Voß prüft die Ware.
Ich rufe Sie sofort an, wenn der Auttrag eintrifft.

In beiden Fällen trennt das Komma jeweils einen Satz von einem anderen. Im ersten Beispiel werden zwei Hauptsätze, im zweiten Beispiel werden Haupt- und Nebensatz (Gliedsatz) durch ein Komma auseinander gehalten.

Der Hauptsatz lautet:

Ich rufe Sie sofort an.

und der Nebensatz:

wenn der Auftrag eintrifft.

Woran kann man Haupt- und Nebensatz jeweils erkennen?

Der Hauptsatz kann allein stehen und ist allein verständlich:

Ich rufe Sie sofort an.

Nebensätze können nicht allein stehen, sie geben keinen Sinn:

wenn der Auftrag eintrifft.

In der Regel steht im Nebensatz das Verb am Ende des Satzes. Oft kann man Nebensätze auch daran erkennen, wie sie an den Hauptsatz angeschlossen sind:

1. durch eine unterordnende Konjunktion (da, weil, als, wenn, obwohl, dass):
   Er kam nicht, *obwohl* ich ihn gebeten hatte.
2. durch ein Relativpronomen (der, die, das, welcher, welche, welches):
   Das ist ein Brief, *der* Erfolg verspricht.

Aus der Stellung allein kann man den Nebensatz nicht erkennen, weil er als Vorder-, Zwischen- oder Nachsatz auftreten kann:

Wenn es möglich ist	,	schicken wir die Ware sofort ab.			**Vordersatz**
Wir schicken	,	wenn es möglich ist	,	die Ware sofort ab.	**Zwischensatz**
Wir schicken wir die Ware sofort ab	,	wenn es möglich ist.			**Nachsatz**

Wenn der Nebensatz in den Hauptsatz eingefügt ist, müssen also zwei Kommas gesetzt werden; man spricht hier vom paarigen Komma.

Ein Nebensatz kann auch an einen anderen Nebensatz angeschlossen werden. In diesem Fall werden die Nebensätze jeweils durch ein Komma getrennt:

Ich befürchte, dass du zu spät kommst, weil du deine Zeit vertrödelst.

Aber:
Bei sogenannten formelhaften Nebensätzen **kann** das Komma weggelassen werden:

Ich rufe(,)wenn nötig(,) sofort bei Ihnen an.
Wie schon erwähnt(,) liefere ich umgehend.

Werden Sätze durch die Konjunktionen „und“ bzw. „oder“ miteinander verbunden, so gelten besondere Kommaregeln. Vergleichen Sie dazu S. 37 (siehe unten).

Die Verbindung mehrerer Hauptsätze nennt man **Satzverbindung**, wird ein Hauptsatz mit einem oder mehreren Nebensätzen verknüpft, so spricht man von einem **Satzgefüge**.

Komma zwischen Sätzen

Bestimmen Sie Haupt- und Nebensatz und setzen Sie die Satzzeichen:
1. Das ist ein Angebot das Sie überzeugen wird. 2. Wir erledigen die Bestellung wenn wieder Waren eingetroffen sind. 3. Die Annahme Ihrer Warensendung müssen wir ablehnen da sie beschädigt ist. 4. Da Sie die Ware nicht pünktlich liefern konnten ist sie für uns nutzlos geworden. 5. Die Zeit da wir nicht zu werben brauchten ist vorbei. 6. Der Preis den Sie verlangten ist zu hoch. 7. Diese Ware führen wir nicht mehr weil sie nicht mehr verlangt wird. 8. Wenn angerufen wird sage ich Bescheid. 9. Während ich bediente griff der Ladendieb zu. 10. Kommen Sie wenn Sie können sofort zu uns. 11. Die Nachfrage nach diesem Produkt ist zurückgegangen wir werden den Preis der Ware senken müssen. 12. Die Zahlungsfrist wird verlängert obwohl der Kunde unzuverlässig ist. 13. Das ist ein Mangel der häufiger vorkommt der aber nicht bedeutend ist. 14. Er war ein Geschäftsmann den man nicht schätzte weil er zu unfreundlich war. 15. Wir werden die Ware behalten obwohl sie leichte Mängel aufweist.

1.3 Das Komma bei „und“ und „oder“

Frau Meier nimmt die Ware an und Herr Niemann kontrolliert den Lieferschein. **Wir erweitern das Sortiment und eröffnen eine neue Filiale.**

Werden **Teilsätze** (Haupt- oder Nebensätze), Wortgruppen oder Wörter mit „und“ bzw. „oder“ verbunden, wird in der Regel **kein Komma** gesetzt:

> Die Ausstellung wurde gut besucht *und* die Aussteller waren mit den Umsätzen sehr zufrieden.
> Der Kunde lässt die Ware liefern *oder* wenn er sie dringend benötigt, holt er die Ware selbst ab.
> Auf der Messe ordert sie Pullover, Blazer *und* Röcke.
> Er fordert den Kunden auf die Ware anzunehmen *und* sie umgehend zu bezahlen.

Aber:
Bei gleichrangigen Teilsätzen, die durch „und“ bzw. „oder“ verbunden sind, kann ein Komma gesetzt werden um die Gliederung des Ganzsatzes zu verdeutlichen:

> Frau Lohmann prüfte den Lieferschein (,) *und* die Ware wurde sofort von Herrn Henschel ausgepackt.
> Er sortiert die Schulhefte ein (,) *und* die Schreibblöcke, die neben dem Regal stehen, werden von ihm weggetragen.

Die gleichen Regeln gelten entsprechend für die Wörter **„beziehungsweise“, „sowie“, „wie“** im Sinne von **„und“, „entweder ... oder“, „sowohl ... als auch“** und **„weder ... noch“.**

Wir hoffen, dass Sie mit den Vertragsbedingungen einverstanden sind, und erwarten Ihre Antwort.

In diesem Beispiel wird ein **Zwischensatz** eingefügt, dessen Anfang und Ende jeweils durch ein Komma angezeigt wird.

Als Regel gilt:

Vor **„und“** bzw. **„oder“** ist ein Komma zu setzen, wenn vor diesen Konjunktionen (Bindewörtern) ein **Zwischensatz** steht. Ein in den Hauptsatz eingefügter Nebensatz wird prinzipiell durch **paariges Komma** eingeschlossen:

> Sie sagte, dass sie nächste Woche zahlen werde, *und* verließ das Geschäft.

Entsprechendes gilt für **Zusätze;** auch dort wird ein **paariges Komma** gesetzt:

> Frau Hoffmann, unsere neue Außendienstmitarbeiterin, *und* Herr Höhne, ihr Vorgesetzter, besuchten im Frühjahr die Leipziger Messe.

Wird einem wörtlich wiedergegebenem Satz ein Teilsatz mit „und“ angehängt, so folgt auch in diesem Fall der wörtlichen Rede das Komma:

> Die Betriebsrätin fragte: „Fühlen Sie sich in dieser Abteilung wohl?“, *und* schaute die Mitarbeiterin prüfend an.

Komma bei „und“ bzw. „oder“

Setzen Sie die fehlenden Kommas. Begründen Sie Ihre Entscheidung:

1. Soeben haben wir die letzte Rechnung bezahlt und jetzt haben wir keine Verpflichtungen mehr. 2. Wir wollen jetzt gehen oder wollen Sie etwa noch bleiben? 3. Er packt die Hefte aus und sie die Schreibblöcke. 4. Er rief: „Rufe bitte noch Herrn Peters an“ und fuhr sofort davon. 5. Entweder liefern Sie mir umgehend die Ware oder ich verklage Sie wegen Nichterfüllung des Kaufvertrages. 6. Sie kalkuliert die Preise und entwirft eine neue Marketingstrategie. 7. Sie besuchte das Konzert und da sie sehr musikbegeistert war wartete sie am Ende der Vorstellung auf den Pianisten. 8. Wir hoffen dass Sie nicht enttäuscht sind und bitten um Ihre Bestellung. 9. Frau Knoke errechnet die Preise und Herr Krohne entwirft eine Werbestrategie. 10. Er bestellte Wein und Käse. 11. Frau Range die neue Kundin aus Göttingen und Herr Meisel unser Stammkunde aus Kassel bestellten sofort die Messeneuheit. 12. Sie wollte ins Kino gehen oder das Theater besuchen. 13. Er stand vor dem Imbissstand und weil er sehr großen Appetit verspürte kaufte er sich eine Bratwurst. 14. Wir hoffen dass wir Ihnen bald wieder etwas liefern dürfen und grüßen Sie. 15. Wir verreisen wenn es auch regnet und wenn wir jetzt nur wenige Urlaubstage haben. 16. Die Mitarbeiterin entwirft den Werbebrief und die Einladung die sie gestern erhielt wird anschließend in die Terminmappe von ihr gelegt.

1.4 Das Komma bei besonderen Wortgruppen

Angenommen (,) dass ich komme, werde ich auch Carmen besuchen.
Je nachdem (,) ob die Ware pünktlich eintrifft, werde ich entscheiden, was zu tun ist.

Bei den Wortgruppen **angenommen (,) dass**, **vorausgesetzt (,) dass**, **geschweige (,) dass**, **geschweige (,) denn**, **je nachdem (,) ob**, **gleichviel (,) ob** usw. liegt es im Ermessen des Schreibenden ein Komma zu setzen. Damit kann bei Bedarf etwas sprachlich hervorgehoben oder eine kurze Sprechpause bewusst eingeplant werden:

> Angenommen (,) dass sie die Reise unternimmt, wird sie im Juli nicht in Dresden sein.
> Je nachdem (,) ob zu dieser Zeit noch ein Zug fährt, werde ich am Dienstag oder am Mittwoch bei Dir sein.

1.5 Das Komma beim Partizip

Laut pfeifend schlendere ich durch die Straßen.
Den neu ausgehandelten Vertragsbedingungen entsprechend (,) verlangte er umgehend Schadenersatz.

Bei Sätzen, die das erste oder zweite Partizip (Mittelwort) enthalten, stellt sich häufig die Frage, ob ein Komma gesetzt werden muss bzw. ob dies zumindest ratsam ist. Zur Erinnerung: Das erste Partizip (Partizip Präsens) stellt eine Verbform dar, bei der die Endung „-end“ an den Verbstamm angehängt wird (z. B.: pfeifend); das zweite Partizip (Partizip Perfekt) erkennt man in der Regel an den Vorsilben „ge-“ bzw. „ver-“ und an den Endungen „-en“ bzw. „-t“ (z. B.: geschrieben, bedingt).

Steht das **Partizip allein** oder wird nur kurz erläutert, so setzt man kein Komma:

> *Pfeifend* schlendere ich durch die Straßen.
> *Laut pfeifend* schlendere ich durch die Straßen.

Bei **Partizipgruppen kann** ein Komma gesetzt werden um die Gliederung des Ganzsatzes deutlich zu machen:

> *Den neu ausgehandelten Vertragsbedingungen entsprechend* (,) verlangte er umgehend Schadenersatz.
> *Durch die langen Nachtfahrten genervt* (,) werden sie zunächst einmal eine Schlafpause einlegen.

Dem/der Schreibenden wird somit ein Ermessensspielraum beim Setzen des Kommas eingeräumt; dies gilt in besonderem Maße auch bei **Zusätzen** oder **Nachträgen** , die man eventuell hervorheben möchte.

> Sie radelte (,) *im tiefsten Sinne vergnügt* (,) nach Hause.
> Er las (,) *erschöpft vom langen Arbeitstag* (,) nur noch zehn Minuten in der Zeitung.

Aber:
Wörter oder Wortgruppen, die durch ein **hinweisendes Wort** oder eine **hinweisende Wortgruppe** angekündigt werden, sind mit (gegebenenfalls paarigem Komma) abzutrennen:

> *So, erschöpft in stärkstem Maße,* wollte er auch noch die gerade eingetroffene Warensendung auspacken.
> *So ausgezeichnet, mit der Siegerurkunde in der Hand,* wollte sie sofort zu ihren Eltern.

Das Komma ist ebenso zu setzen, wenn Wörter oder Wortgruppen durch ein **hinweisendes Wort** oder eine **hinweisende Wortgruppe** wieder aufgenommen werden:

> *Erschöpft in stärkstem Maße, so* wollte er auch noch die gerade eingetroffene Warensendung auspacken.
> *Die Siegerurkunde in der Hand haltend, so* eilte sie sofort zu ihren Eltern hinüber.

Das Komma ist auch zu setzen, wenn die **Patizipgruppe** zwischen Subjekt (Satzgegenstand) und Prädikat (Satzaussage) **eingeschoben** wird oder am **Ende des Ganzsatzes** steht:

> Der Auszubildende, *vergnügt pfeifend,* näherte sich rasch der neuen Mitarbeiterin.
> Der Karton stand ganz hinten in der Ecke, *vom Schatten der anderen Ware nahezu verdeckt.*

Kommasetzung beim Partizip

Komma oder nicht? Bitte begründen Sie:
1. Den Anleitungen entsprechend arbeitete er jetzt selbstständig in der neuen Abteilung 2. Jürgen schritt in stärkster Weise beeindruckt auf das Kunstwerk zu. 3. Schleppend zog sich die Verhandlung hin. 4. Langsam steigend erreichten sie den Gipfel. 5. Tief unten im See schwimmend fanden die Taucher das Wrack. 6. Den Zeichnungen entsprechend wurde das Haus gebaut. 7. Er legte sich sofort ins Bett von den Anstrengungen der langen Reise gezeichnet. 8. Große Plakate tragend demonstrierten die Studenten. 9. Von den Anstrengungen ermattet setzte er sich auf die Bank. 10. Der ungewöhnlichen Höhenlage entsprechend verhielten sich die Bergsteiger sehr vorsichtig. 11. So in höchstem Maße erregt brüllte er los. 12. In höchstem Maße erregt so diktierte er der Sekretärin den Brief. 13. Die junge Lehrerin herzhaft lachend entließ die Klasse. 14. Singend vor Freude rannte Susanne auf ihn zu. 15. Gestärkt durch die Mahlzeit so wollte er sofort aufbrechen. 16. Die junge Mutter vor Glück strahlend rief sofort ihre beste Freundin an.

1.6 Das Komma beim Infinitiv mit „zu"

Es lohnt zu bestellen.
Es lohnt (,) sofort zu bestellen.
Es lohnt sofort (,) zu bestellen.

Der Infinitiv (die Grundform) eines Verbs nennt eine Tätigkeit ohne näher zu erläutern, wer sie ausübt und wann sie ausgeübt wird. Infinitive mit einer näheren Bestimmung bilden Infinitivgruppen.

Beim **reinen (nicht erweiterten) Infinitiv mit „zu"** wird kein Komma gesetzt:

> Es lohnt *zu lesen.*
> Bei heißem Wetter ist es angenehm *zu baden.*
> *Zu sparen* ist Pflicht.

Auch beim **erweiterten Infinitiv mit „zu"** muss grundsätzlich kein Komma gesetzt werden:

> Es lohnt sich *dieses Buch zu lesen.*

Bei Infinitivgruppen **kann** ein Komma gesetzt werden um die **Gliederung des Ganzsatzes** deutlich zu machen bzw. um **Missverständnisse** zu vermeiden:

> Sie beschließt (,) *diese Sitzung* umgehend mit wenigen Worten *zu beenden.*
> Er riet (,) ihr *zu folgen.*
> Er riet Ihr (,) *zu folgen.*

Dem/der Schreibenden wird somit ein Ermessensspielraum beim Setzen des Kommas eingeräumt; dies gilt in besonderem Maße auch bei **Zusätzen** und **Nachträgen,** die man eventuell hervorheben möchte:

> Er hatte den PC (,) *ohne ihn geprüft zu haben* (,) sofort gekauft.
> Er hatte den PC sofort gekauft (,) *ohne ihn geprüft zu haben.*

Aber:
Wörter oder Wortgruppen, die durch ein **hinweisendes Wort** oder eine **hinweisende Wortgruppe** angekündigt werden, sind mit (gegebenenfalls paarigem Komma) abzutrennen:

> *Daran, neue Produkte zu entwickeln,* dachte er Tag und Nacht.
> *Sein oberstes Ziel, das Unternehmen zu vergrößern,* ließ er nicht aus den Augen.

Das Komma ist ebenso zu setzen, wenn **Wört**er oder **Wortgruppen** durch ein **hinweisendes Wort** oder eine **hinweisende Wortgruppe wieder aufgenommen** werden:

> *Neue Produkte zu entwickeln, daran* dachte er Tag und Nacht.
> *Carmen und ich, wir* beschlossen sofort zu handeln.

Das Komma ist auch zu setzen, wenn die **Infinitivgruppe** zwischen Subjekt (Satzgegenstand) und Prädikat (Satzaussage) **eingeschoben** wird:

> Thorsten, *ohne die Angelegenheit genau geprüft zu haben,* entschied sich sofort dafür.

Kommasetzung beim Infinitiv

Bilden Sie zu jeder behandelten Intinitiv-Kommaregel einen Beispielsatz.

Komma oder kein Komma? Bitte begründen Sie:

1. Ich hoffe Ihre Vertreterin auf der Ausstellung zu treffen. 2. Ich fuhr nach Hannover um die Industriemesse zu besuchen 3. Sie wollte ihre neue Nachbarin ohne sie zu kennen noch am gleichen Tag zu einem Kinobesuch einladen. 4. Sein fester Wille die Reise zu unternehmen konnte nicht gebrochen werden. 5. Sie werden es nicht wagen eine Liefersperre zu verhängen. 6. Er verkaufte die schlechte Ware anstatt sie zurückzuhalten. 7. Der Geschäftspartner dachte nicht daran einzuwilligen. 8. Wir rieten ihm zu folgen. 9. Ich rate Ihnen zu bestellen. 10. Wir bitten Sie zu kommen. 11. Der Kunde verließ das Geschäft ohne zu kaufen. 12. Sabine und Klaus beide wollten unbedingt nach Italien fahren. 13. Versäumen Sie nicht unsere Ausstellung zu besuchen. 14. Greifen Sie zu ohne zu zögern. 15. Der Kunde weigerte sich zu zahlen. 16. Die Kundin weigert sich den Wechsel einzulösen. 17. Burghardt ohne die Nachricht abgewartet zu haben reiste sofort nach Capri.

1.7 Das Komma bei der Aufzählung

Wir verkaufen formschöne, praktische Geräte.
Wir verkaufen formschöne elektrische Geräte.

Werden Wörter – zum Beispiel Substantive, Verben oder Adjektive – oder ganze Wortgruppen aufgezählt, so müssen sie durch ein Komma jeweils voneinander getrennt werden, es sei denn, sie werden durch die Konjunktionen „und“ bzw. „oder“ verbunden:

Er prüfte, wählte aus *und* bestellte.
Sollen es rote, gelbe *oder* blaue Ordner sein?
Der Konkursverwalter kontrollierte sämtliche Belege, stellte nahezu alle Zahlungen sofort ein *und* benachrichtigte Behörden, Banken, Kunden sowie Lieferanten.

Aber:

Besondere Schwierigkeiten treten häufig bei einer Aneinanderreihung von Adjektiven auf, denn nicht in jedem Fall handelt es sich dabei um eine Aufzählung von Eigenschaften, bei der ein Komma gesetzt werden muss:

Wir verkaufen *formschöne elektrische* Geräte.

In diesem Satz steht kein Komma, weil es sich hier nicht um eine Aufzählung von **nebengeordneten Eigenschaften** handelt. Die Geräte sind nicht 1. formschön und 2. elektrisch, sondern die elektrischen Geräte (feststehender Begriff) sind formschön. Im Gegensatz zu einer Aufzählung entsteht zwischen beiden Wörtern keine Sprechpause. Setzt man „und“ zwischen die beiden Adjektive „formschöne und elektrische Geräte“, so verliert der Satz seinen Sinn. Weitere Beispiele:

eine lebhafte politische Versammlung
frische holsteinische Butter
eine breite demokratische Öffentlichkeit

Man muss also darauf achten, ob ein Substantiv durch zwei nebengeordnete Adjektive erläutert wird oder ob man einen Begriff (Substantiv mit Adjektiv) durch ein Adjektiv näher bestimmt. Bei der Überprüfung kann die „sehr-Probe“ hilfreich sein. Lässt sich das Wort „sehr“ sinnvoll vor das zweite Adjektiv einfügen, so ist in der Regel ein Komma zu setzen:

reife, (sehr) wohlschmeckende Früchte

Aber:

reife italienische Früchte

Die Entscheidung wird manchmal schwierig. Oft hängt es vom Sinn des Satzes ab, ob ein Komma zu setzen ist oder nicht.

Kommasetzung bei der Aufzählung

Bilden Sie mit folgenden Beispielen Sätze und entscheiden Sie, ob ein Komma zu setzen ist:

1. kühle trockene Lagerung 2. das gesamte politische Leben 3. die oberen zerstörten Stockwerke 4. eine gute alte Sitte 5. unser fleißiger junger Mann 6. die vornehme schlanke Gestalt 7. eine alte bewährte Marke 8. die ungenügende nachlässige Verpackung 9. selbständiger gewissenhafter Buchhalter gesucht 10. seine verständnisvolle soziale Einstellung 11. ihre ruhige besonnene Art 12. das sind ungewollte vorteilhafte Auswirkungen 13. die lehrreichen kaufmännischen Vorträge 14. der zweckmäßige preiswerte unverwüstliche Apparat 15. gesegnete frohe Weihnachten 16. gute französische Weinsorten 17. ein glückliches neues Jahr 18. ein lebhafter alter Herr 19. eine unhöfliche langweilige Bedienung 20. das gesamte deutsche Volk 21. preiswertes umweltfreundliches Auto

Entscheiden Sie, ob ein Komma zu setzen ist:

1. Das Sortiment ist umfassend preiswert und attraktiv. 2. Der Kunde bestellte Brieföffner Zettelkästen Ordner und Farbbänder. 3. Die guten französischen Weinsorten können Sie bei uns jederzeit bestellen. 4. Wir wünschen Ihnen ein gutes neues Jahr. 5. Sie verglich prüfte und kaufte schließlich. 6. Die Verpackung ist zu prüfen der Lieferschein mit der gelieferten Ware zu vergleichen die einzelnen Produkte sind auszuzeichnen und schließlich müssen sie ins Lager einsortiert werden. 7. Der Ordner ist stabil handlich sowie formschön. 8. Die Firma suchte eine junge erfolgreiche Bürokauffrau.

1.8 Das Komma bei mehrteiligen Literatur- und Gesetzesangaben

In der Zeitschrift „Natur und Technik“, Jahrgang 13, Heft 4, S. 42 (,) ... **In § 34 Abs. 3 Satz 4 des HGB ...**

Mehrteilige Hinweise auf Literaturstellen müssen mit Komma getrennt werden, nur das schließende Komma kann weggelassen werden:

> In der Fachzeitschrift „Ökologie“, Jahrgang 24, Heft 11, S. 26 (,) wird auf diesen Sachverhalt hingewiesen.

Aber:
Bei mehrteiligen Hinweisen auf Gesetze, Verordnungen und vergleichbare Bestimmungen wird kein Komma gesetzt:

> In § 12 Abs. 4 Satz 1 des Gesetzes gegen den unlauteren Wettbewerb wird dieser Fall angesprochen.

Kommasetzung bei mehrteiligen Literatur- und Gesetzangaben

Entscheiden Sie, ob ein Komma zu setzen ist:
1. In dem Werk „Rechtskunde in Deutschland“ Kapitel V Seite 108 beschreibt der Autor diesen Zusammenhang. Im Jugendarbeitsschutzgesetz wird in § 8 Abs. 5 Satz 2 Nr. 3 diese Situation rechtlich geklärt. 3. In der Zeitschrift „Menschenrechte in unserer Welt“ Jahrgang 26 Heft 10 S. 86 erläutert die Autorin diesen Sachverhalt. 4. Das BGB enthält in § 114 Abs. 2 Satz 1 nähere Angaben zu dieser Problematik die sie interessiert.

1.9 Das Komma bei Orts- und Zeitangaben

Frau Haase in Köln, Steingraben 5 (,) ist als Verkäuferin tätig. **Montag, den 10. Mai (,) komme ich.**

Mehrteilige Orts- und Zeitangaben ohne Präposition grenzt man mit Komma ab; das schließende Komma kann auch weggelassen werden:

> Herr Fiebig, Landau, Weinstraße 10, 2. Stock (,) freut sich bereits auf Ihren Besuch.
> Die Besprechung findet am Montag, dem 10. Mai (,) statt.
> Montag, den 10. Mai (,) wird das Geschäft eröffnet.

Kommasetzung bei Orts- und Zeitangaben

Entscheiden Sie, ob ein Komma zu setzen ist:
1. Fragen Sie bitte bei Frau Grimm Ansbach Würzburger Straße 15 V. Stock nach.

2. Herr Jürgens aus Bonn Rheinuferstraße 26 wird sich bei Ihnen vorstellen. 3. Grüßen Sie Fr. Küstner aus Wolfsburg VW-Werk Abt. XZ recht herzlich von mir. 4. Freitag den 22. Januar soll die Werbekampagne gestartet werden. 5. Die Ware kommt am Mittwoch dem 15.März an. 6. Die Ware kommt am Mittwoch den 15. März an. 7. Unser Reisender wird Sie am Donnerstag den 22. November um 15 Uhr besuchen. 8. Freitag den 13. Mai 10 Uhr kommt der Spediteur. 9. Wir werden die Ausstellung am Dienstag den 11. Dezember eröffnen.

1.10 Das Komma vor erläuternden Ausdrücken

Hier fehlt das Akzept, d. h. der Annahmevermerk.
Er bestellte 400 Ordner, und zwar sofort.

In diesen Beispielen hat das Komma die Aufgabe eines Pausenzeichens. Wir finden es immer vor den erläuternden Konjunktionen (Bindewörtern) und vor den Wörtern, die eine Aufzählung einleiten:

Der Fehler steckt in Ihrer Rechnung, *und zwar* in der Addition.
Der Prüfling zeigte gute Leistungen, *namentlich* in der Buchführung.
Wir besprachen die Preisbildung, *besonders* die Kosten.
Diesen Nachteil finden wir bei den Kapitalgesellschaften, *hauptsächlich* bei der AG und der GmbH.
Es gibt viele Sorten Kaffee, *z. B.* Santos-, Guatemala-, Costa-Rica-Kaffee.
Zwei Novellen von Storm gefallen mir besonders gut, *nämlich* Pole Poppenspäler und Immensee.
Für die Auswanderung nach Australien kommen nur Fachkräfte in Frage, *wie* Chemiker, Ingenieure und Markscheider.
Werbesendungen schickt man an Personengruppen, *also beispielsweise* an alle Ärzte, an alle Handwerker, an alle Hausfrauen.
Das Geschäft ist lukrativ, *d. h.* Gewinn bringend.
Die neuen Stoffe gefallen ihr sehr gut, *speziell* die erdfarbenen.

Kommasetzung vor erläuternden Ausdrücken

Bilden Sie Sätze, bei denen die folgenden Wörter den vorangehenden Satzteil erläutern. Vergessen Sie nicht das Komma zu setzen:
nämlich, hauptsächlich, d. h., und zwar, insbesondere, z. B., vor allem, gerade, also beispielsweise, namentlich, speziell, überwiegend

1.11 Das Komma bei Einschüben und Zusätzen

Hannover, die Hauptstadt von Niedersachsen, liegt an der Leine.

Nachgestellte Einschübe und **genauere Bestimmungen** werden vom übrigen Satz durch Kommas getrennt:

Ich danke Ihnen, *Frau Kuhn*, dass Sie mir geholfen haben.
Die Versammlung findet am Montag, *dem 12. November, 20 Uhr, im „Goldenen Stern“,* Marktstraße 7 (,) statt.

Oft liegt es im Ermessen des/der Schreibenden, ob etwas durch die Kommasetzung als Zusatz oder Nachtrag herausgestellt werden soll oder nicht:

Unsere Reisende (,) Frau Nieke (,) wird Sie besuchen.
Der Verkaufspreis (,) *einschließlich Versand- und Verpackungskosten* (,) beträgt 145,60 DM.

Auch verkürzte Nebensätze, die an Stelle von Adverbien stehen, und Hauptsätze können eingeschaltet werden:

Schicken Sie mir die Ware möglichst noch heute.
Schicken Sie mir die Ware, *falls möglich*, noch heute.
Herr Haeger legte die beste Prüfung ab.
Herr Haeger, *er arbeitet bei der Firma Mittag*, legte die beste Prüfung ab.

Die Kommas können bei Einschaltungen von Satzstücken oder Sätzen, die das Gesagte ergänzen oder erläutern sollen, durch Gedankenstriche oder Klammern (Parenthesen) ersetzt werden:

Herr Haeger – *er arbeitet bei der Firma Mittag* – legte die beste Prüfung ab.
Herr Haeger *(er arbeitet bei der Firma Mittag)* legte die beste Prüfung ab.

Aber:
Hinter dem zweiten Gedankenstrich steht ein Komma, wenn es auch ohne das eingeschobene Satzstück oder den eingefügten Satz stehen müsste:

Er ärgert sich – sogar häufig! –, weil Ursel nicht pünktlich sein kann.
Wir wollten schon damals nicht – erinnern Sie sich noch? –, dass die Zweigstelle nach Astfeld verlegt werden sollte.

Kommasetzung bei Einschüben und Zusätzen

Setzen Sie die Satzzeichen:
1. Unsere Buchhalterin Ulrike Müller ist krank und Herr Buchholz unser Kassierer ist in Urlaub gefahren. 2. Die Schrauben können Sie falls nötig etwas lockern. 3. Wir hoffen Herr Schulze dass Sie bald wieder gesund sind. 4. In der nächsten Woche wird Sie Herr Schneider unser neuer Reisender besuchen. 5. Liefern Sie bitte die Artikel wie besprochen in der letzten Januarwoche. 6. Seit Tagen versuchen wir Ihren Außendienstmitarbeiter Herrn Seefeld zu erreichen. 7. Wir danken ihnen Frau Stottmeister dass Sie uns die Mustersendung umgehend zuschickten. 8. Die Gesamtkosten einschließlich Steueranteil erhöhen sich auf 12.430 DM.

1.12 Das Komma vor „als“ und „wie“

Man muss genauer kalkulieren als bisher.
Man muss genauer kalkulieren, als es bisher üblich war.

Beim **einfachen Vergleich** zwischen einzelnen Satzteilen steht kein Komma:

Ich bin größer als du.

Handelt es sich aber um **Vergleichssätze**, folgt also nach der Konjunktion „als“ oder „wie“ ein Nebensatz, so müssen sie durch ein Komma getrennt werden:

Ich bin größer, als du es bist.

Ebenso bei dem Wort „wie“:

Das ist eine Bilanz wie üblich.
Das ist eine Bilanz, wie man sie üblicherweise findet.

Vergleichen Sie zum Gebrauch von „als“ und „wie“ auch die Stilübung S. 210

Kommasetzung vor „als“ und „wie“

Ergänzen Sie und setzen Sie die fehlenden Kommas:
1. Das Buch ist teurer – ich dachte. 2. Die Scheibe Brot war so dick – ein Daumen. 3. Die Eier sind jetzt billiger – bisher. 4. In den Ferien war es noch schöner – wir es uns vorgestellt hatten. 5. Leider brauchten wir mehr Geld – im vorigen Sommer während unseres Urlaubs in den Alpen; allerdings war es so viel preisgünstiger – wir vorher errechnet hatten. 6. Wir haben aber nicht so viel ausgegeben – unsere Bekannten. 7. Es gibt nichts Schöneres – Reisepläne zu schmieden. 8. So gut – heute hat es mir seit langem nicht geschmeckt. 9. Treffender – du es gesagt hast konnte ich es auch nicht vorbringen. 10. So schön – du kann niemand von uns malen.

Zusammenfassende Übung zur Kommasetzung

Setzen Sie die fehlenden Kommas:
1. Die Konzernleitung teilte uns gestern mit dass mit umfangreichen Änderungen gerechnet werden muss 2. Je nachdem ob er zahlt oder nicht werde ich meine Konsequenzen ziehen. 3. In der Herbstkollektion werden zusätzlich Zeichenplatten Schnellverstellzirkel und Kurvenlineale vertreten sein. 4. Außerdem beabsichtigen wir unseren Service kundengerecht auszubauen. 5. Die Lieferzeit wird bei einigen Produktbereichen insbesondere bei Schreibgeräten und Registraturbedarf um etwa zwei Tage verkürzt. 6. Die Leiterin der Finanzabteilung Frau Karin Hähnel deutete an dass für unsere Stammkunden das Zahlungsziel von vier auf fünf Wochen verlängert wird. 7. Ab September werden neue Werbebroschüren für unsere Kunden zur Verfügung stehen und von einer Werbeagentur wird für das kommende Geschäftsjahr eine neue Werbestrategie entwickelt werden. 8. Am kommenden Mittwoch dem 15. April können Sie alle Einzelheiten in unserem ausführlichen Rundschreiben nachlesen.

2 Der Punkt

Das Spiel ist aus. – 1. Sorte – Gebr. – DIN

Der Punkt soll einen Satz abschließen, das ist seine wichtigste Aufgabe. Er ist wie ein Haltesignal. Seinem Wesen nach bedeutet er: Schluss mit dem Gedanken. Jetzt kommt ein neuer. Daher steht am Ende eines Aussagesatzes ein Punkt.

Das gilt auch für Frage-, Aufforderungs-, Ausrufe- und Wunschsätze, wenn sie von einem Aussagesatz abhängen:

> Er fragte, ob er warten solle.
> Er forderte mich auf unverzüglich abzufahren.
> Sie sagte, sie freue sich riesig.
> Er hoffte, der Traum werde Wirklichkeit.

Ebenfalls steht der Punkt bei

1. **Ordinalzahlen** (Ordnungszahlen):

   1. Sorte, 4. Stock, 20. Mai

2. bei **Abkürzungen**, die im vollen Wortlaut des ursprünglichen Wortes gesprochen werden:

   Gebr. (gesprochen: Gebrüder), Art. (Artikel), usw., z. B., Co.

(Die Abkürzung „Co“ kann je nach Schreibweise der Firma mit oder ohne Punkt geschrieben werden.)

Der Punkt steht nicht

1. nach **Grußformeln** und **Unterschriften:**

   Mit freundlichen Grüßen

   Jürgen Krause

2. nach **Überschriften** und **Betreffangaben** (auch wenn sie als ganzer Satz gebildet werden):

   Berliner Kinder erleben frohe Ferientage in den Bergen
   Angebot über Kugelschreiber
   Bitte um Stundung

3. nach **Abkürzungen**, wenn sie als selbstständige Wörter empfunden werden:

   DIN, cif, EU, HGB, AG, GmbH

4. bei feststehenden **Abkürzungen für Maße, Gewichte, Münzen** (Währungseinheiten), für **chemische Grundstoffe** und **Himmelsrichtungen:**

   mm, cm, m, km; g, kg, dz; DM, sfrs; Fe (Eisen), Co (Kobalt); SW, NO

In tabellarischen Auflistungen werden die einzelnen Zeilen in der Regel nicht durch einen Punkt abgeschlossen:

Wir danken für Ihre Anfrage und bieten an:

Papp-Schnellhefter	DIN A4, Best.-Nr. 231, 0,90 DM/Stück
Plastik-Schnellhefter	DIN A4, Best.-Nr. 342, 1,30 DM/Stück
Plastik-Schnellhefter	DIN A5, Best.-Nr. 563, 1,05 DM/Stück
Trennblätter	DIN A4, Best.-Nr. 211, 0,40 DM/Stück
Prospekthüllen	DIN A4, Best.-Nr. 347, 0,35 DM/Stück

Sieht man die Auflistung allerdings als Satz an, so steht nach jeder Zeile dieser Aufzählung ein Komma oder Semikolon, am Satzende ein Punkt. Häufig benutzt man für diese Zwecke bei Geschäftsbriefen auch den Spiegelstrich:

Wir danken für Ihre Anfrage und bieten an:
- Papp-Schnellhefter DIN A4, Best.-Nr. 231, 0,90 DM/Stück;
- Plastik-Schnellhefter DIN A4, Best.-Nr. 342, 1,30 DM/Stück;
- Plastik-Schnellhefter DIN A5, Best.-Nr. 563, 1,05 DM/Stück;
- Trennblätter DIN A4, Best.-Nr. 211, 0,40 DM/Stück;
- Prospekthüllen DIN A4, Best.-Nr. 347, 0,35 DM/Stück.

Mit oder ohne Punkt?

Dr med Beyer – 12 St Nr 45 – HGB § 40 – Dieselbau AG – DIN A4 – 57,00 DM – Frau Wöhler geb Fuchs – Friedwald & Co – Firma Zuntz Wwe – Gebr Wätermann KG – H (Wasserstoff) und S (Schwefel) – Pf-Stücke – 330 m ü d M – Der Chef ist z Z verreist – 1 Dtzd Agfa-Filme – Wie viele Morgen hat ein ha? – Bestellen Sie 10 Kunststoffregister mit der Art-Nr 125

3 Das Fragezeichen

Wo? – Wie heißt du? – Er fragte, ob er morgen kommen dürfe.

Das Fragezeichen steht nach einzelnen Fragewörtern und nach direkten Fragesätzen:

Was? Wie bitte? Wann bist du geboren?

Nach indirekten Fragesätzen, also nach Fragesätzen, die von einem Aussagesatz abhängen, steht kein Fragezeichen:

Die Frage blieb ungelöst, woher sie das Geld hatte.
Ich weiß nicht, was dieses Zeichen bedeutet.

Muss man hier ein Fragezeichen setzen?

1. Die Mutter fragte: „Was hast du wieder gemacht“ 2. Und am Abend fragte der Vater, was er gemacht habe 3. Ob wir heute das Spiel gewinnen 4. Viele Zuschauer fragten sich ebenfalls, ob die Mannschaft das Spiel gewinnen werde 5. Erklären Sie uns, wie Sie die Aufgabe gelöst haben 6. Wir fragten, wann die Entscheidung noch fallen kann 7. Woher wisst ihr das 8. Wir wissen nicht, warum sich Inge nicht mal richtig ausspricht 9. Warum ist sie aus der schönen Wohnung ausgezogen 10. Können Sie das Zahlungsziel um einen Monat verlängern 11. Wir erkundigten uns bei der Auskunftei, ob die Firma zahlungsfähig sei 12. Die Frage blieb ungelöst, wie der Konkurs abzuwenden sei 13. Zu welchem Preis können Sie uns die Ware anbieten 14. Sie wusste nicht, ob sie die Arbeitsstelle bekommen würde 15. Ist es wirklich notwendig, dass du dir schon wieder ein neues Auto kaufst

4 Das Ausrufezeichen

Seien Sie vorsichtig! – Halt!

Das Ausrufezeichen steht **nach Sätzen,** die einen **Befehl,** eine **Aufforderung,** einen **Wunsch** oder einen **Ausruf** des Erstaunens, der Freude, der Trauer, des Widerwillens und anderer Gemütsbewegungen enthalten:

Schreiben Sie das noch einmal!
Versuchen Sie diese Mischung!
Hätte ich doch mein Geld angelegt!
Das ist ja eine prachtvolle Aufführung!

Werden Wunsch- oder Aufforderungssätze ohne besonderen Nachdruck gesprochen, dann verzichtet man auf ein Ausrufezeichen:

Schreiben Sie bitte den Brief.

Auch **nach einzelnen Wörtern** steht das Ausrufezeichen, das gilt insbesondere für Ausrufe:

Au! Oh! Zugepackt! Herein! Prosit! Donnerwetter!

Folgen **mehrere Ausrufewörter** hintereinander, so kommt es auf den Sprecher an, ob er jedes einzelne Ausrufewort mit besonderem Nachdruck spricht oder nicht. Davon hängt es ab, ob man ein Ausrufezeichen oder ein Komma setzt:

Aber! Aber! Herr Eilert! (mit Nachdruck)
Aber, aber! Herr Eilert! (ohne Nachdruck)

Wie sein Name schon sagt, sollen Wörter und Sätze mit Ausrufezeichen mit Nachdruck ausgerufen oder gesprochen werden. Das geschieht aber im täglichen Sprachgebrauch selten. In Berichte und amtliche oder geschäftliche Briefe passt das Ausrufezeichen nicht, weil es Gefühle betont. In Privatbriefen darf man es schon mal verwenden. Vermeiden Sie aber eine Häufung, sonst schreiben Sie im „Schreistil"; denn niemand lässt sich gern mit erhöhtem Stimmaufwand anreden. Deshalb gehen Sie bitte sparsam mit dem Ausrufezeichen um.

Hinter **Grußformeln** in Briefen steht kein Ausrufezeichen:

Mit freundlichen Grüßen – Mit bestem Gruß – Viele Grüße

Ebenso ist das Ausrufezeichen nach der **Anrede** in Briefen nicht mehr üblich; man setzt stattdessen ein Komma:

Sehr geehrte Damen und Herren,

Setzen Sie die Zeichen:

1. Grüßen Sie Ihren Vater 2. Siehe Seite 24 3. Hätte ich das gewusst 4. O ja 5. Das wäre ein Gedanke 6. Vorsicht 7. Nein nein das stimmt nicht 8. Wie lange ist das her 9. Alles Gute 10. Mit bester Empfehlung 11. Lass mich zufrieden 12. Du sagst immer Ich kann nicht 13. Nenn mir ein geflügeltes Wort aus dem Faust 14. Ich fürchte (hoffentlich zu Unrecht) dass er das nicht überlebt

5 Das Semikolon

Wir stellen im Frühjahr einen Buchhalter ein; außerdem benötigen wir sofort eine Sekretärin.

Zwischen zwei selbstständige Hauptsätze, die gedanklich eng zusammenhängen, wird meist ein Semikolon (Strichpunkt) gesetzt. Ein Komma wäre für die Trennung oft zu schwach und ein Punkt zu stark, z. B.:

> Die Vase ist gut verpackt worden; man sollte annehmen, dass sie unbeschädigt dort eintrifft.

Das Semikolon steht in Satzverbindungen meist vor den Konjunktionen „denn", „jedoch", „aber", „darum", „deshalb", „deswegen", „überdies", „sogar", „außerdem", „dennoch", „trotzdem", z. B.:

> Die Kiste ist unversehrt aufgegeben worden; deshalb kann der Diebstahl nur während des Transportes vorgekommen sein.
> Ich weiß dass er tüchtig ist; denn er war zwei Jahre lang mein Vorgesetzter.
> Die Ware ist preiswert; darum sollte man schnell zugreifen.

Das Semikolon ist nie zwingend vorgeschrieben; man kann es je nach Zusammengehörigkeit der Sätze oder Satzteile durch Punkt oder Komma ersetzen.

Punkt, Semikolon oder Komma?

1. Der Mensch steht höher als die Sache aber das wird häufig missachtet. 2. Wir haben viel zu tun denn wir machen jetzt Inventur. 3. Der Wechsel ist ein Kreditmittel er schiebt die Zahlung hinaus. 4. Ich habe die Satzungen durchgelesen von einem Beitritt zu dieser Genossenschaft rate ich ab. 5. Kommt Zeit kommt Rat. 6. Der Fall ist vor dem Amtsgericht verhandelt worden er geht jetzt ans Landgericht. 7. Die Reparatur ist ausgeführt worden wie Sie sehen läuft jetzt der Motor tadellos.

6 Der Doppelpunkt

Deutsch: sehr gut – Anwesend sind: Herr Geiger, Frau Frisch ...

Der Doppelpunkt kündigt etwas an; er weckt Spannung.

Er steht vor der in Anführungszeichen gesetzten **direkten (wörtlichen) Rede** oder vor einem **selbstständigen Satz,** wenn diese angekündigt sind:

> Unser Kassierer stöhnt: *„Die Kasse stimmt nicht!"*
> Unser neuer Werbeslogan heißt: *Esst mehr Früchte.*

In diesen Fällen wird das erste Wort nach dem Doppelpunkt großgeschrieben.

Werden **Satzstücke** oder **Aufzählungen** angekündigt, wird ein Doppelpunkt gesetzt:

Turnen: *gut*

Am Strand fanden wir allerlei: *kleine Muscheln, Krebse, bunte Käfer und schöne Steine*

Hier wird nach dem Doppelpunkt kleingeschrieben.

Wenn der Aufzählung aber ein erläuternder Hinweis vorangeht, wie „d. h.", „z. B.", „nämlich", setzt man ein Komma (s. S. 45):

Manche Themen sind besonders wichtig, *z. B.* das Mahnverfahren.

Einige Größen fehlen noch, *nämlich* 3, 7 und 8.

Der Doppelpunkt steht ferner vor Sätzen, die eine **Zusammenfassung des Vorangegangenen** oder **Folgerungen** daraus enthalten:

Laden, Lager, Fabrik und Wohnhaus: *alles brannte nieder.*

Die Werbung hat sich gelohnt: *der Umsatz ist erheblich gestiegen.*

Man schreibt klein weiter, auch wenn ein ganzer Satz folgt.

Doppelpunkt

Entscheiden Sie, ob ein Doppelpunkt zu setzen ist und vergessen Sie auch die anderen Satzzeichen nicht:

1. Die Vorbesprechungen haben stattgefunden die Skizzen wurden angefertigt die Kosten sind errechnet und genehmigt der Baubeginn kann festgelegt werden. 2. Der Stenografenverein kann beim nächsten Wettbewerb seine Erfolge noch verbessern d. h. es muss noch mehr geübt werden. 3. Der Betriebsleiter sagte nur so können wir unseren Umsatz erheblich steigern. 4. Das Unternehmen hat mehrere Zweigwerke München Frankfurt Köln Hannover Dresden. 5. Die Demonstration hatte Erfolg der Bau wurde gestoppt. 6. Trainingsbeginn Montag 18 Uhr. 7. Das ist das Ergebnis der Konferenz ohne fremde Hilfe ist der Betrieb nicht zu sanieren 8. Unsere Personalchefin versprach In unserem Unternehmen kommt es in diesem Jahr zu keinen Entlassungen. 9. In der Frühjahrskollektion werden einige Produktgruppen nicht mehr vertreten sein Kopierstifte Ausziehtuschen und Reißfedern. 10. Kaufmännischer Schriftverkehr sehr gut

7 Die Anführungszeichen

Sie sagte: „Wir reisen morgen nach Dresden."

Anführungszeichen stehen **vor und hinter einer direkten Rede** oder bei wörtlich wiedergegebenen Gedanken:

Er fragte mich: „In welcher Straße ist das Reisebüro?"

„In welcher Straße", fragte er mich, „ist das Reisebüro?"

„Hoffentlich bleibt das Wetter schön", dachte sie.

In der **indirekten Rede,** die man daran erkennt, dass sie im Konjunktiv (Möglichkeitsform) steht, setzt man **keine Anführungszeichen:**

Er fragte mich, in welcher Straße das Reisebüro sei.
Sie betonte, in dieser Zusammensetzung könne man nicht weiter zusammenarbeiten.

Anführungszeichen kennzeichnen auch **wörtlich wiedergegebene Textstellen** aus Büchern, Zeitungen, Schriftstücken u. Ä.:

Im HGB steht: „Die Firma eines Kaufmannes ist der Name, unter dem er im Handel seine Geschäfte betreibt und die Unterschrift abgibt."

Auch die **Titel von Büchern, Zeitungen und Zeitschritten** sowie die **Namen von Schiffen, Gasthäusern, Opern** u. Ä. werden in Anführungszeichen gesetzt:

Es stand in der „Welt".
Wir trafen uns vor dem Gasthaus „Zur Glocke".
Warst du schon in „Hanneles Himmelfahrt"?
Der Roman „Die Klavierspielerin" beeindruckte ihn sehr.

Einzelne Wörter, Silben oder Buchstaben, die hervorgehoben werden sollen, kann man in Anführungszeichen setzen:

Diese Bestimmung ist eine „Kann"-Vorschrift.
Warum schreibst du „Rück"-antwort?
Die Waage wird mit „aa" geschrieben.

Das **Komma** steht nach dem schließenden Anführungszeichen:

„Sie gaben mir diese Sorte", sagte die Kundin.
„Wer von Ihnen zahlt?", fragte der Ober.

Treffen die Anführungszeichen mit einem Punkt, Fragezeichen oder Ausrufezeichen zusammen, so müssen die Satzzeichen, die zur Rede gehören, immer vor den Anführungszeichen stehen. In allen anderen Fällen stehen die Satzzeichen dahinter:

Punkt:	Er sagte: „Ich werde den Wechsel annehmen."	also: .")
Aber:	Das Drama heißt: „Der Kaufmann von Venedig".	(also: ".)
Fragezeichen:	Er fragte: „Wann kommt Ihr Reisender?"	(also: ?")
Aber:	Wünschen Sie einen „Knirps"?	(also: "?)
Ausrufezeichen:	Er rief: „Das war das letzte Mal!"	(also: !")
Aber:	Parken Sie doch nicht genau vor dem Eingang zum „Römischen Kaiser"!	(also: "!)

Setzen Sie die notwendigen Zeichen:

1. Der Werbeleiter sagte Bei jeder Werbemaßnahme müssen Sie zuerst überlegen welche Zielgruppe Sie erreichen wollen 2. Die neuesten Meldungen entnahm sie der Süddeutschen Zeitung 3. Hören Sie mit diesem Blödsinn endlich auf schrie mich Herr Judith an 4. Herr Walz fragte Können Sie am nächsten Dienstag zu uns kommen 5. Hoffentlich ist dieser Schnee bald geschmolzen dachte Frau Henko beim Anblick der riesigen fast bedrohlich wirkenden Schneemassen 6. Ist die Frühjahrskollektion schon eingetroffen fragte Frau Wagner am Telefon

8 Der Apostroph

so'n Pech – Thomas' Ansicht – 's ist schade – aufs – § 812 des BGBs

Lässt man am Beginn oder Ende eines Wortes Buchstaben weg, die gewöhnlich zu schreiben sind, kann man den Apostroph (das Auslassungszeichen) setzen, falls die Schriftsprache anderenfalls nicht klar verständlich wäre:

mit'm Zug – auf'm Hof
In wen'gen Tagen – so'ne Pleite
nach'm Wochenende – gegen's Gesetz

Steht die mit einem Apostroph beginnende Kurzform eines Wortes am Anfang eines Satzes, so ist sie stets klein zu schreiben:

's (Es) ist schrecklich.

Aber:
Die mit „r" anlautenden Kurzformen werden heute ohne Apostroph geschrieben:

Komm rauf (statt: herauf), rüber (statt: herüber)

Namen mit den Endbuchstaben „s" „ss", „ß", „tz", „x", „z", „ce" haben als Notbehelf statt des „s" im Genitiv (Wesfall) einen Apostoph, wenn sie ohne Artikel oder Possesivpronomen stehen:

Thomas' Ansicht, Fritz' Wohnung,
Max' Buch, Aristoteles' Schriften,
Heinz' Geburtstag, Carlos' Schwester
(Aber: das Auto des/unseres Niclas)

Ohne Apostroph bleiben:

1. Wörter, die eine **Präposition mit einem Artikel** verbinden:
   ans (an das) Fenster, aufs Porto, ins Geschäft, unterm Preis
2. **Namen im Genitiv, wenn sie nicht auf „s", „ß", „tz", „x", „z" enden:**
   Kaisers Hotel, Inges Chef, Herders Lexikon
3. **Deklinierte** (gebeugte) **Abkürzungen:**
   des BGBs, die LKWs
4. **Imperative** (Befehlsformen) der Verben:
   Geh! Schreib! Lauf! Komm!

Muss ein Auslassungszeichen gesetzt werden?

1. Bring das weg! 2. Ohne Rast und Ruh 3. Krügers Haus 4. Mit Müh 5. Löns Lieder 6. Das gibts nicht! 7. Aufs Beste 8. „Komm rein!" 9. Dresdner Bank 10. All Fehd hat nun ein Ende! 11. Das hör ich gern 12. Die Schriften des Aristoteles sind noch immer bedeutsam. 13. Gestern haben wir Doris Kinder kennen gelernt. 14. Kannst du bitte mal runterkommen? 15. Wir führen sie gern durchs Haus.

9 Der Bindestrich

Ein- und Ausgang / bergauf und -ab / 2-kg-Packung

Wenn in zusammengesetzten oder abgeleiteten Wörtern ein gemeinsamer Bestandteil nur einmal geschrieben wird, steht ein **Ergänzungsbindestrich:**

Liefer- und Zahlungsbedingungen, Ausstellungsort und -zeit

In **Zusammensetzungen** und **Aneinandereihungen** werden im Allgemeinen Grundwort und Bestimmungswort zusammengeschrieben:

Turnverein, Amtsgericht, Straßenbrücke
Eisenbahnfahrplan, Steinkohlenbergwerk

In folgenden Fällen ist stets ein Bindestrich zu setzen:

1. bei **Zusammensetzungen** mit einzelnen Buchstaben, Abkürzungen oder Zahlen:

   i-Punkt, Zungen-R, Dehnungs-h
   Kfz-Papiere, UKW-Sender
   10-Pfennig-Briefmarken, 2-kg-Packung, DIN-C4-Versandtasche
   4-Zylinder, 5-Tonner, 2-zeilig, 3-silbig
   20-jährig, die 20-Jährige

Aber:
Wird eine Zahl mit einem Suffix (Nachsilbe) verbunden, **entfällt** zwischen ihnen der Bindestrich:

10fach, 50%ig, 90er, 32stel

2. bei Verbindung mit einer Bestimmung, die **aus mehreren Wörtern** besteht; hier werden alle Wörter durch Bindestrich verbunden:

   Dortmund-Ems-Kanal, Rhein-Main-Flughafen, Friedrich-Ebert-Platz

Kapitalgesellschaften und Verlage schreiben ihre Firma ohne den zusammenhaltenden Bindestrich:

Zeiss Ikon AG, Georg Westermann Verlag, Fischer Bücherei

3. bei **Ableitungen** von Verbindungen mit Eigennamen; hier bleibt der Bindestrich aus dem Ursprungswort erhalten:

   rheinisch-westfälisch (Rheinland-Westfalen), baden-württembergisch

Farben, die eine Abschattung ausdrücken oder wappenkundlicher Art sind, schreibt man in einem Wort:

dunkelblau, blaugrau, schwarzrotgold

In den folgenden Fällen **kann** ein Bindestrich gesetzt werden:

1. wenn Zusammensetzungen, die aus drei und mehr Wortgliedern bestehen, unübersichtlich sind:

   Haftpflicht-Versicherungsgesellschaft, Gemeindegrundsteuer-Veranlagung

2. wenn **Missverständnisse** vermieden werden sollen:

   Druckerzeugnis könnte Druck-Erzeugnis oder Drucker-Zeugnis heißen.

3. wenn **drei gleiche Vokale** zusammentreffen:
Kaffee-Ersatz, Tee-Ernte, See-Elefant

Setzen Sie den Bindestrich:

1. Nahrungsmittel und Genussmittel 2. Eisenbahnpersonenverkehr 3.1/2 kg Päckchen 4. Teeernte 5. Robert Schmidt Straße 6. Ina Seidel Gymnasium 7. 5 cm Rohr 8. deutsch italienische Verhandlungen 9. Fahrradschläuche und Fahrraddecken 10. grün rotes Kleid 11. blau weiß gestreift 12. 2 DM Stück 13. A Dur 14. Schluss s 15. Schulze Delitzsch 16. 20 Pf Marke 17. Rhein Main Donau Kanal 18. Rheinisch Westfälisches Industriegebiet 19. Möbeltransportversicherungspolice 20. 100 km Tempo 21. Dr. Nieper Straße 15 22. X Beine 23. h Moll 24. 4 Tonner 25. 10 mal

Schriftverkehr in Personalangelegenheiten

1 Stellenangebote

Wer einen Ausbildungs- oder Arbeitsplatz sucht, wendet sich an das Arbeitsamt oder liest die Stellenangebote in den Zeitungen. Bei der Auswahl der Angebote sollte man genau prüfen, welche Anforderungen gestellt werden und ob diese den eigenen Fähigkeiten und Neigungen entsprechen: Was versteht ein Stellenanbieter z. B. unter einer „aktiven und wendigen Mitarbeiterin"? Das gründliche Lesen einer Anzeige ist der erste Schritt für eine erfolgreiche Bewerbung.

Die Samtgemeinde Sickte stellt zum 1. August 19 . .

1 Auszubildenden

für den Beruf des Verwaltungsfachangestellten in der Kommunalverwaltung ein.
Nach Abschluss der Ausbildung kann eine Übernahme in ein unbefristetes Arbeitsverhältnis nicht zugesichert werden.

Bewerbungen werden bis zum 15. Oktober 19 . . erbeten an die

Samtgemeinde Sickte
Postfach 25, 38173 Sickte

Wir suchen möglichst zum 1. Oktober 19 . .,ggf. später,eine

Mitarbeiterin

für die Kreditabteilung unserer Hauptstelle in Bad Kissingen.
Wir wünschen uns eine Mitarbeiterin mit guten Kenntnissen und Fertigkeiten im Schreibmaschinenschreiben- überwiegend nach Phonodiktat - sowie in Stenografie. Wir erwarten, dass unsere neue Mitarbeiterin nach kurzer Einarbeitungszeit auch allgemeine Büroarbeiten erledigen kann.
Wir bieten Vergütung nach dem Bundesangestelltentarifvertrag (BAT), die sozialen Leistungen des öffentlichen Dienstes und eine zusätzliche Altersversorgung. Ihre schriftliche Bewerbung mit den üblichen Unterlagen richten Sie bitte an den Vorstand der

Sparkasse Bad Kissingen
Promenade 17, 97688 Bad Kissingen

Wir sind ein namhaftes, umsatzstarkes Textilunternehmen und eröffnen in Kürze eine Filiale in Braunlage. Wir suchen Sie als

Filialleiterin und 1. Verkäuferin.

Diese gutbezahlte Position würden wir gerne mit einer aktiven, wendigen u. fleißigen Mitarbeiterin besetzen, die Freude am Verkaufen hat. Ideal wäre eine Allroundkraft aus dem Textilbereich. Branchenfremde haben aber auch Chancen.
Bewerbungen mit den üblichen Unterlagen bitte unter Chiffre-Nr. Z 28 291.

HS schmidt
Gas · Wasser · Heizung
Moderne Energietechnik

Gemeindehof 7, 81247 München
Telefon (089) 22 72 74

1 kaufmännischen Angestellten

die/der sicher in Kontoführung ist, über gute Schreibmaschinenkenntnisse verfügt und Arbeiten am Computer übernehmen kann, bieten wir eine Halbtagstätigkeit in einem vitalen Handwerksbetrieb in netter Arbeitsatmosphäre.

Senden Sie uns bitte nur schriftliche Bewerbungen mit tabellarischem Lebenslauf, Lichtbild und Zeugniskopien.

Arzthelferin

für Arztpraxis in Rostock gesucht

Bewerbungen
an die Geschäftsstelle
unter Z 28 361.

2 Die Bewerbung

Zur vollständigen Bewerbung gehören
- das **Bewerbungsschreiben,**
- ein lückenloser **Lebenslauf** mit einem aktuellen Lichtbild, auf dessen Rückseite Name und Aufnahmedatum stehen sollten,
- Kopien von **Schul- und Arbeitszeugnissen.**

Das **Bewerbungsschreiben** und der **Lebenslauf** müssen fehlerfrei und sauber sein. Sie dürfen keine Flecken oder Kleckse haben; Streichungen und Ausbesserungen sind ebenso wenig eine Empfehlung wie ein schlechtes Schriftbild. Handgeschriebene Bewerbungen – manche Arbeitgeber ziehen aus der Handschrift Rückschlüsse auf den Charakter – werden formal und inhaltlich genauso gestaltet wie maschinenschriftliche; die Schriftführung sollte zügig sein, natürlich nicht geschmiert, aber auch nicht „gemalt".

Da die Bewerbung die „Visitenkarte" des Bewerbers darstellt, sollte man gutes Papier benutzen. Alle Bewerbungsunterlagen sollten ein einheitliches Papiermaß (meist A4) haben, Kopien sind entsprechend zu vergrößern bzw. zu verkleinern. Es macht außerdem einen guten Eindruck, wenn die Papiere in der Reihenfolge ihrer Bearbeitung in einem Schnellhefter mit Klarsichtdeckel abgeheftet werden. Falten Sie die Bewerbungsunterlagen nicht, sondern verwenden Sie Briefhüllen in der Größe des von Ihnen benutzten Papierformates.

2.1 Das Bewerbungsschreiben

Nach dem Grundsatz „der erste Eindruck ist der wichtigste" sollte der erste Kontakt dazu genutzt werden, auf bestimmte Qualifikationen, Erfahrungen oder Vorlieben hinzuweisen, die den Bewerber für die ausgeschriebene Stelle besonders geeignet erscheinen lassen. Durch gründliches Lesen des Ausschreibungstextes kann man herausbekommen, welche Vorstellungen der Stellenanbieter von seinem zukünftigen Mitarbeiter hat. Dabei hat es keinen Sinn, im Bewerbungsschreiben Angaben, die im Lebenslauf stehen, zu wiederholen; man sollte aber auf besondere Fähigkeiten hinweisen, die nicht aus den Zeugnissen oder dem Lebenslauf erkennbar sind. Das Bewerbungsschreiben gibt auch Gelegenheit zu begründen, warum man sich um die ausgeschriebene Stelle bewirbt (z. B. Wunsch nach neuem Verantwortungsbereich, Erweiterung der Berufskenntnisse).

Der Bewerbungsbrief soll Interesse und Neugier wecken, aber nicht „erschlagen"; daher ist es empfehlenswert
- sich auf eine Seite zu beschränken,
- die eigenen Fähigkeiten ohne Übertreibung herauszustellen,
- sachlich und natürlich zu schreiben,
- höflich, aber nicht unterwürfig, zu formulieren.

Aufbau und Inhalt des Bewerbungsschreibens
1. Anlass und Begründung der Bewerbung
2. Herausstellen der besonderen Eignung für die ausgeschriebene Stelle
3. Hinweis auf den möglichen Eintrittstermin
4. Bitte um Vorstellungsgespräch

Sabine Koch
Parkstraße 42
63457 Hanau

16. Febr. 19..

Lederwarenfabrik
Franz Brockmann
Schloßstraße 3

63075 Offenbach

Bewerbung um eine Ausbildungsstelle zur Bürokauffrau

Sehr geehrte Damen und Herren,

in der Frankfurter Zeitung vom 13. Februar suchten Sie eine Auszubildende für den Beruf der Bürokauffrau. Ich würde gern bei Ihnen diesen Beruf erlernen.

Zur Zeit besuche ich die Zweijährige Berufsfachschule Wirtschaft, die ich am Ende des Schuljahres mit dem Abschlusszeugnis verlassen werde.

Die kaufmännischen Fächer machen mir viel Spaß, besonders gern beschäftige ich mich mit Mathematik und Rechnungswesen, hier habe ich immer gute Zensuren gehabt. Ich schreibe in Kurzschrift 120 Silben und auf der Maschine 150 Anschläge in der Minute.

Durch das Lerngebiet Organisation und Datenverarbeitung angeregt, habe ich mich in der Freizeit intensiv mit elektronischer Datenverarbeitung befasst, mehrere VHS-Kurse erfolgreich besucht und die Kenntnisse am eigenen Computer vertieft.

Meinen Lebenslauf mit Lichtbild und eine Abschrift des letzten Zeugnisses lege ich bei.

Ich würde mich freuen, wenn ich mich Ihnen vorstellen dürfte.

Mit freundlichen Grüßen

Sabine Koch

Anlagen
Lebenslauf mit Lichtbild
Zeugniskopie
2 VHS-Teilnahmebescheinigungen

Handschriftliche Bewerbung um eine Ausbildungsstelle

Walter Neubert
Jahnstraße 14
31137 Hildesheim
Tel. (0 51 21) 34 19

28. März 19..

Bankhaus
Blume & Richter
Personalabteilung
Hochstraße 6

30159 Hannover

Bewerbung um die Stelle des Kreditsachbearbeiters

Sehr geehrte Damen und Herren,

ich bewerbe mich auf Grund Ihrer Annonce in der Hildesheimer Allgemeinen Zeitung vom 25. Februar.

Seit acht Jahren bin ich im privaten Bankgewerbe tätig, wo ich selbstständig in unterschiedlichen Bereichen des Bankgeschäftes arbeiten konnte und deshalb heute auf vielseitige praktische Erfahrungen zurückgreifen kann. Schwerpunkt meiner Tätigkeit war in den letzten Jahren die Abwicklung von Industriekreditgeschäften, die auch Kunden aus den Ländern der EU betrafen. Ich besitze die erforderlichen Sprachkenntnisse in Englisch und Spanisch und bin mit dem einschlägigen EU-Recht vertraut.

An der ausgeschriebenen Stelle bin ich sehr interessiert und ich würde mich freuen einen neuen verantwortungsvollen Wirkungskreis in Ihrem Hause zu finden.

Wann darf ich mich Ihnen vorstellen?

Mit freundlichen Grüßen

Walter Neubert

Anlagen
Lebenslauf mit Lichtbild
3 Zeugniskopien

Maschinenschriftliche Bewerbung

2.2 Der Lebenslauf

Damit sich der Stellenanbieter ein Bild vom Bewerber machen kann, werden im Lebenslauf die wichtigsten Daten zur Person und zur schulischen und beruflichen Entwicklung lückenlos aufgeführt. Selbstverständlich darf der Lebenslauf keine unwahren Aussagen enthalten; sollten dem Bewerber falsche Angaben nachgewiesen werden, ist eine fristlose Kündigung möglich und es können strafrechtliche Konsequenzen entstehen. Der Lebenslauf schließt mit der Angabe von Ort und Datum sowie der Unterschrift des Bewerbers.

Den Lebenslauf kann man in unterschiedlicher Form abfassen. Wenn nur wenige Angaben zu machen sind, kann man erzählend in zusammenhängenden Sätzen schreiben (siehe Beispiel S. 62).

Im Allgemeinen ist es jedoch heute üblich den Lebenslauf in tabellarischer Form zu schreiben, weil dadurch die Übersichtlichkeit erhöht und ein schneller Datenzugriff möglich ist (siehe Beispiel S. 63). Die Gliederung lässt sich nach zeitlichen oder sachlichen Gesichtspunkten vornehmen, am zweckmäßigsten ist eine Kombination von beiden.

3 Von der Bewerbung zum Vertrag

Auf ein Stellenangebot gehen in der Regel mehrere Bewerbungen ein. Der Unternehmer wird jene Interessenten zu einem Gespräch einladen, die ihm auf Grund der Bewerbungsunterlagen am geeignetsten erscheinen. Das Vorstellungsgespräch ermöglicht es ihm gezielte Fragen zur bisherigen Ausbildung und Tätigkeit zu stellen und zugleich auch einen Eindruck von der Person des Bewerbers zu gewinnen; deshalb sind nicht nur berufsbezogene Themen, sondern auch Fragen über Freizeitbeschäftigungen und persönliche Vorlieben Gegenstand einer solchen Unterhaltung.

Wenn der Unernehmer den geeigneten Bewerber für die Stelle gefunden hat, schließt er mit ihm einen Arbeitsvertrag. Dieser hat sich nach den gesetzlichen Bestimmungen, dem geltenden Tarifvertrag und den im Unternehmen gültigen Betriebsvereinbarungen zu richten; es können auch über solche Vertragsgrundlagen hinausgehende Vereinbarungen getroffen werden. Es ist üblich den Vertrag schriftlich abzuschließen; der Einfachheit halber werden meist vorgedruckte Blankoverträge benutzt.

Der neue Mitarbeiter übergibt der Personalabteilung die notwendigen Unterlagen, wie Lohnsteuerkarte, Versicherungsnachweis und den Namen seines Geldinstitutes mit der Kontonummer für die Gehaltsüberweisung.

4 Kündigung des Angestelltenverhältnisses

Das Angestelltenverhältnis kann durch Kündigung des Arbeitsvertrages gemäß § 620 ff BGB aufgelöst werden. Dabei gilt die **gesetzliche Grundkündigungsfrist von 4 Wochen zum 15. des Monats oder zum Monatsende.** Vertraglich können jedoch andere Kündigungsfristen vereinbart werden, sie gelten für Arbeitnehmer und Arbeitgeber in gleichem Maße und dürfen nicht gegen gesetzliche oder tarifliche Bestimmungen verstoßen.

Sabine Koch
Parkstraße 42
63457 Hanau

Lichtbild

Lebenslauf

Am 25. Nov. 19.. wurde ich in Darmstadt geboren. Ich wohne bei meinen Eltern und habe noch zwei ältere Brüder.

Nach dem Besuch der Grundschule (August 19.. bis Juli 19..) und der Orientierungsstufe (September 19.. bis Juni 19..) machte ich an der Kleinberg-Schule in Hanau am 16. Juni 19.. meinen Hauptschulabschluss. Da ich mir über meinen künftigen Beruf noch nicht schlüssig war, setzte ich meine Schulausbildung am 23. August 19.. an der Zweijährigen Berufsfachschule Wirtschaft fort. Mir macht der Unterricht sehr viel Spaß; meine Lieblingsfächer sind Mathematik, Rechnungswesen und Organisation / Datenverarbeitung. Wegen meiner guten Noten werde ich die Schule am 16. Juni 19.. mit dem Erweiterten Sekundarabschluss verlassen und würde gern einen Beruf erlernen, bei dem ich meine Interessen einbringen könnte.

In meiner Freizeit beschäftige ich mich mit meinem Personalcomputer und lese gern Abenteuerliteratur; außerdem bin ich aktives Mitglied im Tanzclub Rot-Weiß in Hanau.

Hanau, 14. Februar 19..

Sabine Koch

Handschriftlicher Lebenslauf

Sven Kießling
Melsunger Str. 10
37603 Holzminden

Lebenslauf

Persönliche Angaben

Name	Sven Jochen Kießling
Geburtsdatum	27. März 19..
Geburtsort	Paderborn
Staatsangehörigkeit	deutsch
Familienstand	verheiratet, ein Kind

Schulbesuche

Aug. 19.. bis Juli 19..	Grundschule in Paderborn
Aug. 19.. bis Juni 19..	Orientierungsstufe in Holzminden
Aug. 19.. bis Juli 19..	Realschule Holzminden
Aug. 19.. bis Juli 19..	Berufsbildende Schulen Holzminden

Berufsausbildung

Aug. 19.. bis Juli 19..	Ausbildung zum Großhandelskaufmann bei der Eisenwarengroßhandlung Hartmann & Sohn, Berger Straße 175, Holzminden

Berufstätigkeit

Aug. 19.. bis Juni 19..	bei der Eisenwarengroßhandlung Hartmann & Sohn im Verkauf
Juli 19.. bis z. Z.	Bei der Firma Leidtner, Heiztechnik, Höxter, Schieferweg 25, Sachbearbeiter in der Lagerverwaltung und im Einkauf

Bundeswehr

Okt. 19.. bis Febr.19..	Grundwehrdienst, Panzergrenadier-bataillon 22 in Braunschweig

Prüfungen

Erweiterter Sekundarabschluss I
Abschlussprüfung zum Großhandelskaufmann, 84 Pkt. (II)
Führerschein Klasse III

Sonstige Kenntnisse

Englisch in Wort und Schrift
Maschinenschreiben 180 Anschläge
Gute, fachbezogene EDV-Kenntnisse

Holzminden, 15. September 19..

Sven Kießling

Lebenslauf in tabellarischer Form

Die Kündigungsfrist verlängert sich mit der Dauer der Betriebszugehörigkeit, so beträgt sie z. B. nach 2 Jahren Zugehörigkeit 1 Monat zum Monatsende oder nach 20 Jahren 7 Monate zum Monatsende.

Es kann aber auch von jedem Vertragspartner **fristlos** gekündigt werden, wenn durch Vorliegen eines **wichtigen Grundes** die Fortsetzung des Arbeitsverhältnisses bis zum Ablauf der ordentlichen Kündigungsfrist nicht zugemutet werden kann. Die fristlose Kündigung muss innerhalb zweier Wochen nach Bekanntwerden des wichtigen Grundes ausgesprochen werden. Das Bundesarbeitsgericht geht aber davon aus, dass in vielen Fällen eine außerordentliche Kündigung vermieden werden kann, wenn dem Arbeitnehmer sein Fehlverhalten vorgehalten und die Gefahr einer Kündigung bewusst gemacht wird. Es verlangt deshalb vor der fristlosen Kündigung eine sog. **Abmahnung,** in der der wichtige Grund deutlich zu beanstanden und die außerordentliche Kündigung anzudrohen ist. Ohne eine vergebliche Abmahnung ist nach der gültigen Rechtsprechung eine fristlose Kündigung unwirksam.

Vor jeder Kündigung ist nach §102 Betriebsverfassungsgesetz der Betriebsrat anzuhören, das heißt, ihm werden die Gründe für die Kündigung vorgetragen. Hat der Betriebsrat gegen diese Maßnahme Bedenken, so kann er widersprechen. Dieser Widerspruch kann in einer Kündigungsschutzklage von Bedeutung sein, verhindert aber die Kündigung nicht. Allerdings ist eine Kündigung ohne Anhörung des Betriebsrates rechtsunwirksam.

Nach § 630 BGB hat der Arbeitnehmer das Recht auf ein schriftliches Zeugnis, in dem Art und Dauer der Beschäftigung vollständig bezeichnet werden. Auf Verlangen des Arbeitnehmers sind Angaben über Leistung und Führung in das Zeugnis (**qualifiziertes Arbeitszeugnis**) aufzunehmen.

Textbeispiel: Kündigung durch den Arbeitgeber

> *Kündigung*
>
> *Sehr geehrter Herr Heubach,*
>
> *schon seit Monaten ist unser Umsatz erheblich zurückgegangen, sodass sich eine Einschränkung des Betriebes leider nicht vermeiden lässt.*
>
> *Wir bedauern daher sehr Ihnen zum 30. Sept. 19. . kündigen zu müssen.*
>
> *Entsprechend der gesetzlichen Bestimmung ist der Betriebsrat ordnungsgemäß angehört worden.*
>
> *Es wird Ihnen hoffentlich bald gelingen, eine andere geeignete Beschäftigung zu finden. Sie dürfen uns als Referenz angeben.*
>
> *Mit freundlichen Grüßen*
>
> *Buschmann & Co.*

Textbeispiel: Kündigung durch den Arbeitnehmer

> *Kündigung*
>
> *Sehr geehrte Frau Müller,*
>
> *ich kündige mein Arbeitsverhältnis mit Ihnen fristgerecht zum 30. Juni . . . und bitte Sie mir über meine Tätigkeit ein qualifiziertes Arbeitszeugnis auszustellen.*
>
> *Mit freundlichem Gruß*
>
> *Rolf Neubert*

Groß- oder Kleinschreibung?

Dieses Gebiet der deutschen Rechtschreibung ist so umfassend, dass hier nur die wichtigsten Regeln dargestellt werden können. Im Zweifelsfall gilt daher: im DUDEN nachschlagen!

Dies ist deshalb so wichtig, weil unsere Sprache sich weiterentwickelt; zum Beispiel werden manche Wörter, die früher kleingeschrieben wurden, heutzutage großgeschrieben. Darüber hinaus hat die Rechtschreibreform von 1996 dem/der Schreibenden bei einigen Wortgruppen einen Ermessensspielraum bei der Groß- bzw. Kleinschreibung eingeräumt.

1 Substantive und substantivierte Wortarten werden großgeschrieben

das Buch; wir lesen – zum Lesen

Substantive (Nomen/Hauptwörter) werden bekanntlich großgeschrieben. Auch andere Wortarten können wie Substantive gebraucht (= substantiviert) werden. Sie werden dann auch großgeschrieben.

Wortart	Kleinschreibung	Großschreibung
Adjektiv (Eigenschaftswort)	*rote* und *grüne* Stoffe	Stoffe in *Rot* und *Grün*
Numerale (Zahlwort)	*acht* Schüler	Die *Acht* gewinnt.
Verb (Zeitwort)	Wir *lesen* ein Buch.	Das *Lesen* macht Spaß.
Pronomen (Fürwort)	*sein* Buch	Jedem das *Seine.*
Adverb (Umstandswort)	Er schnarcht *nachts.*	Des *Nachts*. . .
Präposition (Verhältniswort)	Sie geht vor dem Haus *auf* und *ab.*	das *Auf* und *Ab*
Konjunktion (Bindewort)	Er geht, *wenn*. . .	das *Wenn* und *Aber*

1.1 Woran erkenne ich ein Substantiv?

Wenn man unsicher ist, ob ein Wort großzuschreiben ist, dann ist es hilfreich zu prüfen, ob die Erkennungszeichen für ein Substantiv vorliegen. Folgende Wortarten können auf ein anschließendes Substantiv im Satz hinweisen:

Erkennungszeichen des Substantivs

1. der **Artikel**	*Das* Lachen gefällt ihm.
2. das **Adjektiv**	*Genaues* Arbeiten wird erwartet.
3. das **begleitende Pronomen**	*Sein* Erscheinen ist wichtig.
4. die **Präposition**	*Mit* Nachdenken geht es besser.

Fehlt ein entsprechendes Erkennungszeichen, hilft häufig die **„Artikelprobe"** weiter: Lässt sich ein Artikel vor das entsprechende Wort setzen, so wird es in der Regel großgeschrieben; z. B.:

Genaues *Arbeiten* wird erwartet.	Probe: *Das* genaue *Arbeiten* . . .
Es gilt *Wichtiges* von *Unwichtigem* zu unterscheiden.	Probe: Es gilt *das Wichtige* und *das Unwichtige* . . .
Es ist *wichtig* zu kommen.	Probe: Einsatz des Artikels ist nicht möglich.

Wichtig ist darauf zu achten, dass in manchen Wortverbindungen der Artikel nicht mehr klar zu erkennen ist:

zur – zu der
zum – zu dem
im – in dem
ins – in das
am – an dem

Aber:
Adjektive (Eigenschaftswörter), Partizipien (Mittelwörter) und Pronomen (Verhältniswörter) werden trotz eines Artikels kleingeschrieben, wenn sie sich auf ein **vorangehendes Substantiv** beziehen:

Die ausländischen Lieferanten waren sehr zuverlässig,
insbesondere die schwedischen.
Die neuen Stoffe verkaufen sich sehr gut, dies gilt
in besonderem Maße für die gefärbten.

Substantivierte Wörter

Nennen Sie in Satzbeispielen weitere Verschmelzungen von Artikel und Präposition.

Bilden Sie Beispielsätze mit Substantivierungen von Adjektiven, Verben, Pronomen, Adverbien, Präpositionen, Konjunktionen und Numeralien.

Nennen Sie in folgenden Sätzen die Erkennungszeichen, die auf die Substantive hinweisen:
1. Das Angenehme an dem Angebot ist die kurze Lieferzeit. 2. Schnelles Handeln ist erforderlich. 3. Sein Auftreten war für uns sehr unangenehm. 4. Zum Arbeiten ist er nicht geboren. 5. Das Schreiben und Lesen macht ihr große Schwierigkeiten. 6. Mit Werben allein ist der Umsatz nicht zu steigern. 7. Geduldiges Warten führte bei dieser Kundin zum Erfolg. 8. Durch rechtzeitiges Mahnen wurde die Verjährung der Forderung verhindert. 9. Geduldiges Abwarten war hierbei unbedingt notwendig. 10. Durch ihr Lachen machte sie sofort auf sich aufmerksam.

1.2 Zweifelsfälle und Ausnahmen

etwas Neues – alles Gute

Allerlei Neues werden Sie auf unserem Messestand sehen können.
Etwas Preiswertes wird auch dabei sein.
Wir sind sicher, dass Sie *genug Attraktives* finden werden.

Nach unbestimmten Zahlwörtern, wie „allerlei“, „alles“, „einiges“, „etwas“, „genug“, „manches“, „mehr“, „nichts“, „viel“ und „wenig“ werden Adjektive großgeschrieben:

allerlei Nützliches – viel Schönes – alles Sonderbare
nichts Wichtiges – wenig Bekanntes – manches Merkwürdige

Immer großgeschrieben werden die substantivierten Adjektive
Arm und Reich sowie **Jung und Alt.**

Groß oder klein?

Bilden Sie jeweils einen Satz zu den genannten substantivierten Adjektiven.

Groß oder klein? – Begründen Sie Ihre Entscheidung:
1. Dieser Brief enthält allerhand (u)nklares. 2. Haben Sie etwas (ä)hnliches? 3. Das kann nicht (w)ichtig sein. 4. Hast Du nichts (b)esseres zu tun? 5. Reisende wissen immer viel (n)eues. 6. Das hat manches (g)ute für sich. 7. Allerlei (f)ormschöne Produkte konnte man kaufen. 8. Kauf mehr (p)raktisches. 9. Wir hörten wenig (e)rfreuliches. 10. Es waren wenig (p)reiswerte und (a)ttraktive Angebote dabei. 11. Arm und (r)eich kauften bei ihm.

am größten – aufs beste – aufs Beste

Superlative (Höchststufe bei der Steigerung eines Adjektives) mit „am“, nach denen man mit **„wie?“** fragen kann, werden kleingeschrieben:

Dieses Auto gefällt mir am besten (Wie gefällt mir das Auto?).
Diese Praline scheint am größten zu sein.

Adverbiale Wendungen mit „auf das“ bzw. „aufs“, nach denen man mit **„wie?“** fragen kann, **können** in Anlehnung auf Superlativformen ebenso kleingeschrieben werden:

Er war aufs beste gekleidet (Wie?).

Dem/der Schreibenden wird hier die Wahlmöglichkeit zwischen Groß- und Kleinschreibung eingeräumt.

Aber:
Wird nach diesen Wendungen mit **„worauf?“** gefragt, muss großgeschrieben werden:

Das Model ist bei der Kleidung aufs Beste angewiesen (Worauf?).

im Allgemeinen – in Bezug auf – aufgrund/auf Grund

Im Allgemeinen gewähren wir 2 % Skonto.
Für Ihre pünktliche Lieferung bedanken wir uns schon *im Voraus.*
Im Hinblick auf unsere guten Geschäftsbeziehungen können wir *Folgendes* vereinbaren: . . .

Bei festen Wortverbindungen, denen als **Begleiter** eine **Präposition** (Verhältniswort) und/oder ein **Artikel** vorangeht, stellt sich häufig die Frage, ob tatsächlich eine Substantivierung vorliegt, also großgeschrieben werden muss.

Kleinschreibung	**Großschreibung**
ein bisschen (ein wenig)	im Allgemeinen
ein paar (wenige)	im Besonderen
von klein auf	im Großen und Ganzen
über kurz oder lang	im Wesentlichen
durch dick und dünn	nicht im Geringsten
von nah und fern	im Grunde
bis auf weiteres	im Voraus
ohne weiteres	im Nachhinein
seit längerem	im Folgenden
von nahem	Folgendes
vor kurzem	in/mit Bezug auf
seit kurzem	in Hinsicht auf
	des Weiteren
	des Näheren
	um ein Beträchtliches
	an Eides statt

Wahlfreiheit zwischen Groß- und Kleinschreibung besteht bei den folgenden Verbindungen

aufgrund/auf Grund
vonseiten/von Seiten
mithilfe/mit Hilfe
zulasten/zu Lasten
nicht im mindesten/
nicht im Mindesten

aufseiten/auf Seiten
anstelle/an Stelle
zugunsten/zu Gunsten
zuungunsten/zu Ungunsten

Groß oder klein?

Bilden Sie zu folgenden Wortverbindungen Beispielsätze:
aufs deutlichste/Deutlichste, seit kurzem, nicht im Geringsten, des Weiteren, im Wesentlichen, mit hilfe/mit Hilfe, an Eides statt, in Bezug auf.

Schreiben Sie richtig:
1. Wir waren auf das (h)öchste erfreut. 2. Der Laden war aufs (s)chönste ausgestattet. 3. An dem Gegenstand ist nicht das (m)indeste beschädigt. 4. Ich war auf das (s)chlimmste gefasst. 5. Wir befürchteten das (ä)ußerste. 6. Bitte vergessen Sie nicht das (w)ichtigste. 7. Wir bedanken uns im (v)oraus. 8. Er bewegt sich stets im (a)llgemeinen, auf Einzelheiten geht er nicht ein. 9. Freuen Sie sich auf das (n)eue? 10. Du musst nicht von (n)euem davon anfangen. 11. Der Auftrag wird aufs (s)orgfältigste

ausgeführt. 12. Der Umsatz hat sich um ein (b)eträchtliches gesteigert. 13. Wir haben alles (m)ögliche bedacht. 14. Wir haben den Vorschlag ohne (w)eiteres angenommen. 15. Im (g)roßen und (g)anzen waren sie mit ihm zufrieden. 16. Seit (k)urzem erst ist er verheiratet.

die beiden – ein jeder – ein gewisser Jemand

Die beiden besuchten die Ausstellung.
Die anderen waren dagegen.
Ein jeder bestand auf seiner Meinung.

Numeralien (Zahlwörter) und **Pronomen** (Fürwörter) werden prizipiell **kleingeschrieben.** Dies gilt häufig auch dann, wenn ein Artikel davor steht:

das wenige	die beiden
das meiste	wir beiden
die vielen	alle beide
die einen – die anderen	ein jeder
alles andere	die anderen

Aber:
Davon abzugrenzen sind die Fälle, in denen diese Wörter eindeutig als **Substantiv** gebraucht werden, z. B.:

ein gewisser Jemand	ein Achtel
ein Dritter (ein Unbeteiligter)	die gefürchtete Dreizehn
die Eins	eine Viertelstunde
das Übrige	die Übrigen

Wahlfreiheit zwischen Groß- und Kleinschreibung besteht bei den folgenden Fügungen:

etwas anderes/Anderes
nichts anderes/Anderes

Groß oder klein?

Schreiben Sie richtig:
1. Alles (a)ndere können Sie mit meiner Stellvertreterin besprechen. 2. Ein (p)aar Dinge müssen Sie schon beachten. 3. Ein (e)inzelner wird es nicht schaffen. 4. Allerlei (a)nderes kam zutage. 5. Die (b)eiden erreichten das Ziel. 6. Ein (d)ritter griff in die Verhandlung ein. 7. Ein gewisser (j)emand sagte, er würde sie kennen. 8. Im Diktat schrieb die Schülerin eine (f)ünf. 9. Die (m)eisten wollten ins Ausland reisen. 10. Alle (ü)brigen mussten das Auto benutzen. 11. Die (e)rsten (s)echs erhielten einen Preis. 12. Sie verließen den Saal zu (z)weien. 13. Von diesem Mitarbeiter war nichts (a)nderes zu erwarten. 14. Die (a)nderen verlangten, sofort die Chefin zu sprechen. 15. Jeder (e)inzelne hoffte die Arbeitsstelle zu bekommen. 16. Die (b)eiden riefen mich noch am gleichen Tag an. 17. Ein (j)eder wird das sofort einsehen. 18. Die (e)ins hatte schon wieder gewonnen.

den Kürzeren ziehen – ins Schwarze treffen

Dabei können wir *den Kürzeren ziehen.*
Wir können nicht immer *auf dem Laufenden sein.*
Ich hoffe, wir werden dennoch nicht *im Dunkeln tappen.*

Viele **feststehende Redewendungen** sind substantivierte Adjektive oder Verben; sie werden großgeschrieben:

den Kürzeren ziehen	im Dunkeln tappen
auf dem Laufenden sein	im Unklaren sein
zum Guten lenken	im Guten sagen
im Reinen sein	ins Reine bringen
ins Reine schreiben	im Argen liegen
im Trüben fischen	beim Alten lassen
sein Möglichstes tun	zum Besten geben
ins Lächerliche ziehen	ans Wunderbare grenzen
sich eines Besseren besinnen	ins Schwarze treffen
	aus dem Vollen schöpfen

Groß oder klein?

Bilden Sie zu folgenden Wortverbindungen Sätze:
im Großen und Ganzen, über kurz oder lang, von klein auf, im Unklaren sein, ins Reine bringen, sein Möglichstes tun, zum Besten geben, ins Reine schreiben, im Trüben fischen, aus dem Vollen schöpfen

Schreiben Sie richtig:
1. Wir werden unser (m)öglichstes tun. 2. Stets muss sie alles ins (l)ächerliche ziehen. 3. Er tappte im (d)unkeln die Treppe hinauf. 4. Sie zog den (k)ürzeren Hebel des Apparates. 5. Es ist schwierig bei den vielen Neuerscheinungen auf dem (l)aufenden zu sein. 6. Mit diesem Angebot werden wir genau ins (s)chwarze treffen. 7. Im (t)rüben Wasser fischte er nach Aalen. 8. Sie werden die Angelegenheit sicher ins (r)eine bringen. 9. Ich hoffe, Sie werden sich eines (b)esseren besinnen. 10. Im (d)unklen Keller suchte er nach den Fotos. 11. Das grenzt ans (w)underbare. 12. Im (g)roßen und (g)anzen sind wir mit dem Service zufrieden. 13. Über (k)urz oder (l)ang wird sich die Marktlage beruhigen. 14. Sie sollten sich eines (b)esseren besinnen und alles beim (a)lten belassen. 15. Glücklicherweise hatte sie in den (s)chwarzen Kreis getroffen.

Es ist ihm recht. – Er hat Recht. – Er wird schuld sein.

Die Substantive **„Recht“**, **„Angst“**, **„Leid“** und **„Schuld“** werden in bestimmten Verbindungen mit Verben, vor allem in **Verbindung mit sein,** nicht mehr als Substantive empfunden und daher kleingeschrieben:

recht sein	Das *ist* ihm *leid.*
etwas recht tun	Wir *sind* nicht *schuld.*
sich recht verhalten	Mir *wurde angst.*

jemandem etwas recht machen	Ihr *ist angst* und *bange.*
rechtens sein	Er *hielt* die Angelegenheit *für rechtens.*

Aber:

Recht haben/behalten/geben	Ich *habe* keine *Angst.*
nach dem Rechten sehen	Er *machte* ihm *Angst* und *Bange.*
das Rechte tun	Es *tut* mir *Leid.*
das ist mein (gutes) Recht	Er *tat* ihr nichts *zu Leide/zuleide.*
von Rechts wegen	Schuld geben/haben/tragen

Groß oder klein?

1. Sie wird sicherlich (r)echt haben. 2. Sie wollten gern das (r)echte tun. 3. Es ist nicht (r)echtens, was sie tun. 4. Als es geschah, hatten wir große (a)ngst. 5. Trotzdem tat es ihm nicht (l)eid. 6. Es war Jürgen durchaus (r)echt, dass wir ihn besuchen kamen. 7. Wir werden sofort nach dem (r)echten sehen. 8. Sie gab ihm nicht die (s)chuld. 9. Wir werden ihm kein (l)eid antun. 10. Du kannst mir nicht (s)chuld geben. 11. Wir können dir nicht das (r)echt einräumen. 12. Alle können nicht im (r)echt sein.

morgens – am Morgen – dienstagabends

Vergleichen Sie dazu S. 168

hundert Pakete – hunderte/Hunderte von Dankschreiben

Wir benötigen *hundert* Ordner.
Sie bestellten bei uns *tausend* Kugelschreiber.
Der Streitwert geht in die *hunderte/Hunderte* und *tausende/Tausende.*
Die Pakete lagern zu *hunderten/Hunderten* bei der Post.

Wie alle **Numeralien** werden auch die Wörter „hundert“ und „tausend“ **kleingeschrieben:**

hundert Briefumschläge
einige tausend Aufträge
zwanzig von hundert Kunden

Aber:
Werden die Zahlwörter **substantivisch** gebraucht, muss **großgeschrieben** werden:

ein halbes Hundert	vom Hundertsten ins Tausende
drei vom Hundert	um das Hundertfache
das Hundert	

Geben „hundert“ bzw. „tausend“ eine **unbestimmte Menge** an, kann zwischen Groß- und Kleinschreibung gewählt werden:

Wir erhielten *hunderte/Hunderte* von Dankschreiben.
Der Schaden wird *tausende/Tausende* umfassen.

Groß oder klein?

Begründen Sie Ihre Entscheidung:

1. Hab (t)ausend Dank. 2. Einige (h)undert Zigarren waren schnell verkauft. 3. Die Unterschlagungen gehen in die (t)ausende. 4. Ein (h)undertstel Gramm davon genügt. 5. Viele (h)undert Stimmzettel waren ungültig. 6. Wir bekommen zwei von (h)undert Zinsen. 7. Jedes angefangene (h)undert wird voll gerechnet. 8. An die (t)ausend Menschen waren auf dem Fußballplatz. 9. Er musste (s)ieben vom (h)undert Zinsen bezahlen. 10. Bei dem Chemieunfall sind (h)underte umgekommen. 11. Ein (p)aar (t)ausender haben sie schon gespart.

2 Groß- und Kleinschreibung in der Anrede

sie – Sie, ihr – Ihr, du – dein

Wie *du* mir, so ich *dir.*
Klaus gab *dir* und nicht *ihr* Recht.
Es fehlt nur noch *deine* Unterschrift.

Pronomen wie „ich", „du", „sie", „mein", „dein", „euer", werden grundsätzlich **kleingeschrieben.**

In Briefen, Mitteilungen u. Ä. werden das **höfliche Anredepronomen „Sie"** und das entsprechende **Possesivpronomen** (besitzanzeigendes Fürwort) **„Ihr"** sowie die entsprechenden flektierten (gebeugten) Formen großgeschrieben.
Dagegen werden die **Anredepronomen „du"** und **„ihr"** und die entsprechenden **Possesivpronomen „dein"** und **„euer"** kleingeschrieben.

Die Klein- bzw. Großschreibung von Anredepronomen ist also von der Art der Kommunikationssituation abhängig. Während in Privatbriefen die vertraute Duzform (du/ihr) vorherrscht, wird in Geschäftsbriefen oder vergleichbaren Texten der Kommunikationspartner mit dem höflichen Anredepronomen „Sie" angesprochen. Das Anredepronomen „Sie" ist dabei aber vom Personalpronomen „sie" zu unterscheiden:

Lieber Reinhard,

hoffentlich hast du dich nach deinem Unfall wieder gut erholt. Wir haben uns deinetwegen oft Gedanken gemacht. Zunächst wirst du dein Fußballtraining unterbrechen müssen, aber bald werdet ihr alle wieder die sieggewohnte Mannschaft sein. Alles Gute für deine baldige Genesung.

Deine* Tante Ursel und dein Onkel Alfred

Sehr geehrter Herr Schreiber,

aus unserem Ferienort grüßen wir Sie und besonders Ihre Frau sehr herzlich; sie bat uns neulich ihr unsere Eindrücke von der hiesigen Landschaft mitzuteilen. Wir werden ihr demnächst ausführlich schreiben und glauben, dass unser Bericht auch Ihnen einige Hinweise für Ihren Urlaub geben kann.

Ihre Claudia Knospe

*Anmerkung: Das erste Wort einer Grußformel wird immer großgeschrieben.

Groß oder klein?

Liebe Frau Klingmann, (w)ir laden (s)ie und (i)hre Schwester recht herzlich für kommenden Sonntag zum Kaffee ein. Wir würden (u)ns freuen, wenn (i)hre Schwester (i)hre Ferienfotos mitbrächte; (w)ir würden (s)ie (u)ns gern ansehen. Neulich fragten (s)ie nach (u)nseren Kindern; es geht (i)hnen gut. Inge besucht jetzt die Grundschule; allerdings fällt (i)hr das frühe Aufstehen etwas schwer. Sabine gefällt es in (i)hrem Beruf, zumal (s)ie sich mit (i)hren Kolleginnen gut versteht. Aber darüber können (w)ir (u)ns bei (i)hrem Besuch ausführlich unterhalten. Dürfen (w)ir (s)ie um 16 Uhr erwarten?
Herzliche Grüße, auch an (i)hre Schwester
(i)hre Helga und Dieter Schwarz

Sehr geehrte Frau Zabel,

ich habe (i)hren ersten Bericht aus (i)hrem neuen Vertreterbezirk mit Interesse gelesen. Unsere Konkurrenz scheint bisher sehr erfolgreich gewesen zu sein. Es wird daher (i)hre Aufgabe sein (i)hr mit unseren Erzeugnissen (i)hr Gebiet streitig zu machen. Die Konkurrenz hat mit (i)hren Zweiggeschäften einen Vorsprung auf dem Absatzmarkt, aber ich vertraue darauf, dass es (i)hrer Tatkraft gelingen wird einige (i)hrer Kunden für uns zu gewinnen. Ich wünsche (i)hnen viel Erfolg ...

3 Groß- und Kleinschreibung bei Titel und Namen

Braunschweiger Leberwurst – bayerisches Bier

Der *Große Kurfürst* ging in die Geschichte ein.
Er arbeitet als Sachbearbeiter bei der *Ersten Allgemeinen Versicherung.*
Sie abonnierte die Zeitschrift „*Mein Kind*“.
Wir wohnten in der *Langen Gasse 5.*
Sie bewunderten den *Wiener Prater.*

Alle **Teile von Eigennamen** (z. B. von Personen, Organisationen, Firmen, geographischen Angaben) außer Präpositionen (Verhältniswörter) werden in der Regel großgeschrieben:

die Erste Vorsitzende
Regierender Bürgermeister von Berlin
Deutsches Rotes Kreuz
Verein Deutscher Ingenieure
von Ossietzky

Deutsche Bank
Allgemeines Deutsches Sonntagsblatt
das Weiße Haus
der Kölner Dom
Ludwig van Beethoven

Beachten Sie:
Von geographischen Namen abgeleitete Adjektive werden ausnahmslos großgeschrieben, wenn sie auf **„er“** enden:

Leipziger Messe
Bremer Zigarren

Von geographischen Namen abgeleitete Adjektive werden kleingeschrieben, wenn sie auf **„isch"** enden:

türkische Teppiche
französischer Käse

Als Teil eines **Eigennamens** werden diese Adjektive jedoch großgeschrieben:

Atlantischer Ozean
Bayerische Landesbank
Rheinisches Schiefergebirge

In einigen Fällen gibt es Schwierigkeiten zu entscheiden, ob es sich bei den Wörtern um Eigennamen handelt.

Als **Eigennamen** gelten:

der Blaue Planet
das Hohe Lied
der Hohe Priester
der Kalte Krieg

Als **Eigennamen** gelten nicht:

die erste Hilfe
das schwarze Brett
die schwarze Kunst
der schwarze Tod

Groß oder klein?

das (s)traßburger Münster, (b)rüsseler Spitzen, die (r)heinischen Städte, in der (f)rankfurter Rundschau, der (w)estfälische Pumpernickel, (h)arzer Käse, (n)ürnberger Pfefferkuchen, das (k)ölnische Wasser, der (a)lte Fritz, die (w)ürttembergische Regierung, die (s)ächsische Schweiz, der (r)ote Platz in Moskau, (k)ulmbacher Bier, (d)eutscher Gewerkschaftsbund, der (c)hinesische Tee, (s)chwarzwälder Uhren, (d)ie Zeit, (e)nglische Stoffe, (t)hüringische Spielwaren, das (b)raunschweigische Finanzamt, eine (s)tädtische Badeanstalt, (a)llgemeine Ortskrankenkasse, die (t)echnische Universität, der (n)iedersächsische Handel, (d)er Spiegel, die (b)ayerischen Alpen, (s)panischer Rotwein, (f)rankfurter Apfelwein, (s)ozialdemokratische Partei Deutschlands, das (m)ünchner Oktoberfest, (m)eißner Porzellan, (s)eine Eminenz, (c)hristlich (d)emokratische Union Deutschlands, (s)chwedischer Stahl, (h)amburger Abendblatt, ein (s)alomonisches Urteil, die (l)üneburger Heide, das (b)ürgerliche Gesetzbuch, im (w)eißen Haus

3 Groß- und Kleinschreibung nach dem Doppelpunkt

Wir bestellen: zwei Blusen, vier Hosen.

Sie schrieben uns: „Die Ware wird pünktlich am 10. Jan. bei Ihnen eintreffen."
Wir empfehlen: Bestellen Sie noch heute unsere neuen Damenblusen.

Folgt einem Doppelpunkt die **direkte Rede** oder **ein vollständiger Satz,** schreibt man das erste Wort nach diesem Satzzeichen groß.

Aber:

Folgt einem Doppelpunkt eine **Aufzählung,** schreibt man klein weiter.

Er bestellte: drei Fass Rotwein, zwei Fass Weißwein.

Unsere Zahlungsbedingungen lauten: vier Wochen netto Kasse, 2 % Skonto bei Zahlung binnen 10 Tagen.

Vergleichen Sie zur Groß- und Kleinschreibung auch das Kapitel „Der Doppelpunkt“ auf S. 51

Groß oder klein?

1. Der Verkäufer erklärte: „(d)iese Hose ist wirklich sehr preiswert.“ 2. Sie forderten: (h)öhere Löhne, eine kürzere Arbeitszeit, mehr Bildungsurlaub. 3. Er gewann: (e)ine silberne Schüssel, zwei Theaterkarten, einen Bildband. 4. Er schrie: „(d)as wirst du bereuen!“ 5. Unser Service: (k)ostenlose Beratung, Umtausch binnen einer Woche. 6. Wichtiger Hinweis: (s)chrauben Sie zunächst den Deckel von der Flasche ab.

Schriftverkehr beim Warenbezug

1 Glatter Verlauf des Geschäftes

1.1 Eine Anfrage bahnt die Geschäftsverbindung an

Ein erfolgreicher Verkauf beginnt schon beim wirtschaftlichen Einkauf. So müssen bei der Festlegung der zu beschaffenden Waren die allgemeine Wirtschaftslage, der Wechsel der Jahreszeiten, der Mode- und Geschmackswandel, der Fortschritt in der Technik und neue Erfindungen berücksichtigt werden. Denn nur Waren, die dem neuesten Entwicklungsstand und der Bedarfsvorstellung des Kunden entsprechen, lassen sich gut und nachhaltig verkaufen.

Die Ermittlung der Bestellmenge setzt ebenfalls vernünftiges Planen voraus. Bestellt der Kaufmann zu kleine Mengen, dann sind die Bezugskosten zu hoch und ein etwaiger Mengenrabatt wird nicht ausgenutzt; außerdem verursachen Nachbestellungen unnötige Arbeit und Kosten, besonders im Lager und in der Buchhaltung. Verzögert sich gar die Lieferung, so können die Wünsche der Kundschaft nicht rechtzeitig erfüllt werden. Die einzelnen Abteilungen eines Betriebes müssen ihre Einkäufe aufeinander abstimmen.

Schließlich müssen geeignete Lieferanten bekannt sein, die durch eine **Anfrage** aufgefordert werden, ein Angebot abzugeben. Anschriften von Lieferern erfährt man z. B. aus Zeitungen, Fachzeitschriften, Branchenadressbüchern, durch Messebesuche und aus der Bezugsquellenkartei.

Die Anfrage kann allgemein gehalten sein, wenn z. B. Bezugsquellen für eine Geschäftsgründung oder für eine neue Abteilung eines schon bestehenden Geschäftes gesucht werden oder wenn man den Lieferer wechseln möchte. Bei **allgemeinen Anfragen** bittet man um Kataloge, Preislisten, Muster oder Vertreterbesuche.

Bei neuen Lieferern erkundigt man sich nach den **Allgemeinen Geschäftsbedingungen (AGB)**, in denen die meisten Vertragsinhalte und -bedingungen vorformuliert sind und die, soweit nicht andere Vereinbarungen ausgehandelt werden, stillschweigend Vertragsbestandteil werden. Die AGB sind meist auf der Rückseite von Angebots- oder Bestellformularen vorgedruckt und gelten für den Empfänger dieser Schriftstücke als bekannt gemacht. Die Mitteilung von AGB auf der Rückseite von Rechnungen ist dagegen rechtsunerheblich.

Weitaus häufiger ist die **spezielle Anfrage**, bei der man sich nach bestimmten Waren erkundigt. Sie müssen so genau wie möglich beschrieben oder durch Katalognummern gekennzeichnet werden. Ist eine genaue Beschreibung nur schwer möglich, muss man Muster, Proben oder Zeichnungen mitschicken, damit die gewünschte Güte oder Art zweifelsfrei erkennbar ist.

Es ist ratsam die Menge anzugeben, die voraussichtlich bezogen werden soll, weil hiervon Preisermäßigungen und die Übernahme der Transportkosten abhängen können.

Wichtig für unsere Kaufentscheidung sind weiterhin Angaben über Preise und Lieferbedingungen, denn je genauer die Anfrage abgefasst ist, desto ausführlicher kann die Antwort sein. Unnötige Rückfragen werden dadurch vermieden.

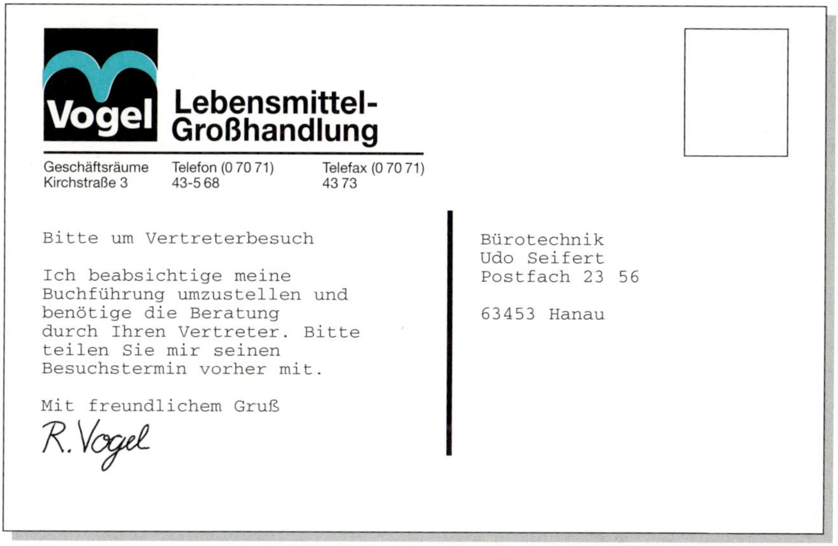

Vogel Lebensmittel-Großhandlung

Geschäftsräume
Kirchstraße 3

Telefon (0 70 71)
43-5 68

Telefax (0 70 71)
43 73

Bitte um Vertreterbesuch

Ich beabsichtige meine Buchführung umzustellen und benötige die Beratung durch Ihren Vertreter. Bitte teilen Sie mir seinen Besuchstermin vorher mit.

Mit freundlichem Gruß

R. Vogel

Bürotechnik
Udo Seifert
Postfach 23 56

63453 Hanau

Postkarte mit Kurznachricht

Aufbau und Inhalt der Anfrage

1. Hinweis auf die Herkunft der Anschrift
2. Grund der Anfrage
3. Gegenstand der Anfrage
   - Beschreibung der gewünschten Ware
   - Angabe der gewünschten Menge
   - Bitte um Preisangaben sowie Zahlungs- und Lieferungsbedingungen
   - Angabe des Liefertermins
4. Evtl. Angabe von Referenzen (Empfehlungen) bei Zielgeschäften

Textbausteine für Anfragen

Zu 1:
- *Ich habe Ihre Anzeige in der . . .-Zeitschrift gelesen und bitte Sie . . .*
- *Durch Herrn . . . habe ich erfahren, dass Sie . . . herstellen.*
- *Auf der Herbstmesse wurde ich auf Ihre Erzeugnisse aufmerksam.*

Zu 2:
- *Ich möchte mein Sortiment ergänzen und bitte um Ihr Angebot mit Mustern.*
- *Meine Kundschaft verlangt in letzter Zeit häufig . . . Senden Sie mir bitte Ihren Katalog und die Preisliste.*
- *Am . . . will ich ein . . .-Geschäft eröffnen; ich suche daher Lieferer für . . .*

Zu 3:
- *Bitte teilen Sie mir Ihre Verkaufsbedingungen für . . . mit.*
- *Wir haben Interesse an . . . und bitten Sie uns . . . zu senden.*
- *Wir brauchen dringend . . . Bieten Sie uns telegrafisch unter Angabe Ihrer kürzesten Lieferzeit an: . . .*

Zu 4:
- *Sie können sich über uns bei der Firma . . . erkundigen.*
- *Herr . . . , mein bisheriger Arbeitgeber, ist gern bereit Auskunft über mich zu erteilen.*

Anfrage

1. Die Fernseh- und Rundfunkabteilung der Elektronik-Vertriebs-GmbH in 74072 Heilbronn, Am Steilen Ufer 27 soll erweitert werden, da das steigende Kundeninteresse einen lebhaften Umsatz verspricht. Es fehlen aber geeignete Arbeitsunterlagen, mit deren Hilfe das Sortiment im Hinblick auf weitere Ausbaumöglichkeiten überprüft werden kann. Entwerfen Sie eine allgemeine Anfrage, die an mehrere Anbieter verschickt werden kann und in der Sie alle notwendigen Unterlagen anfordern. (→ 82/4)

2. Sie arbeiten in einem Einzelhandelsgeschäft, in dem noch eine Registrierkasse benutzt wird, die dem modernen Stand der Technik und auch den Ansprüchen des Geschäftsinhabers nicht mehr entspricht. Deshalb werden Sie beauftragt den Kauf einer neuen Kasse vorzubereiten:
a) Ermitteln Sie einige Bezugsquellen.
b) Schreiben Sie eine unterschriftsreife Anfrage, die alle Angaben enthalten sollte, damit ein zielgerichtetes Angebot erwartet werden kann.

3. Herr Karl Reinhardt betreibt eine Spielwarenhandlung in 21073 Hamburg, Bremer Straße 72. Durch häufige Fragen der Kunden aufmerksam geworden stellt er fest, dass einfaches Holzspielzeug in seinem Angebot nur knapp vertreten ist. Deshalb beauftragt er Sie bei der Firma Henneberg & Co. in 72191 Nagold, Postfach 23 nachzufragen, ob und zu welchen Bedingungen die Lieferung von Holzspielwaren möglich ist.

4. In dem Betrieb, in dem Sie arbeiten, soll ein Lastenaufzug eingebaut werden, wofür sich eine breite Nische neben dem Treppenaufgang gut eignet. Neben Personen sollen Güter mit einem Höchstgewicht von 1200 kg befördert werden. Sie werden beauftragt einen geeigneten Hersteller zu suchen, ihm das geschilderte Projekt darzustellen und den Besuch eines Vertreters zu erbitten, mit dem noch wichtige Details besprochen werden können.

1.2 Der Lieferer schickt das verlangte Angebot

Mit seinem Angebot antwortet der Lieferer auf die Anfrage. War diese allgemein gehalten, wird er sich für das seinem Unternehmen entgegengebrachte Interesse bedanken und in der Anlage die gewünschten Preislisten, Kataloge oder Allgemeinen Geschäftsbedingungen übersenden.

Antwortet der Lieferer auf eine spezielle Anfrage, so muss er auf alle Fragen des Kunden genau eingehen. Um spätere Missverständnisse zu vermeiden sollte er unter Umständen auch solche Verkaufsbedingungen erwähnen, die nicht erfragt waren.

Die **Ware** wird nach Art, Güte, Größe, Farbe usw. genau beschrieben. Durch Abbildungen oder besser noch durch Muster kann man die Beschreibung ergänzen.

Beim **Preis** muss angegeben sein, auf welche Einheit er sich bezieht und ob bei Abnahme größerer Mengen Preisnachlässe gewährt werden. Es muss zu ersehen sein, ob die **Verpackungskosten** im Preis enthalten oder besonders zu berechnen sind. Die Verpackung kann auch leihweise überlassen werden.

Ferner wird angegeben, wer die **Frachtkosten** trägt. Bei dem Vermerk „ab Werk“ oder „ab Lager“ gehen alle Transportkosten zu Lasten des Käufers. Wird „ab hier“, „ab Verladestation“ oder „ab Hannover“ (Wohnsitz des Lieferers) angeboten, dann übernimmt der Lieferer die Kosten der Anfuhr bis zum Bahnhof; alle übrigen Kosten hat der Käufer zu tragen.

„Frei dort", „frei Empfangsbahnhof" oder „frei Nürnberg" (Wohnsitz des Kunden) besagt, dass der Kunde nur die Abfuhrkosten zu bezahlen hat. Will der Lieferer für sämtliche Transportkosten aufkommen, bietet er seine Ware „frei Haus", „frei Lager dort" an.

Das Angebot muss Angaben über die **Lieferzeit** enthalten, vor allem dann, wenn noch nicht geliefert werden kann oder wenn nach einem bestimmten Zeitpunkt Bestellungen nicht mehr ausgeführt werden können.

Aus dem Angebot muss ferner hervorgehen, **wann die Rechnung zu bezahlen ist.** Vermerke wie „gegen Kasse", „rein netto", „zahlbar sofort ohne jeden Abzug" bestimmen, dass die Rechnung sofort nach Empfang der Sendung zu bezahlen ist. Begnügt sich der Lieferer mit einer späteren Zahlung, so wird er z. B. „einen Monat Ziel" gestatten.
Zahlt der Käufer früher als es ihm vorgeschrieben ist, darf er meist Skonto abziehen. Die Bedingung hierfür könnte lauten: „Ziel zwei Monate oder bei Zahlung binnen 10 Tagen 3% Skonto."

Erfüllungsort ist der Ort, an dem die Leistung erbracht werden muss, sodass der Schuldner von seiner Vertragsverpflichtung frei wird. Unter **Gerichtsstand** versteht man das zuständige Gericht, bei dem im Falle einer Streitigkeit die Klage zu erheben ist. Der Gesetzgeber hat festgelegt, dass **allgemein** Erfüllungsort und Gerichtsstand zusammenfallen; es ist der Firmensitz des Schuldners. Vertraglich davon **abweichende Vereinbarungen** sind ohne weiteres für Vollkaufleute zulässig, dagegen müssen Privatpersonen hierfür ausdrücklich und schriftlich nach Entstehung der Streitigkeit ihre Zustimmung erteilen.

Um sich die Angebotsarbeit zu erleichtern und den Umfang des Schreibens zu begrenzen wird der Lieferer nur die auftragsspezifischen Sachverhalte klären und sich im Übrigen auf die AGB beziehen, die dem Kunden entweder schon bekannt sind oder durch einen beigefügten Vordruck bekannt gemacht werden.

Werden keine Angaben in den Allgemeinen Geschäftsbedingungen gemacht, dann gelten die Bestimmungen des HGBs. Für die Lieferbedingungen z. B. gilt dann, dass der Lieferer die Frachtkosten bis zum Verladebahnhof zu tragen hat und der Empfänger die Transportkosten des Bahnversandes und am Empfangsort übernehmen muss. Die gesetzlichen Bestimmungen entsprechen demnach den Verkaufsbedingungen „ab hier" oder „ab Verladestation".

Ein telefonisch oder telegrafisch abgegebenes Angebot wird – wie jede auf diese Weise abgegebene Erklärung – schriftlich bestätigt.
Der Lieferer wird ein Angebot mit besonderer Sorgfalt schreiben, weil er den Kunden zum Kaufabschluss bewegen möchte; denn erst der Kaufabschluss bietet eine Gewinnmöglichkeit.

Der Lieferer ist durch sein Angebot gebunden: wie er angeboten hat, muss er auch liefern. Das gilt aber nur bis zu dem Zeitpunkt, zu dem die Bestellung erwartungsgemäß einlaufen kann. Schaufensterauslagen und Zeitungsanzeigen gelten nicht als Angebote.

Will sich der Lieferer durch sein Angebot nicht binden, so kann er seine Bindung durch sogenannte Freizeichnungsklauseln, z. B. „freibleibend", „unverbindlich", ausschließen. Er kann sein Angebot auch befristet abgeben.

Widerruft der Lieferer sein Angebot aus irgendeinem Grunde, muss sein **Widerruf spätestens gleichzeitig mit dem Angebot** eintreffen. Ein Widerruf durch Telegramm oder Telefax ist zweckmäßig.

Aufbau und Inhalt des Angebotes

1. Bezug zur Anfrage herstellen
2. Waren beschreiben und Angebotsbedingungen (Preis, Liefer- und Zahlungsbedingungen, Erfüllungsort und Gerichtsstand) nennen
3. Gegebenenfalls auf Besonderheiten oder Zusatzangebote hinweisen
4. Hoffnung auf Bestellung ausdrücken

Textbausteine für Angebote

Zu 1:
- *Ich freue mich, dass Sie mit mir in Geschäftsverbindung treten wollen.*
- *Gern senden wir Ihnen die gewünschten Muster und bieten Ihnen an: . . .*
- *Unser Reisender, Herr. . . , hat uns mitgeteilt, dass Sie lebhaftes Interesse an unseren . . . Waren haben.*

Zu 2:
- *In der Anlage senden wir Ihnen unseren Katalog mit der neuesten Preisliste.*
- *Unsere ausführliche Preisliste wird Sie von der Reichhaltigkeit unseres Sortiments überzeugen.*
- *Meine Preise gelten ab Werk.*
- *Wir liefem frei dort.*
- *Wir liefern innerhalb zweier Wochen nach Eingang der Bestellung.*
- *Die Verpackung wird Ihnen bei frachtfreier Rücksendung mit 2/3 des berechneten Wertes gutgeschrieben.*
- *Verpackung und Fracht sind im Preis enthalten.*
- *Das Angebot ist unverbindlich.*
- *Mein Angebot gilt nur bis zum . . .*

Zu 3:
- *Auf Nr. ... weise ich Sie besonders hin.*
- *Für Ihre Zwecke wird sich das Modell . . . am besten eignen.*
- *Die in der Preisliste angekreuzten Artikel kann ich Ihnen besonders empfehlen, weil die Waren aus . . . hergestellt sind.*
- *Aus einem besonders günstigen Einkauf kann ich Ihnen folgende Artikel vorteilhaft anbieten: . . .*

Zu 4:
- *Wir würden uns freuen bald eine Bestellung von Ihnen zu erhalten.*
- *Ich empfehle Ihnen recht bald zu bestellen, weil ich nur noch geringe Mengen auf Lager habe.*
- *Überzeugen Sie sich selbst durch eine Bestellung von unserer Leistungsfähigkeit.*

Angebot

1. Der Notar Dr. M. Krohmer aus 34385 Bad Karlshafen, Weserring 124 hatte mit Schreiben vom 26. Sept. . . bei der Unternehmung Büroausstattungen Gebrüder Scholz, Postfach 2 16, 34012 Kassel, angefragt, ob der im Katalog beschriebene fahrbare Arbeitstisch Nr. 6048/II auch mit einer größeren Arbeitsplatte und einer

Natur und Spiel GmbH

72191 Nagold

Natur und Spiel GmbH, Postfach 23, 72191 Nagold

Spielwarencenter
Nicole Reinhardt
Bremer Straße 28

21073 Hamburg

Ihr Zeichen, Ihre Nachricht vom	Unser Zeichen, unsere Nachricht vom	Telefon,Name (0 74 52) 42 86	Datum
l-r ..-09-10	r-pr	13 Richter	..-09-13

Angebot über Holzspielwaren

Sehr geehrte Frau Reinhardt,

wir freuen uns über Ihr Interesse an unseren Holzspielwaren. Wir senden Ihnen gern den gewünschten Katalog mit der aktuellen Preisliste.

Holzspielwaren erfreuen sich in einer Zeit, in der immer mehr Wert auf eine gesunde Umwelt gelegt wird, großer Beliebtheit. Die runden, weichen Formen des glatten Holzes fordern zum Anfassen unserer Spielwaren heraus. Verletzungen, die bei Metallspielwaren leicht auftreten können, sind beim Umgang mit unseren natürlichen Produkten nahezu ausgeschlossen. Sämtliche Spielwaren unseres Hauses weisen das Umweltlabel des Deutschen Kinderschutzbundes auf.

Die einfache und klare Gestalt von Holzspielwaren fördert die Fantasie des Kindes. Namhafte Kinderpsychologinnen und -psychologen fordern den Einzug von Holzspielwaren ins Kinderzimmer.

Spielwert und Robustheit aller unserer Erzeugnisse sind in mehreren Kindergärten unserer Umgebung über lange Zeiträume hinweg sehr erfolgreich getestet worden. Im Katalog haben wir die Spielwaren danach sortiert, wie sie von den jeweiligen Altersgruppen bevorzugt angenommen werden.

Beachten Sie bitte unsere günstigen Liefer- und Zahlungsbedingungen am Ende des Katalogs.

Wir hoffen, dass unsere Holzspielwaren Ihren Verkaufsvorstellungen entsprechen und wir Sie bald beliefern können.

Mit freundlichen Grüßen

Natur und Spiel GmbH.

ppa. Annette Prollius

Annette Prollius

Anlagen
Katalog
Preisliste

Geschäftsräume
Waldstraße 18
Nagold

Telex 765501 henne d
Telefax (0 74 52) 42 88
Telefon (0 74 52) 42 86-0

Deutsche Bank Nagold
(BLZ 641 700 87)
Konto-Nr. 31 254

Postbank Stuttgart
(BLZ 600 100 70)
Konto-Nr. 123 45-709

USt-IDNr.DE325 844 533

Verlangtes Angebot

anderen Farbgestaltung geliefert werden könne.
Sie, mit der Klärung dieser Frage beauftragt, stellen fest, dass dieser Wunsch nur im Rahmen einer Sonderanfertigung erfüllt werden kann und deshalb neben einer Verlängerung der Lieferzeit um 8 Tage eine Verteuerung von etwa 4% eintritt. Schreiben Sie dem Notar das entsprechende Angebot. (→ 89/5).

2. Das Bankhaus Hagemann in 23695 Eutin, Postfach 63 hatte bei der Druckerei A. Bosse in 24103 Kiel, Hintern den Speichern 35 nachgefragt, ob die Lieferung von 5000 Blatt Briefvordrucken mit entsprechender Anzahl von Fensterbriefhüllen DL noch zu den alten Bedingungen möglich sei; es könne das alte Muster verwendet werden, da keine Veränderungen an der Gestaltung vorgenommen worden sei. Da der letzte Auftrag bereits 3 Jahre zurückliegt, ist der Preis nicht mehr zu halten. Dagegen kann die Lieferzeit durch die Einführung einer neuen Drucktechnik auf 8 Tage gesenkt werden. Für Skonto und Rabatt gelten die alten Sätze. Schreiben Sie dem Bankhaus Hagemann das Angebot und legen Sie dem Schreiben einen Prospekt bei, aus dem die Preise und das neue, erweiterte Leistungsangebot ersichtlich sind. (→ 89/6)

3. Der Kunde Bogerd & Co. in 91522 Ansbach, Hubertusring 12 verkauft Haushaltswaren. In einer Anfrage vom 15. Juni. . . bat er die Elektrovertriebsgesellschaft in 86018 Augsburg, Postfach 2 47 um die Angabe der Verkaufsbegingungen für Heimwerkergeräte, mit deren Absatz in größerer Menge zu rechnen sei.
Die Vertriebsgesellschaft ist an einem Geschäftsabschluss sehr interessiert und beauftragt Sie ein ausführliches Angebot abzugeben. (→ 101/1)

4. (← 78/1) Eine der Anfragen gelangte an den Großhandel für Elektrobedarf, Postfach 1 23, 69025 Heidelberg. Die zuständige Sachbearbeiterin sucht die gewünschten Unterlagen heraus und verschickt sie mit einem Begleitschreiben, in dem sie auf kurze Lieferzeiten und günstige Zahlungsbedingungen verweist, an die Elektronik-Vertriebs-GmbH.
Wie könnte dieses Angebot aussehen? (→ 102/2)

1.3 Der Lieferer schickt ein unverlangtes Angebot – der Werbebrief

Der Kaufmann wird nicht nur dann anbieten, wenn er dazu aufgefordert wird, sondern er wird auch von sich aus regelmäßig an Interessenten herantreten, vor allem aus besonderen Anlässen, wenn er gute Einkaufsmöglichkeiten bieten kann, z. B. bei Umbauten oder Ausverkäufen.

Aufmerksame Kaufleute ermitteln die besonderen Festtage ihrer Kunden, z. B. Geburtstage, Jubiläen, Hochzeiten, Einschulung der Schulanfänger, um geeignete Angebote zu senden.

Während sich das verlangte Angebot an einen kaufbereiten Kundenkreis wendet, muss das **unverlangte Angebot** überhaupt erst das Interesse für die Ware wecken.

Meist wird ein solches Angebot in der Form eines Werbebriefes abgefasst. Ein **Werbebrief** soll mit großem Einfühlungsvermögen gestaltet werden.

Anschrift und Anrede sollen persönlich gehalten sein, also nicht: „An alle Beamten“ oder „Sehr geehrter Aktionär“. Es darf nicht der Eindruck entstehen, dass es sich um eine Massenwerbung handelt. Der Werbebrief muss wie jeder andere Brief Datum und Unterschrift tragen. Wird er vervielfältigt, soll das nach Möglichkeit nicht zu erkennen sein, weil sonst der Kunde, der die eingegangene Post erwartungsvoll

HEINZELMANN WERKE
GMBH
NÜRNBERG

Heinzelmann-Werke GmbH, Postfach 2324, 90025 Nürnberg

Frau
Sabine Weinheim
Dieburger Str. 56

64257 Darmstadt

Telefax
(09 11) 4 57-
233

Telex
62279-33heizd

Ihr Zeichen, Ihre Nachricht vom	Unser Zeichen, unsere Nachricht vom	Telefon,Name (09 11) 4 57-	Datum
	m-z	234 Maaß	..-08-20

Weniger Mühe und mehr Freizeit für Sie

Können Sie zaubern, verehrte Frau Weinheim **? - Wir auch nicht !**

Aber was wir Ihnen anzubieten haben, grenzt schon an Zauberei. Überzeugen Sie sich davon und besuchen Sie unsere Ausstellung in der Hanssenstraße 27.

Auch Sie, verehrte Frau Weinheim, haben sicherlich Ihre unschönen Erfahrungen mit vielen Haushaltsgeräten gemacht - sie sind oft schwer und unhandlich, ihre Bedienung ist kompliziert und "von Männern gemacht", das mühsame Säubern nach ihrem Gebrauch veranlasst Sie auf ihren Einsatz zu verzichten. Das können Sie nun alles vergessen!

Unsere Haushaltsgeräte, die wir für Sie ausgesucht haben, arbeiten mit bewährter Technik, ihre Handhabung ist frei von unnötigem Schnickschnack, das verwendete Material robust und pflegeleicht. Kommen Sie und lassen Sie sich - **nicht verzaubern** - ,**sondern überzeugen**.

Mit freundlichen Grüßen

Heinzelmann-Werke GmbH

G. Heckert

Gerd Heckert

Anlagen
Prospekt HV 3
Antwortkarte

Geschäftsräume	Telex	Telefax	Vereinsbank Nürnberg	Postbank Nürnberg	USt-IDNr.DE511225819
Hans-Sachs-Str. 24	62279-0 heiz d	(09 11) 4 57-1	(BLZ 760 100 85)	(BLZ 760 100 85)	
Nürnberg		Telefon	Konto-Nr. 4 720 191	Konto-Nr. 461 32-853	
		(09 11) 4 57-0			

Unverlangtes Angebot (Werbebrief)

durchliest, enttäuscht feststellen würde, dass es „nur Reklame“ ist. Solche Briefe sind nahezu wirkungslos. Auch inhaltlich sollen Werbebriefe eine persönliche Note haben. Einen Brief an einen Handwerker sollte man anders abfassen als an eine Ärztin oder an eine Hausfrau.

Man wird den Kunden auf seine Neigungen hin ansprechen, z. B. auf seinen Sparsinn, auf sein Interesse für den Sport oder seine Vorliebe für ein gemütliches Heim. Der Kunde will wissen, weshalb die angebotene Ware gerade für ihn richtig sein soll. Deshalb müssen die Vorteile des Angebotes betont werden.

Werbebriefe dürfen nicht in der Befehlsform geschrieben werden, z. B. „Sie müssen unsere Ware versuchen!“ Man lässt sich nicht gern „kommandieren“.

Der Kunde darf nicht zum Kauf überredet werden: geschieht das, kauft er vielleicht einmal, aber wahrscheinlich nicht wieder. Man muss den Kunden vielmehr überzeugen; deshalb sollte sich der Kaufmann überlegen, womit dem Kunden besonders gedient ist. Der Werbebrief muss so wirkungsvoll sein, dass der Kunde schließlich einsieht: „Diese Ware brauche ich.“

Auch an das unverlangte Angebot ist der Anbieter gebunden, wenn es an eine bestimmte Person oder Personengruppe gerichtet ist. Es ist eine „Willenserklärung“, und zwar ein **Antrag,** aus dem bei **Annahme** durch den Kunden, also durch die Bestellung, ein **Kaufvertrag** entstehen kann.

Lediglich als Aufforderung zum Kauf ist das Zuschicken von unverlangten Preislisten, Proben und Mustern anzusehen. Ebenso gelten Schaufensterauslagen oder Werbung auf Plakaten, Handzetteln oder Zeitungsbeilagen nicht als Angebot im rechtlichen Sinn.

Unverlangtes Angebot

1. Eine Kundin hat schon lange nicht mehr bei Ihrem Arbeitgeber bestellt und Sie sollen deshalb versuchen durch ein unverlangtes Angebot die Geschäftsverbindung wieder aufleben zu lassen.
Wie könnte der Text zu diesem Schreiben lauten?

2. Sie sind in der Verkaufsabteilung eines Gartencenters beschäftigt und werden beauftragt wegen des nahenden Frühjahres eine Zeitungsbeilage in DIN-A4-Format zu entwerfen; Ansprechpartner sollen Haushalte und Gartenbesitzer sein. Machen Sie deutlich, dass neben einer riesigen Auswahl von Pflanzen auch alles angeboten wird, was zur Pflanzenpflege und Gartengestaltung gehört.

3. Hans Leitmann ist gelernter Drucker und hat sich selbstständig gemacht. Seine kleine Druckerei ist zweckmäßig und modern eingerichtet und er möchte nun seine Dienste durch direkte Schreiben den Unternehmen seines Einzugsbereiches anbieten.
Entwerfen Sie einen Brieftext, in dem die Leistungsfähigkeit der Druckerei Leitmann werbewirksam dargestellt wird.

4. Die Umbauten des Hotels „Waldblick“, Tannensteg 34, in 34537 Bad Wildungen sind beendet. Im Kellergeschoss befindet sich ein Fitnesscenter mit Sauna, Solarium und Kraftraum. Im Erdgeschoss sind ein Clubraum und zwei Sitzungsräume, die Sitzungsräume können zu einem großen Saal vereint werden.
Entwerfen Sie einen werbewirksamen Text, in dem Sie die Räumlichkeiten des Hotels für private und geschäftliche Veranstaltungen anbieten. Der Text sollte sowohl für das Kurblatt als auch für Werbebriefe an Unternehmen und Haushalte der Umgebung verwendbar sein.

1.4 Durch die Bestellung verpflichtet sich der Kunde

Nach einem sorgfältigen Angebotsvergleich bestellt der Kaufmann. Die Bestellung wird mündlich oder schriftlich erteilt. Mündliche, fernmündliche und telegrafische Bestellungen bestätigt man möglichst sofort, damit Irrtümer vermieden werden.

Manche Firmen benutzen Bestellungsvordrucke nach DIN 4992. Ist ein Reisender bei einem Kunden zu Besuch, notiert er dessen Bestellung in seinem Bestellungsbuch und gibt dem Kunden davon eine Durchschrift.

Eine **Bestellung** auf ein festes Angebot ohne Änderung begründet einen Kaufvertrag. Dieser Vertrag kann nicht einseitig gelöst werden. Auf der einen Seite verpflichtet sich der Verkäufer vereinbarungsgemäß zu liefern und dem Kunden das Eigentum an der Ware zu übertragen; auf der anderen Seite muss der Käufer die Ware annehmen und bezahlen.

Wurde dagegen ohne Angebot oder auf Grund eines unverbindlichen Angebotes bestellt, so bindet sich nur der Auftraggeber, nicht der Lieferer; dieser kann annehmen oder ablehnen (s. Bestellungsannahme S. 90).

Im Übrigen gelten für die **Verbindlichkeit** einer Bestellung die gleichen Bestimmungen wie für das Angebot, und zwar:

1. Bestellungen ohne vorliegendes Angebot müssen innerhalb einer **handelsüblichen Frist** angenommen werden.
2. **Abweichungen** in der Bestellungsannahme löschen die Verbindlichkeit der Bestellung.
3. Bestellungen können widerrufen werden, wenn der **Widerruf** vor oder gleichzeitig mit der Bestellung beim Verkäufer eintrifft (s. S. 102).

Werden in einer Bestellung Proben und Muster verwendet, so lassen sich drei besondere Kaufarten unterscheiden:

1. Kauf **zur** Probe: Der Kunde bestellt eine kleine, unübliche Warenmenge um sie auf Verwendbarkeit (für den Verkauf, für die Weiterverarbeitung u. Ä.) zu prüfen. Eine Rückgabe der Ware bei Nichtgefallen ist deshalb nicht möglich. Bei Gefallen wird die gewünschte Menge nachgekauft (dann wird es ein Kauf nach Probe).
2. Kauf **nach** Probe: Der Kunde bestellt unter der Bedingung, dass die Ware einem vorliegenden Muster oder einer früheren Lieferung („... wie gehabt ...") oder einer übersandten Probe entspricht. Bei abweichender Lieferung steht ihm das Recht auf Schadenersatz zu (s. Mängelrüge Seite 107).
3. Kauf **auf** Probe: Der Kunde bestellt eine Ware unter der Bedingung, dass er sie innerhalb einer bestimmten Frist prüfen und bei Nichtgefallen zurückgeben kann. Eine Kaufverpflichtung entsteht erst bei Fristüberschreitung. Ein Kauf auf Probe setzt voraus, dass die Ware bei der Prüfung nicht beschädigt wird.

Fixkauf, Kauf auf Abruf und **Spezifikationskauf** werden auf den Seiten 118 und 123 behandelt.

Aufbau und Inhalt der Bestellung

1. Bezug auf das Angebot, die Preisliste, die Zeitungsanzeige, die Empfehlung, den Vertreterbesuch usw.
2. Art und Güte der Ware genau beschreiben sowie Menge und Preis angeben
3. Zeit und Weg der Lieferung festlegen
4. Art der Bezahlung bestimmen
5. Sonderwünsche (Umtauschrecht, Rücksendungsrecht, Verpackung, Aufmachung usw.) angeben

Hat ein ausführliches Angebot vorgelegen, auf das sich der Besteller bezieht, so braucht er nicht alle Liefer- und Zahlungsbedingungen zu wiederholen.

Textbausteine für Bestellungen

Zu 1:
- *Ich bestelle auf Grund Ihrer Preisliste Nr. . . .*
- *Auf Empfehlung von Herrn Kutznik bestelle ich . . .*
- *Wir haben Ihre Mustersendung durchgesehen und bestellen . . .*
- *Ich habe Ihre Anzeige in der . . . Zeitung gelesen und bestelle . . .*
- *Nach Rücksprache mit Ihrem Außendienstmitarbeiter bestelle ich . . .*

Zu 2:
- *10 Dtzd. Tischtücher 115/165, Muster Nr. 312, zum Preis von --,-- DM*
- *5 St. Küchengestelle, Eichenholz, geschnitzt, mit 6 Gewürztönnchen und je 1 Mehl- und Salzfass, zum Preis von --,-- DM*
- *10 Aluminiumkochtöpfe, glatte zylindrische Form, Inhalt 2 l, 16 cm ø, Wanddicke 1,5 mm, --,-- DM das Stück*
- *20 Karton Briefpapier 25/25, Büttenpapier gehämmert, elfenbeinfarben, zum Preis von --,-- DM*

Zu 3:
- *Ich erwarte die Sendung noch vor Ostern als Eilgut.*
- *Wir holen die Waren am . . . mit unserem Lkw ab.*
- *Die Sendung muss spätestens am . . . eintreffen, sonst verweigern wir die Annahme.*
- *Bitte liefern Sie an Herrn Spediteur Knackmuß, dort, der nähere Anweisungen hat.*

Zu 4:
- *Bitte gewähren Sie uns drei Monate Ziel.*
- *Erheben Sie bitte den Betrag der Rechnung durch Nachnahme.*
- *Wir sind damit einverstanden, dass Sie einen Wechsel auf uns ziehen.*

Zu 5:
- *Sollte die Qualität nicht zusagen, werden wir Ihnen die Ware zurücksenden.*
- *Wir wiederholen Ihre Bedingung: Umtausch binnen acht Tagen.*
- *Sorgen Sie bitte für eine neutrale Verpackung, da ich . . .*

Einrichtungshaus
Mühlmeier

Gebr. Mühlmeier, Weserstraße 7, 34346 Hann. Münden

Bestellung

Nr.
4239
Datum
..-09-20

Spiegelfabrik
Kreinse & Co.
Postfach 34 41

31080 Freden

Unser Zeichen	Hausruf	Ihr Angebot vom
XA 24257-MA	13	AB 32 N vom ..-08-18

Zusatzdaten des Bestellers	Frei für Lieferer
X 1237-B	

Versandart	frei	unfrei	Verpackungsart	Versandzeichen	Liefertermin
	X				..-10-05

Versandanschrift	Empfangs-/Abladestelle
Lager Gebr. Mühlmeier, Kasseler Str. 40 Hann. Münden	Rampe/Tor 1

Pos.	Sachnummer	Bezeichnung der Lieferung/Leistung	Menge und Einheit	Preis je Einheit	Betrag DM
		Spiegel mit polierten Kanten, und Steilfacetten, Ecken leicht abgerundet			
1	F 413	Größe 50 x 40 cm	10 St.	--,--	
2	F 417	Größe 60 x 40 cm	20 St.	--,--	
		Spiegel, kreisrund, mit polierten Kanten und Normal-facetten			
3	K 725 a	Größe 50 cm Ø	20 St.	--,--	
			Im Auftrage: Roth		

Bestellungsannahme ist mit Preis unverzüglich an den Besteller zu richten. **Lieferfrist:** Die bestellten Waren müssen an den vorgeschriebenen Liefertagen bei der angegebenen Empfangsstelle eingegangen sein. **Lieferung und Versand:** Frei von allen Spesen auf Kosten und Gefahr des Lieferers an die vom Besteller angefuhrte Empfangsstelle. **Zahlung:** Nach vollständigem Eingang der Ware oder vollständiger Leistung und nach Eingang der Rechnung jeweils nach Vereinbarung. **Mängelrüge und Ersatz:** Vorschriften des Bestellers über Maße, Güte, Ausführungsform usw. sind genau einzuhalten. **Versicherungskosten** werden vom Besteller nicht übernommen.

Telefon (0 55 41) 6 70 01 | Telex 670359 deko d | Telefax (0 55 41) 6 70 10 | Deutsche Bank Hann. Münden (BLZ 520 700 12) Konto-Nr. 6 025 132 | Postbank Hannover (BLZ 250 100 30) Konto-Nr. 204 20-305 | USt-IdNr.DE512310462

Bestellung (nach DIN 4992)

BANKHAUS FRIEDRICH BAUER

Bankhaus F. Bauer AG, Postfach 294, 64212 Darmstadt

Werbemittel
Gebr. Winkelmann
Rothschildallee

60389 Frankfurt

Ihr Zeichen, Ihre Nachricht vom	Unser Zeichen, unsere Nachricht vom	Telefon,Name (0 61 51) 14 25-	Datum
me-ha ..-10-04	vl-ro-k	1 24 Rose	..-10-15

Bestellung

Sehr geehrte Damen und Herren,

wir danken Ihnen für Ihr Angebot. Entsprechend Ihrer Mustersendung bestellen wir:

> 200 Brieftaschen, Nr. 5714, schwarz, mit Prägedruck auf der linken Innenseite:
> Bankhaus Friedrich Bauer AG,
> Preis --,-- DM je Stück,
>
> 200 Geldbörsen, Nr. 3271, schwarz, mit Prägedruck wie oben auf der linken Innenseite,
> Preis --,-- DM je Stück,
>
> 500 Telefonblocks, Nr. 216, dunkelgrün, Prägedruck wie oben auf der Oberseite, rechts unten,
> Preis --,-- DM je Stück,

Liefern Sie bitte binnen vier Wochen frei Haus. Bei Bezahlung innerhalb zweier Wochen nach Wareneingang ziehen wir 2 % Skonto vom Warenwert ab.

Mit freundlichen Grüßen

Bankhaus Friedrich Bauer AG

ppa. v. Werder ppa. Ohmeyer

Vera v. Werder Bernd Ohmeyer

Geschäftsräume	Telefon	Telex	Telefax	Kontoverbindungen	
Rheinstr. 171 Darmstadt	(0 61 51) 14 25-1	419547 baub d	(0 61 51) 14 25 25	Landeszentralbank Darmstadt (BLZ 508 000 00) Konto-Nr. 51 24 15	Postbank Frankfurt (BLZ 500 100 60) Konto-Nr. 54 75 42-604

Vorsitzender des Aufsichtsrats: Ernst Matthiensen
Vorstand Rolf Diel, Helmut Haeusgen, Karl Friedrich Hagenmüller, Herbert Henzel, Erich Krüger, Werner Krueger, Hansjürgen Kühl, Jürgen Ponio, Cai Graf zu Rantzau, Fritz Reinhold, Adolf Schäfer, Franz Witt
Sitz Frankfurt a. M.
Eingetragen in das Handelsregister des Amtsgerichts Frankfurt a. M. unter Nummer 72 HRB 8000

Bestellung

Bestellung

1. Dem Sporthaus Mohrfeld in 49356 Diepholz, Am Bruch 37 liegt ein Katalog der Firma Sport-Heinemann aus 23759 Oldenburg, Postfach 32 vor. Ihr Arbeitgeber Herr Mohrfeld beauftragt Sie folgende Artikel daraus zu bestellen:

15 Stück Handbälle,	Nr. 3604,	Stückpreis --,-- DM
15 Stück Fußbälle,	Nr. 3606,	Stückpreis --,-- DM
20 Dosen Ballfett,	Nr. 3615,	Stückpreis --,-- DM
12 Stück TT-Sets,	Nr. 1813,	Stückpreis --,-- DM

Die Ware wird dringend benötigt, da nur noch geringe Restbestände vorhanden sind. Setzen Sie Preise nach Ihrem Ermessen ein. (→ 92/2)

2. In der Modelltischlerei Klages & Co. in 67346 Speyer, Rheingraben 17 ist unerwartet der Elektromotor einer Kopierfräse ausgefallen, eine Reparatur ist wegen wichtiger Aufträge unbedingt erforderlich. Da es sich um eine Maschine älterer Bauart handelt, gibt es keinen Ersatzmotor. Es soll deshalb die Ankerwicklerei Anton Herbst in 67018 Ludwigshafen, Postfach 6 34 die erforderliche Reparatur schnellstens durchführen, der Motor wird durch einen hauseigenen Pkw vorbeigebracht.
Schreiben Sie den Auftrag.

3. Die Dichtungen eines Druckkessels müssen bisher vierteljährlich ausgewechselt werden, da sie durch den Druck und die hohe Temperatur schnell brüchig werden. Die Firma CLEFF-Dichtungen aus 34117 Kassel, Schwanenweg 9 bietet einen Werkstoff an, der dieser Beanspruchung besser gewachsen sein soll.
Bestellen Sie deshalb für Ihren Arbeitgeber, die Kleinchemie GmbH in 33046 Paderborn, Postfach 12 03 einige Dichtungen um an ihnen die Halt- und Belastbarkeit zu prüfen. Sollte das neue Material den Erwartungen entsprechen, wird eine größere Menge nachbestellt. (→ 92/3)

4. Durch den Ausbau des Dachgeschosses sollen die Büroräume erweitert werden. Zu diesem Zweck muss eine Treppe errichtet werden, über deren Lage und Aussehen bereits ein alter Entwurf vorliegt. Nach telefonischer Auskunft wäre die Bautischlerei M. Schmidt aus 38685 Langelsheim, Am Sportplatz 2 bereit für ca. --,-- DM die Treppe entwurfsgemäß zu errichten.
Erteilen Sie im Auftrag des Anlagenberaters R. Kramer, 38640 Goslar, An der Gose 16 Firma Schmidt den Auftrag mit der Bedingung, dass die Treppe unbedingt am 17. Juni . . fertig gestellt und eingebaut sein muss, da die anderen Baumaßnahmen auf diesen Termin abgestimmt sind. (→ 118/3)

5. (←82/1) Der Notar Dr. M. Krohmer, Bad Karlshafen, ist mit dem Angebot der Gebrüder Scholz grundsätzlich einverstanden. Durch Umgestaltung der Büroräume werden aber drei fahrbare Arbeitstische mit Arbeitsplatten der Größe 60 x 45 cm und einem grünen Farbanstrich nach RAL 6909 benötigt. Unter der Bedingung, dass kein Aufpreis für die Sonderanfertigung berechnet wird, bestellt der Notar drei Arbeitstische.
Schreiben Sie die Bestellung. (→ 92/4)

6. (←82/2) Schreiben Sie im Auftrag des Bankhauses Hagemann an die Druckerei A. Bosse eine Bestellung über 5000 Blatt DIN-A4-Briefvordrucke holzfrei, weiß nach vorliegendem Muster und über die entsprechende Anzahl Fensterbriefhüllen DL, weiß gemäß dem vorliegenden Angebot. (→ 94/4)

1.5 Die Bestellungsannahme

Liegt kein festes Angebot vor oder ist das Angebot unverbindlich gewesen, so muss der Bestellung die **Bestellungsannahme** folgen, damit ein gültiger Kaufvertrag entsteht.

Hat der Kunde mit seiner Bestellung das Angebot verändert, z. B. den Preis herabgesetzt oder die Transportkosten abgewälzt, so wird der Kaufvertrag erst durch die Bestellungsannahme geschlossen, da durch die Änderung rechtlich ein neuer Antrag entsteht.

Bei telefonischen, telegrafischen oder mündlichen Bestellungen werden oft Bestellungsannahmen geschrieben um die getroffenen Vereinbarungen zu bestätigen und damit Missverständnisse auszuschließen. Gleichzeitig verbindet man mit dem Schreiben einen Dank für den erteilten Auftrag.

Die Bestellungsannahme wird häufig auch als **Auftragsbestätigung** oder als **Auftragsannahme** bezeichnet. Diese Begriffe werden in der Praxis nebeneinander verwendet und bedeuten inhaltlich und rechtlich das gleiche.

Um die Verwaltungsarbeit zu rationalisieren, verwenden viele Betriebe **Vordrucksätze.** Sie sind vorteilhaft, da mehrere Vordrucke mit einem Schreibgang ausgefüllt werden. So können in einem Vordruck z. B. Bestellungsannahme, Originalrechnung, mehrere Duplikate (für Vertreter, Buchhaltung, Kunden, als Quittung) und 1. Mahnung enthalten sein oder Bestellungsannahme, Originalrechnung, Duplikate und Lieferschein. Bestellungsannahme und Liefer- bzw. Versandanzeige sind häufig kombiniert.

Aufbau und Inhalt der Bestellungsannahme

1. Dank für die Bestellung
2. Bestellung und Bedingungen werden wiederholt, ggf. vervollständigt
3. Irrtümer werden berichtigt
4. Liefertermin

Textbausteine für Bestellungsannahmen

Zu 1:
- *Ich danke Ihnen für Ihre Bestellung . . .*
- *Ich freue mich, dass Ihnen mein Angebot gefallen hat, und werde . . .*

Zu 2:
- *Sie bestellten zu den umstehenden Bedingungen . . .*
- *Mit den Bedingungen des Einkaufsverbandes der . . . haben Sie sich einverstanden erklärt.*

Zu 3:
- *Wir müssen Sie leider berichtigen: das Stück kostet --,-- DM.*
- *Der Preis von --,-- DM je kg gilt nur für lose Ware, die 1-kg-Packung kostet --,-- DM.*
- *Beachten Sie bitte, dass wir nur „ab Werk“ liefern.*
- *Leider haben wir im Augenblick nur große Pakete auf Lager. Teilen Sie uns bitte mit, . . .*

Zu 4:
- *Wir haben Ihre Bestellung zur Lieferung Anfang Mai vorgemerkt.*
- *Ich werde mich bemühen Ihre Bestellung möglichst bald auszuführen.*
- *Ich hoffe, dass ich Ihnen die Ware schon in der nächsten Woche senden kann.*

Kreinse & Co

Kreinse & Co, Postfach 3441, 31080 Freden

Einrichtungshaus
Gebr. Mühlmeier
Weserstraße 7

34346 Hann. Münden

Bestellungsannahme

vom
..-09-26

Ihr Zeichen/Bestellung Nr./Datum	Unsere Abteilung	Hausruf	Unsere Auftrags-Nr.
XA 24257-MA 423 vom ..-09-19	AB 32 N	1 03	ab 163-09

Zusatzdaten des Bestellers	Lieferwerk/Werkauftrags-Nr.	Versandort/-bahnhof
XA 1237-B		

Versandart	frei	unfrei	Verpackungsart	Versandzeichen	Liefertermin
eigener Lkw	X		1 Kiste		..-10-05

Versandanschrift	Empfangs-/Abladestelle
Lager Gebr. Mühlmeier, Kasseler Str. 40, Hann. Münden	Rampe/Tor 1

Pos.	Sachnummer	Bezeichnung der Lieferung/Leistung	Menge und Einheit	Preis je Einheit	Betrag DM
		Spiegel mit polierten Kanten u. Steilfacetten, Ecken leicht gerundet			
1	F 413	Größe 50 x 40 cm	10 St.	--,--	
2	F 417	Größe 60 x 40 cm	20 St.	--,--	
		Spiegel, kreisrund mit polierten Kanten u. Normalfacetten			
3	K 725 a	Größe 50 cm Ø	20 St.	--,--	

Kreinse & Co.
i. A.
Heinrich Götze

Zahlungs-, Leistungs- u. Lieferungsbedingungen siehe Rückseite

Geschäftsräume	Fernsprecher	Telex	Telefax	Konten
Wallstr. 25	(0 51 84) 6 30	53761 krei d	(0 51 84) 6 31	Kreissparkasse Freden 135640 (BLZ 259 510 20) Postbank Hannover 12686-305 (BLZ 250 100 30)

Bestellungsannahme (nach DIN 4993)

Bestellungsannahme

1. Das Schuhfachgeschäft I. Scharff in 12043 Berlin, Karl-Marx-Straße 186 hat bei der Firma Schuhe-Special in 37552 Einbeck, Postfach 62 nach einem Sonderkatalog verschiedenes orthopädisches Schuhwerk zur sofortigen Lieferung bestellt. Da diese Waren vorrätig sind, kann die Bestellung angenommen werden.
Schreiben Sie auf einer Postkarte eine kurze Bestellungsannahme.

2. (← 89/1) a) Entwerfen Sie den Vordruck einer Bestellungsannahme für die Firma Sport-Heinemann nach dem DIN-Muster auf Seite 91.
b) Schreiben Sie die Bestellungsannahme an das Sporthaus Mohrfeld mit Hilfe Ihres Vordruckes.
Wählen Sie dabei die warengemäße Verpackungs- und Versandart; laut Lieferbedingungen wird ab 80,00 DM Warenwert frei Haus geliefert. (→ 94/2)

3. (← 89/3) Schreiben Sie im Auftrag der Firma CLEFF-Dichtungen die Bestellungsannahme mit dem Hinweis, dass es sich bei dem berechneten Preis um einen Sonderpreis handelt und bei Abnahme ab 20 Stück ein Einzelpreis von --,-- DM berechnet wird. Fügen Sie in einem Teilbetreff hinzu, dass der Besuch eines Vertreters von Vorteil sein könnte, denn mit Hilfe neuer Dichtungstechniken ließen sich oft schnell bisherige Probleme beseitigen.

4. (← 89/5) Sie haben im Auftrag der Gebrüder Scholz geprüft, ob trotz der Sonderanfertigung ausnahmsweise doch der Katalogpreis für die Arbeitstische berechnet werden könnte. Dabei stellen Sie fest, dass durch die Sonderanfertigung Mehrkosten hervorgerufen werden, denn das Fertigungsprogramm des eigenen Zulieferers sieht diese Tischgröße nicht vor, sodass die Arbeitsplatten in der hauseigenen Werkstatt hergestellt werden müssen.
Schreiben Sie an den Notar Dr. M. Krohmer unter Hinweis auf diesen Sachverhalt, dass Sie gern die Bestellung annehmen, aber auf den vierprozentigen Preisaufschlag bestehen müssen.

1.6 Die Ware wird geliefert - die Lieferanzeige und die Rechnung

Durch den Kaufvertrag verpflichtet sich der Lieferer die bestellte Ware so zu liefern, wie es vereinbart war (Menge, Güte, Preis, Bedingungen). Durch die ordnungsgemäße Lieferung erfüllt er den Kaufvertrag.

Ist kein besonderer Liefertermin ausgemacht, so erwartet der Kunde die unverzügliche Lieferung. Wird die Ware durch eigenes Fahrzeug zugestellt, ist es üblich einen **Lieferschein** mitzuschicken, aus dem Warenart und -menge ersichtlich sind. Oft dient ein Durchschlag des Lieferscheines als Empfangsbestätigung. Auf ihm bescheinigt der Empfänger die richtige Übergabe der Ware durch den Boten.

Werden größere Mengen Ware geliefert, kündigt man den Versand mitunter durch eine **Lieferanzeige** an. Der Käufer kann sich auf den Empfang der Ware einstellen, z. B. Platz im Lager schaffen oder Fahrzeuge für den Transport bereithalten. Wenn durch die augenblickliche Lieferung nur ein Teil der Bestellung erledigt wird, ist eine „Lieferanzeige" mit einem entsprechenden Hinweis ebenfalls angebracht.

Es ist üblich dem Kunden die **Rechnung** erst nach der Auslieferung zu schicken. Man erspart sich nämlich viel Verwaltungsaufwand, wenn durch berechtigte Bean-

Firma A. Koch, Wallstr. 12, 31224 Peine

Ihr Zeichen, Ihre Nachricht vom	Unser Zeichen	Telefon	Datum
H-K ..-12-03	we-ka	(0 53 21) 2 25 76	..-12-05

Lieferanzeige

Sehr geehrte Damen und Herren,

als Frachtgut senden wir Ihnen heute eine Teillieferung von 500 St. Nr. 43/75. Den Rest von 300 St. werden wir Mitte Januar liefern.

Mit freundlichen Grüßen

Emil Otto & Co.

i. A. Huter

Geschäftsräume	Telex	Kontoverbindungen	
Okerstr. 13	92634 kewa d	Volksbank Goslar	Postbank Hannover
Goslar	Telefax	(BLZ 268 900 19)	(BLZ 250 100 30)
	(0 53 21) 2 25 80	Konto-Nr. 88 754	Konto-Nr. 4 10 12-304

Lieferanzeige (Postkarte)

standungen des Kunden Warenmenge und Rechnungsbetrag geändert werden müssen.

In der Rechnung werden Menge, Warenart mit genauer Bezeichnung, Brutto- und Nettopreis sowie Mehrwertsteuer aufgeführt. Die genormte Rechnung enthält unten Angaben über Zahlungsbedingungen, Beanstandungen, Verpackung, Bahnanschrift, Eigentumsvorbehalt, Erfüllungsort und Gerichtsstand.

Diese Bedingungen sind jedoch wirkungslos, wenn sie nicht schon im Kaufvertrag festgelegt worden sind.

Aufbau und Inhalt der Lieferanzeige

1. Zeit der Leistung/Liefertag
2. Versandweg
3. Hinweis auf Rechnung und Zahlung
4. Besondere Angaben über Teillieferung oder Abweichungen von der Bestellung

Textbausteine für Lieferanzeigen

Zu 1 u. 2:
- *Heute haben wir Ihre Bestellung vom . . . über . . . ausgeführt.*
- *Als Expressgut haben wir Ihnen heute geschickt: . . .*
- *In 2 Waggons, gez. München 45325 und Kassel 14147, habe ich heute die unter Nr. 2427/49 bestellten . . . an Ihre Anschrift nach Station . . . geschickt.*
- *Mit unserem Lkw senden wir Ihnen am . . . die von Ihnen am . . . bestellten Waren: . . .*
- *Ihre Bestellung vom . . . können wir vorzeitig ausführen, da . . .*

Zu 3:
- *Wir fügen diesem Schreiben unsere Rechnung über . . . als Anlage bei.*
- *Ich bitte Sie den Rechnungsbetrag auf mein Konto bei der . . . Bank zu überweisen.*

Zu 4:
- Als Teillieferung habe ich heute 3 Postpakete an Sie geschickt. Den Rest werde ich Ihnen in etwa 10 Tagen senden.
- 1-kg-Pakete haben wir im Augenblick nicht vorrätig; deshalb haben wir uns erlaubt Ihnen 1/2-kg-Packungen zu schicken.
- Wir legen diesem Schreiben unsere neueste Preisliste bei.

Lieferanzeigen und Rechnungen

1. Frau K. Drews aus 93128 Regenstauf, Chamener Landstraße 16 hat beim Autohaus Schreiber in 93047 Regensburg, Wörthstraße 121 einen Pkw gekauft, der in der 23. Woche des Jahres ausgeliefert werden sollte. Nun steht der Wagen schon in der 22. Woche zur Verfügung.
Schreiben Sie Frau Drews eine Lieferanzeige, in der Sie mitteilen, dass sich der Liefertermin geändert hat und Sie den genauen Abholtermin telefonisch durchrufen werden.

2. (← 92/2) a) Entwerfen Sie den Vordruck einer Lieferanzeige für die Firma Sport-Heinemann nach dem DIN-Muster auf Seite 95.
b) Entwerfen Sie den Vordruck einer Rechnung für die Firma Sport-Heinemann nach dem DIN-Muster auf Seite 96.
c) Was stellen Sie fest, wenn Sie die drei Vordrucke auf den Seiten 91, 95 und 96 miteinander vergleichen?
d) Schreiben Sie die Lieferanzeige an das Sporthaus Mohrfeld mit Hilfe Ihres Vordruckes.
e) Schreiben Sie die Rechnung an das Sporthaus Mohrfeld mit Hilfe Ihres Vordruckes. (→110/4)

3. Der Landhandel Seyfarth OHG in 24534 Neumünster, Am Tiefen Graben 14 hatte am 25. Mai bei der Torfmühle KG, 49457 Drebber, Brache 7, 500 Ballen Torf nach vorliegendem Angebot bestellt und sofortige Lieferung gewünscht. Wegen eines Maschinenschadens stehen zur Zeit nur 300 Ballen zu Verfügung.
Schreiben Sie am 28. Mai an den Landhandel Seyfarth OHG eine kurze Lieferanzeige, in der Sie die Lieferung der 300 Ballen ankündigen und die Restlieferung innerhalb der nächsten 10 Tage versprechen.

4. (← 89/6) Die vom Bankhaus Hagemann bestellten Briefvordrucke und Fensterbriefhüllen sind gedruckt und als Postpaket fristgerecht abgeschickt worden.
Schreiben Sie im Auftrag der Druckerei A. Bosse die Rechnung, und zwar
a) als Geschäftsbrief unter Beachtung der DIN-Regeln,
b) unter Benutzung eines Rechnungsvordruckes nach DIN 4991.
Wählen Sie Preise nach eigenem Ermessen unter Berücksichtigung der gegenwärtigen Preissituation. Laut Prospekt werden 8% Rabatt und bei Barzahlung innerhalb 10 Tagen 2% Skonto gewährt; die Lieferung erfolgte frei Haus.

5. Die Kfz-Werkstatt H. Liebner & Co. in 37520 Osterode, Alte Aue 13 hat das Auto, Kennzeichen OHZ–DE 394, des Kunden D. Wirth für die TÜV-Untersuchung vorbereitet und die Abnahme vornehmen lassen. Dabei sind folgende Kosten entstanden: für Arbeitsleistungen 183,00 DM, für Originalteile 84,75 DM, für Öl- und Schmierstoffe 12,80 DM. Die TÜV-Hauptuntersuchung kostete 66,00 DM.
a) Schreiben Sie an Herrn Wirth in Osterode, Harzweg 112 die Rechnung in Form eines Geschäftsbriefes; Bankverbindung: Stadtsparkasse Osterode (BLZ 263 500 1) Kto.-Nr. 120508.
b) Wie könnte die auf einem Vordruck geschriebene Rechnung aussehen?

Kreinse & Co Kreinse & Co

Kreinse & Co, Postfach 3441, 31080 Freden

Einrichtungshaus
Gebr. Mühlmeier
Weserstraße 7

34346 Hann. Münden

Lieferschein/Lieferanzeige

Nr.
108-163-9

Versanddatum
..-10-05

Rechnung

Nr.

vom

Ihr Zeichen/Bestellung Nr./Datum	Unsere Abteilung	Hausruf	Unsere Auftrags-Nr.
XA 24257-MA 4239 vom ..-09-20	AB 32 N	1 03	ab 163-09

Zusatzdaten des Bestellers	Lieferwerk/Werkauftrags-Nr.	Versandort/-bahnhof
XA 1237-B		

Versandart	frei	unfrei	Verpackungsart	Versandzeichen	Gesamtgewicht kg brutto	Gesamtgewicht kg netto
eigener Lkw	X		1 Kiste		67,8	59,6

Versandanschrift	Empfangs-/Abladestelle
Lager Gebr. Mühlmeier, Kasseler Str. 40, Hann. Münden	Rampe/Tor 1

Pos.	Sachnummer	Bezeichnung der Lieferung/Leistung	Menge und Einheit	Empfängervermerke
		Spiegel mit polierten Kanten u. Steilfacetten, Ecken leicht gerundet		
1	F 413	Größe 50 x 40 cm	10 St.	
2	F 417	Größe 60 x 40 cm	20 St.	
		Spiegel, kreisrund mit polierten Kanten u. Normalfacetten		
3	K 725 a	Größe 50 cm Ø	20 St.	

Allgemeine Hinweise siehe Rückseite

	Eingangsvermerke	Mengenprüfung	Güteprüfung/Prüfbericht	Empfänger	Rechnungsprüfung
Datum					
Name/ Nr.					

Geschäftsräume Wallstr. 25 | Fernsprecher (0 51 84) 6 30 | Telex 53761 krei d | Telefax (0 51 84) 6 31 | Konten Kreissparkasse Freden 135640 (BLZ 259 510 20) Postbank Hannover 12686-305 (BLZ 250 100 30)

Lieferschein/Lieferanzeige (nach DIN 4994)

Kreinse & Co | Kreinse & Co

Kreinse & Co, Postfach 3441, 31080 Freden

Einrichtungshaus
Gebr. Mühlmeier
Weserstraße 7

34346 Hann. Münden

Lieferschein-Nr.
108-163-9
Versanddatum
..-10-05

Rechnung

Nr.
108-163-9
vom
..-10-12

Ihr Zeichen/Bestellung Nr./Datum	Unsere Abteilung	Hausruf	Unsere Auftrags-Nr.
XA 24257-MA 4239 vom ..-09-20	AB 32 N	1 03	ab 163-09

Zusatzdaten des Bestellers	Lieferwerk/Werkauftrags-Nr.	Versandort/-bahnhof
XA 1237-B		

Versandart	frei	unfrei	Verpackungsart	Versandzeichen	brutto	Gesamtgewicht kg	netto
eigener Lkw	X		1 Kiste		67,8		59,6

Versandanschrift
Lager Gebr. Mühlmeier, Kasseler Str. 40,
Hann. Münden

Empfangs-/Abladestelle
Rampe/Tor 1

Pos.	Sachnummer	Bezeichnung der Lieferung/Leistung	Menge und Einheit	Preis je Einheit	Betrag DM
		Spiegel mit polierten Kanten u. Steilfacetten, Ecken leicht gerundet			
1	F 413	Größe 50 x 40 cm	10 St.	--,--	
2	F 417	Größe 60 x 40 cm	20 St.	--,--	
		Spiegel, kreisrund mit polierten Kanten u. Normalfacetten			
3	K 725 a	Größe 50 cm Ø	20 St.	--,--	
					--,--
					--,--
		./. 20% Rabatt			--,--
					--,--
		+ Verpackung			--,--
					--,--
		+ Mehrwertsteuer			--,--
					--,--

Wir weisen darauf hin, dass diese Rechnung 3 Wochen nach Rechnungsausstellung, also am 3.Nov.19.. fällig wird.

Beanstandungen werden nur berücksichtigt, wenn sie unverzüglich nach Warenempfang erhoben werden. Verpackung wird zu Selbstkosten berechnet und- ausgenommen Sezialverpackung- nicht zurückgenommen. Die Waren bleiben unser Eigentum bis zur Erfüllung aller uns Ihnen gegenüber zustehenden Ansprüche. Rückwaren können wir ohne vorherige schriftliche Zustimmung weder annehmen noch gutschreiben. Gerichtsstand ist Braunschweig.

Geschäftsräume	Fernsprecher	Telex	Telefax	Konten
Wallstr. 25	(0 51 84) 6 30	53761 krei d	(0 51 84) 6 31	Kreissparkasse Freden 135640 (BLZ 259 510 20) Postbank Hannover 12686-305 (BLZ 250 100 30)

Rechnung (nach DIN 4991)

2 Schwierigkeiten beim Warenbezug

2.1 Es ergeben sich Rückfragen

Was manchmal zunächst sehr einfach erscheint, birgt bei genauerer Betrachtung viele Unklarheiten und Schwierigkeiten. Diese Erfahrung kann auch der Kaufmann machen, wenn er sich anschickt den Kaufvertrag mit einem Kunden zu erfüllen. So entdeckt er z. B. Unstimmigkeiten zwischen Angebot und Bestellung oder die Angaben über Größe, Farbe oder Ausführung sind nicht genau genug. In jedem Fall wird der Lieferer rückfragen um Missverständnisse zu vermeiden.

Aber auch für den Kunden können sich Rückfragen ergeben. Wünscht er z. B. eine vom Angebot abweichende Bestellung, dann muss er sich vom Anbieter die Lieferbereitschaft unter den veränderten Bedingungen bestätigen lassen. Denn vom Angebot abweichende Bestellangaben lassen das Angebot erlöschen und es müssen unter Umständen neue Verhandlungen aufgenommen werden, die zusätzlichen Arbeitsaufwand hervorrufen und den Warenbezug verzögern.

Aufbau und Inhalt der Rückfrage des Lieferers

1. Dank für die Bestellung
2. Beschreibung der Unstimmigkeit
3. Lieferer schlägt Lösung vor

Aufbau und Inhalt der Rückfrage des Kunden

1. Dank für das Angebot
2. Bitte um Änderung mit Begründung
3. Gegebenenfalls Bestellung in Aussicht stellen

Rückfrage

1. Die Gartencenter-KG in 67505 Worms, Postfach 62 hatte einem holländischen Blumenlieferanten, der Firma E. van Doithen aus 9717 HJ Groningen, Grachtstraat 18 den Auftrag zur Lieferung von Tulpenzwiebeln erteilt und dabei auf den im Katalog unter der Nummer 87/304 genannten Preis verwiesen. In der Auftragsbestätigung wurde aber ein höherer Preis genannt.
Schreiben Sie im Auftrag des Gartencenters an die Firma E. van Doithen, dass Sie nur bereit sind die Tulpenzwiebeln zum ursprünglichen Preis zu kaufen.

2. a) Das Tonstudio „Supersound" in 46395 Bocholt, Kölner Landstraße 13 hat vom Gesangverein Juventa in 46446 Emmerich, Am Hain 7 Aufnahmen gemacht, die zum 100-jährigen Bestehen des Vereins als Jubiläumskassette veröffentlicht werden sollen. Vereinbart sind 500 Kassetten C-60/Eisenoxid mit einem Cover, das die Chormitglieder in der Kleidung aus der Zeit der Vereinsgründung zeigt. Nun stellt sich heraus, dass der vereinbarte Stückpreis von --,-- DM nur unwesentlich überschritten wird, wenn statt der 500 Kassetten 1000 Stück mit dem besseren Chromdioxid-Super-Band hergestellt werden, die Titelseite außerdem vierfarbig gedruckt wird, während vorher ein Schwarzweißbild vorgesehen war.

Dörnberg Quelle
der Thermalsprudel

Dörnberg-Quelle, Postfach 110, 32505 Bad Oeynhausen

Emaillierwerk
Herbert Küster
Postfach 3 16

21311 Lünburg

Ihr Zeichen, Ihre Nachricht vom	Unser Zeichen, unsere Nachricht vom	Telefon,Name (0 57 31) 331-	Datum
	ho-ka	24 Hoffmann	..-12-12

Emaillekessel K 73 / 9 mit Änderungen

Sehr geehrte Damen und Herren,

in Ihrem Verkaufskatalog zeigen Sie unter anderem einen Emaillekessel mit der Seriennummer K 73/9 in doppelwandiger Ausführung und 3 000 l Fassungsvermögen. Dieser Kessel scheint uns für die Herstellung einer Zuckerlösung, wie wir sie für unsere Produktion benötigen, sehr geeignet. Leider haben die angebrachten Anschlussstutzen für das Heizwasser zu kleine Rohrquerschnitte. Um die Fließeigenschaft der Zuckerlösung aber zu erreichen und ein Verklumpen zu verhindern ist eine Kesseltemperatur von 75° C nötig. Deshalb müsste das gesamte Rohr- und Steuerungssystem für die Wärmezuführung auf 1 1/2 Zoll ausgelegt sein.

Wir hoffen, dass diese Änderung ohne besondere Kostensteigerung möglich ist und der angegebene Liefertermin von 6 Wochen eingehalten werden kann. Bitte benachrichtigen Sie uns umgehend.

Mit freundlichen Grüßen

Dörnberg Quelle

ppa. Werner Hoffmann

Werner Hoffmann

Geschäftsräume	Telefon	Telex	Telefax	Kontoverbindungen	Postbank Hannover
Herforder Str. 57 Bad Oeynhausen	(0 57 31) 331-01	9724710 spru d	(0 57 31) 3 31 90	Deutsche Bank Bad Oeynhausen (BLZ 490 712 21) Konto-Nr. 5 24 78	(BLZ 250 100 30) Konto-Nr. 44 76-306

Rückfrage

HERBERT KÜSTER EMAILLIERWERK

KRONEN EMAILLE

Dörnberg-Quelle
z. H. Herrn Hoffmann
Postfach 1 10

32505 Bad Oeynhausen

Ihr Zeichen, Ihre Nachricht vom	Unser Zeichen, unsere Nachricht vom	Telefon,Name (041 31) 2 14 92-	Datum
ho-ka 19..-12-12	6c-to	36 Herr Küster	..-12-20

Änderungswunsch

Sehr geehrter Herr Hoffmann,

ich danke Ihnen für Ihre Anfrage und teile Ihnen mit, dass die gewünschten Änderungen am Kessel K 73/9 fristgerecht innerhalb 6 Wochen durchgeführt werden können. Mehrkosten durch die Änderungsarbeiten entstehen nicht, leider lässt sich aber eine materialbedingte Verteuerung nicht umgehen. Der Kessel wird dann DM --,-- kosten.

Ich erwarte Ihren Auftrag.

Mit freundlichem Gruß

Herbert Küster

Herbert Küster

sofort per Fax
übermitteln
20. Dez./ Ot

Geschäftsräume	Telefon	Telex	Kontoverbindungen	
Breite Str. 5 Lüneburg	(0 41 31) 2 14 92-0	2182117 heku d	Stadtsparkasse Lüneburg (BLZ 240 500 01) Konto-Nr. 1 030 925	Postbank Hamburg (BLZ 200 100 20) Konto-Nr. 19 10-201

Antwort auf Rückfrage

Fragen Sie bei dem Vorsitzenden des Vereins Herrn Dieter Berthold an, ob unter den veränderten Bedingungen 1000 Kassetten hergestellt werden sollen.

b) Herr Berthold sieht nach Rücksprache mit dem Vorstand keine Möglichkeit, 1000 Kassetten abzusetzen, wäre aber bereit unter den gleichen Bedingungen 750 Stück herstellen zu lassen.

Fragen Sie bei dem Tonstudio nach, ob der neue Preis auch bei dieser Stückzahl gelten könnte.

3. a) Die Kältetechnik GmbH in 95408 Bayreuth, Postfach 86 hat mit Schreiben vom 17. Juni . . die Bestellung der Schlachterei Dorrmann aus 96142 Hollfeld, Südring 65 über eine Kühlanlage angenommen und dem Auftrag die Nummer KA 87/Do gegeben. In der Fertigungsvorbereitung stellt sich heraus, dass bei der vorgegebenen Größe des Kühlraumes nur die gewünschte gleichmäßige Kühlung erreicht werden kann, wenn ein stärkeres Kühlaggregat und eine Luftumwälzanlage eingebaut werden, was gegenüber dem Kostenvoranschlag eine Verteuerung von 8% hervorruft.

Erkundigen Sie sich für die Kältetechnik GmbH bei Herrn Dorrmann, ob der Auftrag unter den o. g. Bedingungen durchgeführt werden soll.

b) Herr Dorrmann ist mit der Änderung einverstanden, befürchtet aber, dass durch die größere Anlage Kühlraum verloren geht.

Schreiben Sie an die Kältetechnik GmbH, dass der Auftrag in der geänderten Form durchgeführt werden kann, wenn die Kühlraumgröße beibehalten wird.

c) Sie sind Sachbearbeiter der Kältetechnik GmbH; Ihnen erklärt der Ingenieur zu dem Schreiben der Schlachterei Dorrmann, dass keine Raumeinbuße eintritt, da das Kühlaggregat an der Außenwand befestigt und die Luftumwälzung mittels kleiner Blechschächte, die an der Decke verlaufen, erreicht wird. Wenn mit dem Auftrag gleich begonnen werde, könnte der Einbau in ca. 14 Tagen durchgeführt werden.

Erstellen Sie über die Äußerung des Ingenieurs eine Aktennotiz (s. Seite 183), über deren Inhalt auch Herr Dorrmann zu unterrichten ist. (→118/2)

2.2 Der Nachfassbrief

Nicht jedes Angebot bringt gleich die gewünschte Bestellung. Es wäre aber falsch sich mit dieser Tatsache abzufinden. Deshalb soll man seine Bemühungen um eine Bestellung fortsetzen.

Nachfassen wird man besonders dann, wenn ein Kunde, der ein Angebot erbeten hatte, nicht bestellt. Dabei geht man in der Praxis unterschiedlich vor. Üblich ist der Besuch eines Vertreters; aber auch telefonisch setzt man sich mit dem Kunden in Verbindung. Schreiben wir dagegen einen **Nachfassbrief,** so wiederholen wir unser Angebot und weisen besonders auf die Vorzüge hin. Gegebenenfalls kann man durch ein Sonderangebot versuchen den Kunden für den Kauf der angebotenen Artikel zu gewinnen.

Wir versichern, dass wir alles tun werden um ihn zufriedenzustellen, seine Sonderwünsche zu erfüllen und ihm bei den Zahlungsbedingungen entgegenzukommen. Falls Unklarheiten vorliegen, werden wir den Besuch unseres Vertreters ankündigen.

Es empfiehlt sich Nachfassbriefe recht vorsichtig abzufassen, da sie sonst aufdringlich wirken können.

Aufbau und Inhalt des Nachfassbriefes

1. Hinweis auf das verlangte oder unverlangte Angebot
2. Bitte um Mitteilung der Gründe, warum eine Bestellung nicht erteilt wurde
3. Erneute Werbung

Textbausteine für den Nachfassbrief

Zu 1:
- *Am . . . fragten Sie nach . . .*
- *Auf Ihre Anfrage vom . . . über . . . schickten wir Ihnen ein Angebot.*
- *Auf unser Angebot über . . . haben Sie leider nicht geantwortet.*
- *Vergeblich warten wir bisher auf Ihre Bestellung auf Grund unseres Angebotes vom . . .*

Zu 2:
- *Hat Ihnen unser Angebot nicht zugesagt?*
- *Wir nehmen an, dass Sie sich noch nicht entschließen konnten, weil Sie die Neuheiten der . . . Messe abwarten wollen.*
- *Vielleicht haben Sie unter den angebotenen Artikeln noch nicht das Richtige gefunden.*

Zu 3:
- *Deshalb bieten wir Ihnen heute etwas sehr Günstiges an: . . .*
- *Erst vor wenigen Tagen haben wir einige neue Modelle hereinbekommen.*
- *Wir haben uns Gedanken gemacht, welcher Artikel sich für Ihre Zwecke besonders eignen könnte.*

Textbeispiel: Nachfassbrief

Erstklassige Skiausrüstungen

Sehr geehrter Herr Weißhaupt,

mit Bedauern stellen wir fest, dass Sie in letzter Zeit nicht mehr bei uns gekauft haben. Wir können uns aber nicht vorstellen Sie durch fehlerhafte Lieferung oder Bedienung enttäuscht zu haben. Sollte dies dennoch der Fall sein, so geben Sie uns die Chance diesen Mangel zu beseitigen.

Für die kommende Skisaison steht Ihnen in unseren Verkaufsräumen ein großes Angebot an erstklassigen Skiausrüstungen zur Verfügung. Zur besseren Information schicken wir unseren umfassenden Katalog mit.

Wir hoffen bald von Ihnen zu hören.

Mit freundlichen Grüßen *Anlage*

Scholtemann & Möckel

Nachfassbrief

1. (← 82/3) Auf Ihr ausführliches Angebot hat der Kunde Bogerd & Co. nicht geantwortet.
Wenden Sie sich deshalb nochmals an ihn, erneuern Sie das Angebot und versuchen Sie ihn von der Qualität der Waren und der Leistungsfähigkeit der Elektrovertriebsgesellschaft zu überzeugen.

2. (← 82/4) Die Elektronik-Vertriebs-GmbH hat auf Ihr Angebot nicht geantwortet. Fragen Sie deshalb im Auftrag des Großhandels für Elektrobedarf nach, ob die verschickten Unterlagen den Vorstellungen nicht entsprachen; fügen Sie dem Brief die neuesten Fernseh- und Rundfunkprospekte bei und verweisen Sie nochmals auf die günstigen Zahlungs- und Lieferbedingungen.

3. Der langjährige Kunde, das Hotel Rhönblick in 36129 Gersfeld, Fuldaufer 17 hatte bisher seine Großeinkäufe beim Lebensmittelgroßmarkt in 36012 Fulda, Postfach 12 getätigt. Seit einem halben Jahr bleiben Aufträge aus, obwohl nach Auskunft des Reisenden das Hotel guten Zuspruch erfährt. Die Geschäftsleitung beschließt deshalb, durch ein Schreiben zu erkunden, ob und welche Gründe für das Ausbleiben der Bestellungen vorliegen. Gleichzeitig soll deutlich gemacht werden, dass eine große Bereitschaft vorliegt, Unstimmigkeiten abzubauen und die Geschäftsbeziehung zu erneuern.
Schreiben Sie diesen Brief.

4. Die Karosseriewerkstatt Horstmann KG in 35390 Gießen, Alsfelder Straße 5 hat durch die Eröffnung eines gleichen Betriebes Konkurrenz bekommen, der Auftragseingang ist spürbar zurückgegangen.
Entwerfen Sie deshalb einen Brief, der an die bisherige Kundschaft gerichtet werden soll und in dem Sie werbewirksam an die besondere Leistungsfähigkeit der Werkstatt erinnern.
Heben Sie als neuestes Leistungsangebot die kostenlose Untersuchung der Fahrzeuge zur Aufdeckung von Mängeln an Fahrgestell und Aufbau hervor und erinnern Sie an das umfangreiche Programm zur Wintervorsorge.

2.3 Der Kunde widerruft seine Bestellung

Wenn ein Kunde seine Bestellung ändern oder zurückziehen möchte, kann er sie widerrufen. Rechtlich wirksam ist das allerdings nur dann, wenn der **Widerruf** früher als die Bestellung oder **spätestens gleichzeitig mit der Bestellung** beim Lieferer eintrifft, damit dieser nicht unnötig Maßnahmen zur Vertragserfüllung ergreift. Deshalb wird man den Widerrruf als Telefax versenden und dabei die Gründe für sein Verhalten genau angeben und sich entschuldigen, vielleicht auch eine andere Bestellung vornehmen oder ankündigen.

Erhält der Lieferer den Widerruf erst nach dem Eingang der Bestellung, so hängt es von ihm ab, ob er sich mit dem Widerruf der Bestellung einverstanden erklärt. In den meisten Fällen wird er es tun um den Kunden nicht zu verlieren. Vielleicht gelingt es ihm auch die Bedenken des Kunden zu zerstreuen und ihn zu veranlassen die Bestellung aufrechtzuerhalten.

Aufbau und Inhalt des Widerrufs

1. Hinweis auf die Bestellung
2. Begründung des Widerrufs
3. Entschuldigung
4. Berücksichtigung bei späterem Bedarf

Textbausteine

Zu 1:
- *Leider müssen wir unsere Bestellung vom . . . widerrufen.*
- *Unsere Bestellung vom . . . können wir leider nicht aufrechterhalten.*
- *Wir bestellten . . . am . . .; dabei ist uns leider ein Fehler unterlaufen.*

Zu 2 + 3:
- *Unser Kunde war gezwungen seine Bestellung bei uns zurückzuziehen.*
- *Wir sind leider nicht in der Lage die Ware anderweitig abzusetzen.*
- *Durch kurzfriste Umstellung unserer Produktion können wir das bestellte Material nicht mehr verwenden.*

Zu 4:
- *Für Ihr Entgegenkommen wären wir Ihnen sehr dankbar.*
- *Bei einem späteren Bedarf werden wir uns wieder an Sie wenden.*
- *Wir werden Sie bald durch eine neue Bestellung entschädigen.*

Widerruf

1. Das Schuhgeschäft G. Schmidt in 23795 Bad Segeberg, An der Trave 16 bestellt am 12. März . . . beim Schuhgroßhandel Gebrüder Melchert in 24755 Rendsburg, Postfach 1 47 verschiedenes Schuhwerk, darunter auch Reitstiefel, Kat.-Nummer 16/347, Größe 46 für --,-- DM, wofür ein spezieller Kundenauftrag vorliegt. Tags darauf erklärt dieser Kunde, dass er aus gesundheitlichen Gründen auf den Reitsport verzichten muss und deshalb die Stiefel nicht mehr benötigt.
Widerrufen Sie deshalb unverzüglich diesen Teil der Bestellung.

2. Herr Kurt Strohmeyer, der eine Bauklempnerei in 49610 Quakenbrück, An der Hase 9 betreibt, bestellt am 7. Sept. . . . beim Eisenwarengroßhandel Scheer & Sohn in 49074 Osnabrück, Wallstraße 6 für die Erneuerung einer Heizungsanlage umfangreiches Material. Nach 4 Tagen erfährt Herr Strohmeyer, dass der Kunde zahlungsunfähig geworden ist.
a) Schreiben Sie für Herrn Strohmeyer an die Eisenwarengroßhandlung einen Brief, in dem Sie die Bestellung aus den genannten Gründen widerrufen.
b) Antworten Sie für die Eisenwarengroßhandlung Scheer & Sohn, dass Sie trotz des Ablaufs der Widerspruchsfrist die Bestellung stornieren, doch bei anderer Gelegenheit mit einem Auftrag rechnen.

3. Die Kartonagenfabrik Bierau KG in 38700 Braunlage, Wernigeroder Straße 14 bestellt am 23. Juni . . . bei der Norddeutschen Papierrollenfabrik Kopp GmbH, 29209 Celle, Postfach 2 35, 20 Rollen Wellpappe, mittelwellig, 5-fach, zur Herstellung von Versandverpackung. Am nächsten Tag entdecken Sie, dass nur 3-fache Wellpappe, von der noch genug auf Lager ist, verlangt war.
Widerrufen Sie die Bestellung durch Telefax.

4. Zur Ergänzung des Büromaterials bestellten Sie am 16. Aug. . . . bei der Großhandlung für Bürobedarf mbH in 54212 Trier, Postfach 4 verschiedenes Material; die Bestellung wurde am 22. Aug. . . . bestätigt, darunter auch 51 Locher der Art.-Nummer 06-567. Sie stellen fest, dass diese Stückzahl durch einen Zahlendreher bei Ihrer Bestellung entstanden ist, tatsächlich aber nur 15 Locher benötigt werden.
a) Widerrufen Sie diesen Teil der Bestellung.
b) Von der Großhandlung für Bürobedarf mbH erhalten Sie zur Antwort, dass die Widerspruchsfrist abgelaufen und die Ware in dem Umfange abzunehmen ist. Überdenken Sie nochmals den Sachverhalt und schreiben Sie entsprechend an den Großhandel.

VON:+49-2351-224155 AN:0231-45378 19..-05-04 12:42 KÖHLER&CO

Max Köhler & Co.
Elektrogroßhandel

Max Köhler, Postfach 25, 54861 Lüdenscheid

Sieber-Werke
Hafenstr. 5

44135 Dortmund

Ihr Zeichen, Ihre Nachricht vom	Unser Zeichen, unsere Nachricht vom	Telefon,Name (0 23 51) 22 41-	Datum
m-k ..-04-15	o-3 ..-05-03	246 Frau Otterbein	..-05-04

Widerruf unserer Bestellung über Heizspiralen

Sehr geehrte Damen und Herren,

wir sind leider gezwungen unsere Bestellung über

500 Stück Chromnickel-Heizspiralen, 700 Watt,
Art.-Nr. 23/456

zu widerrufen.

Unser Kunde, für den wir diese Heizspiralen beschaffen wollten, hat kurzfristig seine Bestellung geändert und wünscht nun Heizspiralen einer Ausführung, von der wir noch genug auf Lager haben.

Mit freundlichen Grüßen

Max Köhler & Co.

Cornelia Otterbein

Cornelia Otterbein

Geschäftsräume	Telefon	Telex	Telefax	Kontoverbindungen	Postbank Köln	USt-IDNr.DE
Hagener Str. 7 Lüdenscheid	(0 23 51) 22 41-1	826901 koco d	(0 23 51) 22 41 55	Volksbank Lüdenscheid (BLZ 458 600 33) Konto-Nr. 442 119	(BLZ 370 100 50) Konto-Nr. 135620-505	258 611421

Widerruf einer Bestellung

2.4 Der Lieferer lehnt es ab die Bestellung auszuführen

Nicht jede Bestellung wird angenommen. Der Lieferer wird zwar versuchen möglichst alle Kunden zufrieden zu stellen, jedoch wird er mitunter eine Bestellung ablehnen müssen. Der Lieferer darf ablehnen, wenn eine Bestellung verspätet eintrifft oder wenn in der Bestellung die Angaben seines Angebots geändert wurden.

Er ist auch berechtigt, Bestellungen auf unverbindliche Angebote nicht auszuführen oder Bestellungen abzulehnen, die ohne ein vorangegangenes Angebot erteilt wurden. Dabei sollte der Lieferer dem Partner seine Ablehnung grundsätzlich mitteilen, weil in bestimmten Fällen Schweigen als Annahme gilt.

Bestellungen, die rechtzeitig auf ein festes Angebot eintreffen und mit ihm vollkommen übereinstimmen, dürfen nicht abgelehnt werden, weil der Lieferer an sein Angebot gebunden ist.

Nur dann wird ein Lieferer eine Bestellung ablehnen, wenn die Ware nicht mehr geliefert werden kann oder wenn die Preise gestiegen sind. Wurde das Angebot vom Kunden eigenmächtig geändert, so wird der Lieferer die Abweichungen prüfen und nur dann die Bestellung ablehnen, wenn die geänderten Bedingungen für ihn untragbar sind. Falls er ablehnen muss, wird er sein Bedauern ausdrücken und sein Verhalten begründen. Er wird versuchen seinem Kunden durch ein neues Angebot entgegenzukommen.

Aufbau und Inhalt der Ablehnung

1. Dank für die Bestellung
2. Ablehnung
3. Begründung
4. Neues Angebot

Textbausteine

Zu 1:
- Wir danken Ihnen für Ihre Bestellung . . .
- Sie hatten sich für . . . entschieden.
- Außer den . . ., die wir Ihnen heute zuschicken, bestellten Sie noch . . .

Zu 2:
- Leider können wir die gewünschten . . . nicht liefern.
- Zu unserem Bedauern ist es uns nicht möglich, . . .
- Die von Ihnen bestellten . . . führen wir schon seit einigen Monaten nicht mehr.

Zu 3:
- Unser Angebot war bis zum . . . befristet.
- Nur bis zum . . . konnten wir zu den angegebenen Preisen liefern.
- Wir sind mit unserer Rohstoffversorgung von ausländischen Lieferern abhängig.
- Wir hatten nur eine kleine Menge . . . auf Lager; deshalb boten wir unverbindlich an.

Zu 4:
- Wir bieten Ihnen das neue Modell . . . an.
- Statt der gewünschten . . . empfehlen wir Ihnen . . .
- Der beiliegende Prospekt informiert Sie anschaulich über . . .

GLAS PORZELLAN
ROMEIS
Christian Romeis • Großhandel

Christian Romeis, Postfach 43 13, 70445 Stuttgart

Haus der Geschenke
Waldenbrand & Ehre
Stuttgarter Str. 43

73033 Göppingen

Ihr Zeichen, Ihre Nachricht vom	Unser Zeichen, unsere Nachricht vom	Telefon,Name (07 11) 47 53 11-	Datum
w-z ..-03-21	r-u	17 Frau Rudolf	..-03-24

Neues Angebot über Keramikschalen

Sehr geehrte Frau Wißmann,

ich danke Ihnen für Ihre Bestellung über

> 25 Stück Keramikschalen Nr. 43 oval, grün mit Goldrand, zu --,-- DM je St.

Leider kann ich diese Bestellung nicht mehr ausführen, weil mein Lager geräumt ist. Ich hatte nur einen verhältnismäßig kleinen Posten einkaufen können und die Schalen meinen Kunden deshalb unverbindlich angeboten. In absehbarer Zeit werde ich diese Sorte auch nicht mehr bekommen; es war ein Restposten, den ich günstig übernehmen konnte.

Statt der gewünschten Schalen empfehle ich Ihnen ähnliche, Katalog-Nr. 45. Sie sind in der Farbtönung denen der Nr. 43 fast gleich, jedoch mit einem Goldbandmuster verziert und rund. Sie haben einen Durchmesser von 38 cm und kosten je St. --,-- DM.

Wenn Sie diese Schalen haben möchten, dann zögern Sie bitte nicht, sondern bestellen Sie möglichst sofort, weil dieser Artikel zur Zeit viel verlangt wird.

Ich würde mich freuen eine Bestellung von Ihnen zu erhalten.

Mit freundlichen Grüßen

Christian Romeis

Christian Romeis

Geschäftsräume Weinstiege 7 Stuttgart | Telefon (07 11) 47 53 11-0 | Telex 722831 rom d | Telefax (07 11) 47 58 20 | Kontoverbindungen Deutsche Bank Stuttgart (BLZ 600 700 70) Konto-Nr. 5 050 693 | Postbank Stuttgart (BLZ 600 100 70) Konto-Nr. 5476 42-603

Ablehnung einer Bestellung und neues Angebot

Ablehnung einer Bestellung

1. Von der Firma Autozubehör Z. Rudolf aus 35390 Gießen, Steinberger Weg 3 liegt Ihnen eine Bestellung über 10 Bürodrehstühle, Katalog-Nr.1316 vor. Der Kunde beabsichtigt nach der Renovierung seiner Büroräume die alten Holzstühle auszutauschen. Die gewünschten Drehstühle werden aber nicht mehr geführt, statt dessen gibt es den Drehstuhl Nr.1326 mit verbesserter Höhenverstellung und einem Untergestell mit fünf Auslegern. Diese Ausführung entspricht der Norm DIN 4551 und ist in sechs verschiedenen Ausführungen im neuesten Katalog dargestellt.
Schreiben Sie an die Firma Autozubehör Z. Rudolf und teilen Sie diesen Sachverhalt mit.

2. Die Fotogroßhandlung E. Erdmann in 90103 Nürnberg, Postfach 4 56 hat dem Fotofachgeschäft B. Riedel in 86854 Amberg, Kirchweg 9 auf Wunsch eine einfache Fotoausrüstung zusammengestellt und mit --,-- DM angeboten. Die Lieferzeit war mit drei Wochen angegeben, bei Abnahme von 20 Ausrüstungen werden 6% Rabatt gewährt; der Skontosatz beträgt bei Zahlung innerhalb 10 Tagen 2%. Das Fotofachgeschäft B. Riedel bestellt am 29. Aug. . . 15 Fotoausrüstungen zum angebotenen Preis, lieferbar in 14 Tagen.
Übernehmen Sie die Beantwortung des Schreibens.

3. Bei der Werkzeugmaschinen GmbH H. Sundermann in 78516 Tuttlingen, Postfach 1 06 geht von der Blechformerei D. Kreutzer aus 88512 Mengen, Ostrachweg 27 a ein Auftrag zur Herstellung einer hydraulischen Maschinenschere für Bleche bis zu 3 mm ein. Da der Markt hierfür aber ein breites Angebot serienmäßig gefertigter Maschinen bereithält, wurde dieser Maschinentyp aus dem Programm gestrichen.
Schreiben Sie an die Blechformerei D. Kreutzer.

4. Sie arbeiten im Verkauf beim Dachdeckerbedarf A. Weidemann & Co. in 42811 Remscheid, Postfach 245. Am 24. Juni . . erhalten Sie die Bestellung des Dachdeckermeisters M.Trenker, 42897 Remscheid, Hoftorstraße 106, der verschiedene Dachbaustoffe im Gesamtwert von 8.420,00 DM zur sofortigen Lieferung wünscht. Da gegen diesen Kunden Außenstände von insgesamt 23.800,00 DM vorliegen, die z. T. schon fällig sind und angemahnt wurden, erhalten Sie die Anweisung, die Bestellung abzulehnen, es sei denn, dass der Kunde die überfälligen Rechnungen unverzüglich ausgleicht oder aber für die neue Lieferung besondere Sicherheiten bietet.

2.5 Die Ware wird beanstandet – die Mängelrüge

Nachdem der Kunde die bestellte Ware erhalten hat, muss er sie **unverzüglich,** d. h. ohne schuldhaftes Verzögern, **prüfen.** Die Prüfung erstreckt sich auf Art, Menge, Beschaffenheit der Ware; jede Abweichung von der Bestellung ist ein Mangel. Die entdeckten Mängel muss der Kunde dem Lieferer unverzüglich durch eine **Mängelrüge,** auch **Beanstandung** oder **Reklamation** genannt, mitteilen. Der Kunde wird in der Regel durch die mangelhafte Ausführung seiner Bestellung verärgert sein. Das darf aber den Ton des Briefes nicht beeinträchtigen. Es ist empfehlenswert, im Brief nicht nur für den Lieferer Unangenehmes mitzuteilen, sondern auch Erfreuliches zu erwähnen, z. B. pünktliche Lieferung, gute Ausführung des nicht beanstandeten Teiles der Lieferung u. a.

In der Mängelrüge müssen die Fehler genau beschrieben oder gar durch Proben oder Skizzen belegt werden. Mit allgemeinen Redensarten, wie *„Ich bin über die gelieferte Ware sehr enttäuscht und kann sie nicht gebrauchen“* oder *„Die Ware ist mangelhaft“* kann der Lieferer nichts anfangen.

Wird die Mängelrüge rechtzeitig abgeschickt, so hat der Kunde die Wahl zwischen folgenden **Rechten**:

1. Er kann **Wandlung** verlangen.
Der Kaufvertrag wird rückgängig gemacht; die Lieferung geht zurück und die Ware wird bei einem anderen Lieferer gekauft.

2. Er fordert **Minderung.**
Wenn die Ware trotz des Mangels bei entsprechender Preisherabsetzung noch verkauft werden kann, wird der Kunde eine Preisminderung verlangen.
Kann der Mangel durch Nacharbeit behoben werden, dann deckt die gewünschte Preisminderung den Reparaturaufwand.

3. Er verlangt **Umtausch.**
Handelt es sich um vertretbare Sachen (Gattungswaren), so kann der Kunde die Lieferung mangelfreier Ware verlangen, die beanstandete Sendung stellt er dem Lieferer zur Verfügung.

4. Er verlangt **Schadenersatz.**
Dieses Recht hat der Kunde jedoch nur, wenn eine bestimmte Eigenschaft vertraglich zugesichert war oder der Fehler arglistig verschwiegen wurde:
- Besitzt eine Ware nicht die Eigenschaft, die sie auf Grund von Gütezeichen oder Beschreibungen haben müsste, so liegt das Fehlen dieser Eigenschaft vor.
- Die Ware besitzt nicht die Qualität, wie sie auf Grund einer Probe ausdrücklich festgelegt war.
- Es liegt arglistige Täuschung vor, wenn der Verkäufer auf Befragen des Kunden einen Mangel, der ihm bekannt ist, verschweigt.

Bei **versteckten Mängeln** ist unter Kaufleuten eine **Beanstandungsfrist von 6 Monaten** gesetzlich vorgeschrieben. Hierzu gehören später festgestellte Mängel aus Massensendungen, bei deren Empfang man nur Stichproben zu machen braucht, oder Mängel, die zunächst nicht feststellbar waren, z. B. verdorbene Waren in Packungen oder Dosen. Diese Mängel müssen sofort nach ihrer Feststellung mitgeteilt werden.

Bemerkungen auf Rechnungen, z. B. *„Reklamationen werden nur innerhalb acht Tagen nach Empfang der Ware berücksichtigt“* gelten nur dann, wenn sie bereits im Kaufvertrag enthalten sind.

Bis die Beanstandung geklärt ist, muss der Kunde die Ware mit der „Sorgfalt eines ordentlichen Kaufmanns“ aufbewahren; er darf die bemängelte Ware also nicht ohne weiteres zurückschicken.

Oft ist es nicht ratsam in der Mängelrüge sofort ein Recht geltend zu machen. Man überlässt es zunächst dem Lieferer zu dem Fall Stellung zu nehmen und erwartet dessen Vorschläge.

Der Lieferer prüft die Beanstandung genau. Stellt er fest, dass sie berechtigt ist, erkennt er sie an, erklärt dem Kunden die Fehlerursache und entschuldigt sich. Er wird auf die Vorschläge des Kunden eingehen oder eigene machen. „Lahme Ausreden“ hinterlassen einen schlechten Eindruck und unzufriedene Kunden. Sind die Beanstandungen unberechtigt, weist der Lieferer sie höflich zurück und begründet seinen Standpunkt.

Aufbau und Inhalt der Mängelrüge

1. Bestätigung des Eingangs und Prüfung der Ware
2. Mängel genau angeben
3. Um Stellungnahme bitten oder ein Recht geltend machen

Textbausteine der Mängelrüge

Zu 1:
- *Wir danken für die pünktliche Lieferung der Ware, mussten aber feststellen, dass . . .*
- *Bei Überprüfung Ihrer Warensendung fiel mir auf, dass . . .*
- *Die heute eingetroffene Ware kann ich in diesem Zustand nicht verwenden, weil . . .*

Zu 2:
- *In den einzelnen Packungen fehlen . . .*
- *Die Bohrungen sind zu groß, deshalb . . .*
- *. . . sind so nachlässig verarbeitet, dass . . .*

Zu 3:
- *. . . kann in diesem Zustand nicht verwendet und muss daher ersetzt werden.*
- *. . . muss ich Sie leider um Ersatz des Schadens bitten.*
- *. . . ließe sich bei einem Preisnachlass von --,-- DM noch verkaufen.*

Textbeispiel: Mängelrüge

Beanstandung der gelieferten Fischpastete

Sehr geehrte Damen und Herren,

mit Ihrer Sendung Fischpastete, die heute morgen eingetroffen ist, bin ich nicht zufrieden. Die Pastete schmeckt so tranig, dass ich nicht glauben kann, sie sei, wie auf den Dosen angegeben ist, aus frischem Dorsch und Seelachs hergestellt worden. Außerdem ist sie ungewöhnlich salzig.

Um meine Kunden nicht zu verlieren stelle ich Ihnen die Ware zur Verfügung.

Mit freundlichen Grüßen

Willi Obenaus

(Antwortbrief auf Seite 112)

Aufbau und Inhalt der Antwort auf die Mängelrüge

1. Hinweis darauf, dass die Angelegenheit sorgfältig geprüft wurde
2. Einwände richtigstellen oder Mängel anerkennen
3. Den Wünschen nachkommen oder eigenen Vorschlag machen

Textbausteine der Antwort auf die Mängelrüge

Zu 1 + 2:
- *. . . ist die Beanstandung leider berechtigt.*
- *Nach genauer Überprüfung stellten wir keinerlei Mängel fest und glauben deshalb, dass . . .*
- *. . . ist uns unverständlich, wie dieser Fehler entstehen konnte.*

Zu 3: – *. . . werden wir selbstverständlich auf unsere Kosten beseitigen.*
– *. . . kann ich nicht anerkennen, weil hier eindeutig ein Bedienungsfehler vorliegt.*
– *. . . nehme ich zurück und sende Ihnen umgehend Ersatz.*

Mängelrüge

1. Gebrüder Mühlmeier, ein Einrichtungshaus in 34346 Hann Münden, Weserstraße 7 hatten am 20. April . . bei der Kunstschlosserei Max Schellhorn KG in 37073 Göttingen, Weender Straße 8 mehrere Garnituren Gartenmöbel bestellt, die Auslieferung erfolgte am 25. Mai . . Beim Auspacken stellt sich heraus, dass bei 5 Stühlen die Verpackung am Lack kleben bleibt und ohne Zerstörung des Anstriches nicht entfernt werden kann. Bei 3 Stühlen ist der Anstrich sehr unregelmäßig. In diesem Zustand sind die Stühle nicht zu verkaufen. Bei einem entsprechenden Preisnachlass könnten sie in der eigenen Werkstatt überarbeitet werden.
a) Schreiben Sie in diesem Sinne an die Kunstschlosserei eine Mängelrüge.
b) Die Max Schellhorn KG ist mit dieser Lösung einverstanden und schlägt einen Nachlass von 6% je Stuhl vor. Schreiben Sie an die Gebrüder Mühlmeier.

2. Antworten Sie im Auftrag von Wißmann & Co. auf die Mängelrüge der Drogerie Wertmann & Braun (s. Schreiben auf Seite 111).

3. a) Sie hatten im Auftrag der Glaswerkstätten Knorr, 64807 Dieburg, Am Posthof 36, 40 Paar Ersatzgläser, Best.-Nr. 922-3, für die Schutzbrillen aus Kunststoff, Best.-Nr. 922-1, bei der Firma Profi-Technik in 64245 Darmstadt, Postfach 3 46 bestellt; die Gläser kamen als Postnachnahme drei Tage später. Leider stellte sich heraus, dass sie weder der Form noch der Größe nach in die Schutzbrillen passen. Schreiben Sie eine entsprechende Mängelrüge an die Firma Profi-Technik.
b) Bei der Profi-Technik in Darmstadt wird festgestellt, dass Gläser der falschen Bestellnummer geliefert wurden. Als Ursache für dieses Versehen wird vermutet, dass der Lagerarbeiter aus Gewohnheit die gängigen Ersatzgläser entnommen hat, denn die bestellten Gläser gehören zu einer veralteten und daher recht selten gewünschten Brillenart. Die bestellten 40 Paar Ersatzgläser sind gerade noch lieferbar. Es ist ratsam sich auf die modernen Schutzbrillen umzustellen.
Beantworten Sie nach diesem Sachverhalt die Mängelrüge.

4. (← 94/2) a) Gemäß Lieferanzeige der Firma Sport-Heinemann sind die gewünschten Artikel beim Sporthaus Mohrfeld eingetroffen. Bei der Wareneingangskontrolle werden folgende Mängel festgestellt:
- 3 Handbälle entsprechen nicht der Größe aller anderen Handbälle, es wird eine Abweichung von der Bestellnummer vermutet.
- Bei 2 Fußbällen ist das Luftventil verklebt, es besteht die Gefahr, dass beim Aufblasen durch den Kleberest das Ventil nicht mehr richtig schließt.
- Es fehlt eine Dose Ballfett.

Der Einkäufer beim Sporthaus Mohrfeld ist mit dieser Lieferung unzufrieden und beauftragt Sie eine Mängelrüge zu schreiben und darin alles Weitere zu veranlassen.
b) Bei der Firma Sport-Heinemann herrscht schon seit 14 Tagen eine erhebliche Unruhe: zwei eingearbeitete und daher schwer zu ersetzende Mitarbeiter fehlen wegen eines Autounfalls; außerdem sind die Arbeitsverhältnisse im Lager durch die Folgen eines Rohrbruches noch immer stark beeinträchtigt.
Beantworten Sie die Mängelrüge des Sporthauses Mohrfeld. Die Ersatzlieferung ist bereits unterwegs; die beanstandeten Bälle können entweder kostenfrei zurückgeschickt oder zu einem Sonderpreis von --,-- DM behalten werden.

Wertmann & Braun **Bären Drogerie**

Wertmann & Braun, Postfach 725, 55042 Mainz

Wißmann & Braun
Am alten Tore 15

90475 Nürnberg

Ihr Zeichen, Ihre Nachricht vom	Unser Zeichen, unsere Nachricht vom	Telefon,Name (0 61 31) 6 40 02	Datum
we-b ..-12-06	be-h ..-11-25	Frau Becker	..-12-15

Bitte um Schadenersatz

Sehr geehrte Damen und Herren,

wir hatten ausdrücklich

Kerzenhalter mit Kugelgelenk

bestellt, deren Lieferung Sie uns zusagten. Wir waren daher sehr enttäuscht, als heute Ihre Sendung mit gewöhnlichen fest stehenden Kerzenhaltern eintraf, von denen wir noch genug auf Lager haben.

Wegen der Kürze der Zeit mussten wir uns hier am Ort eindecken. Wir legen Ihnen eine Rechnungsabschrift bei. Für den Unterschied zwischen Ihrem Listenpreis und dem hier gezahlten Preis machen wir Sie in Höhe von --,-- DM ersatzpflichtig und bitten Sie uns den Betrag gutzuschreiben.

Die beanstandete Sendung Kerzenhalter steht zu Ihrer Verfügung.

Mit freundlichen Grüßen

Wertmann & Braun

M. Braun

Marion Braun

Anlage
Rechnungsabschrift

Geschäftsräume Wiesbadener Str. 7 Mainz | Telefon (0 61 31) 6 40 02 | Telex 4187549 webr d | Telefax (0 61 31) 6 40 10 | Kontoverbindungen Mainzer Volksbank (BLZ 551 900 00) Konto-Nr. 233 148 | Postbank Frankfurt (BLZ 500 100 60) Konto-Nr. 428 80-602

Mängelrüge (Schadenersatz)

Norddeutsche Konservenfabrik **BOSSE**

Norddeutsche Konservenfabrik Bosse, Postfach 123, 24025 Kiel

Einschreiben

Feinkosthaus
Willi Obenaus
Zollhausstr. 3

21335 Lüneburg

Telefax	Telex
(04 31) 33 87- 344	22987-4 kons d

Ihr Zeichen, Ihre Nachricht vom	Unser Zeichen, unsere Nachricht vom	Telefon,Name (04 31) 33 87-	Datum
ob-tz ..-10-13	33-he ..-10-09	312 Herr Lobmann	..-10-15

Sehr geehrter Herr Obenaus,

ich bin über Ihre Beanstandung meiner Sendung Fischpastete sehr erstaunt. In meinem Unternehmen werden nur tadellose Fische verarbeitet. Die Pastete enthält fangfrischen Dorsch und Seelachs, wie auf den Dosen verzeichnet ist. Es ist daher gänzlich ausgeschlossen, dass die Pastete tranig schmecken kann.

Mein Betrieb wird ständig durch einen vereidigten Nahrungsmittelchemiker überwacht. Somit ist die Gewähr gegeben, dass meine Kundschaft stets mit einwandfreier Ware beliefert wird. Meine Produkte sind allgemein beliebt.

Die Fischpastete muss stark gesalzen sein, da das Salz für eine längere Konservierung der Pastete notwendig ist.

Die tadellosen und hochwertigen Fische, die für die Pastete verarbeitet werden, machen unsere Delikatesspastete derart gehaltvoll, dass schon eine ganz kleine Menge für einen wohlschmeckenden und vitaminreichen Aufstrich genügt.

Ich kann Ihre Reklamation nicht anerkennen und muss darauf bestehen, dass Sie die Sendung abnehmen.

Mit freundlichen Grüßen

Norddeutsche Konservenfabrik Bosse

R. Bosse

Renate Bosse

Geschäftsräume	Telefon	Telex	Telefax	Spar- u. Leihkasse	Postbank Hamburg	USt-IDNr.DE
Hamburger Str. 85 Kiel	(04 31) 33 87-1	292987-1 kons d	(04 31) 33 88 88	(BLZ 210 501 70) Konto-Nr. 253 545	(BLZ 200 100 20) Konto-Nr. 751 01-202	512 768 321

Ablehnung einer Mängelrüge

2.6 Die Lieferung lässt auf sich warten – der Lieferungsverzug

Wird bei einer Bestellung der Liefertermin nicht festgelegt, dann erwartet der Kunde die Ware nach einer handelsüblichen Lieferzeit. Wurde bis zu diesem Zeitpunkt die Ware nicht geliefert, muss der Kunde den Lieferer mahnen; durch die Mahnung gerät der Lieferer in Verzug **(Lieferungsverzug),** sofern er die Nichtlieferung zu vertreten hat, d. h. an ihr schuld ist.

Welche **Rechte** ergeben sich aus dem Lieferungsverzug für den Käufer?

1. Er kann weiterhin **Erfüllung des Vertrages verlangen,** also Lieferung. Zusätzlich aber darf er Schadenersatz infolge des Verzuges fordern.

2. Er kann dem Lieferer eine **angemessene Nachfrist setzen** und ankündigen, dass er nach Ablauf der Frist die Annahme der Lieferung ablehnt. Erfüllt der Lieferer innerhalb der Nachfrist, kann der Käufer trotzdem Schadenersatz verlangen.

3. Nach Ablauf der Frist kann er die Lieferung ablehnen und **Schadenersatz wegen Nichterfüllung verlangen oder vom Vertrag zurücktreten.** Einen Anspruch auf Lieferung hat er dann nicht mehr.

Aufbau und Inhalt des Briefes bei Lieferungsverzug

1. Hinweis auf die Bestellung mit Angabe des Liefertermins
2. Dringlichkeit der Lieferung begründen
3. Bitte um Lieferung; Nachfrist setzen
4. Hinweis auf die Konsequenzen, wenn die Nachfrist nicht eingehalten wird

Textbausteine

Zu 1:
- *Am . . . hatten wir . . . bestellt und um Lieferung bis zum . . . gebeten.*
- *Wir hatten uns fest darauf verlassen, dass Sie uns die am . . . bestellte Ware zum vereinbarten Termin schicken würden.*
- *Unsere Bestellung vom . . . haben Sie bestätigt und Lieferung bis zum . . . fest versprochen.*

Zu 2:
- *Uns liegt sehr viel daran, dass der Termin eingehalten wird, weil wir unserem Kunden die Lieferung fest zugesagt haben.*
- *Die Ware brauchen wir dringend für . . .*
- *Auf Grund Ihrer festen Zusage habe ich selbst pünktliche Lieferung zugesagt.*

Zu 3:
- *Wir setzen Ihnen eine Nachfrist bis zum . . .*
- *Bitte liefern Sie umgehend.*
- *. . . gehen wir davon aus, dass Sie unverzüglich liefern werden um die Folgen eines Lieferungsverzuges zu vermeiden.*
- *Ich erwarte deshalb, dass Sie die Ware bis zum . . . abschicken.*

zu 4:
- *Sollten wir bis zum . . . nicht im Besitz der Ware sein, . . .*
- *. . . behalten wir uns Schadenersatzforderungen vor.*
- *. . . werden wir uns anderweitig eindecken.*
- *. . . verzichten wir auf die Lieferung.*
- *Schadenersatzansprüche werden wir aber geltend machen.*

Textbeispiel: Lieferungsverzug (Mahnschreiben ohne Nachfrist)

Bitte um sofortige Lieferung der Entsafter

Sehr geehrte Damen und Herren,

wir haben 100 Entsafter „Regina“ Nr. 3754 zu --,-- DM je St. bestellt und um baldige Lieferung gebeten.

Leider sind die Haushaltsgeräte bis heute nicht eingetroffen. Wir brauchen sie dringend und bitten Sie daher sofort zu liefern.

Mit freundlichen Grüßen

Friese & Holderbaum

Textbeispiel: Lieferungsverzug (Mahnschreiben mit Nachfrist)

Nochmalige Bitte um Lieferung der Entsafter

Sehr geehrte Damen und Herren,

noch immer warten wir auf die Lieferung der am 5. Mai bestellten 100 Entsafter „Regina „ Nr. 3754 zu --,-- DM je St.

Wir bitten Sie deshalb heute nochmals die Haushaltsgeräte unverzüglich abzuschicken. Sollte die Ware bis zum 10. Juni nicht eingetroffen sein, verzichten wir auf Ihre Lieferung und werden uns bei einem Konkurrenzunternehmen eindecken.

Mit freundlichen Grüßen

Friese & Holderbaum

Lieferungsverzug

1. a) Das Textilkaufhaus Brinkmann & Söhne in 66933 Pirmasens, Postfach 23 16 hatte bei der Aachener Weberei AG, 52028 Aachen, Postfach 23 71 am 13. Juni . . eine Sendung Bettgarnituren bestellt; mit der Bestellungsannahme vom 18. Juni . . wurde die Lieferung zum 25. Juni . . zugesagt.
Am 27. Juni . . beauftragt Sie die Einkaufsleiterin, die Aachener Weberei AG zu mahnen, die bestellten Bettgarnituren sofort zu liefern, da die Ware zur Lagerauffüllung dringend benötigt wird.
b) Mit Schreiben vom 30. Juni . . teilt die Aachener Weberei AG mit, dass durch versehentlich falsche Terminierung des Auftrages die Garnituren verspätet hergestellt wurden, nunmehr aber zum Versand bereitstehen. Trotzdem trifft auch in den nächsten 5 Tagen die erwartete Sendung nicht ein.
Schreiben Sie daher eine zweite Mahnung, in der Sie unverzügliche Lieferung, spätestens aber bis zum 12. Juli . . verlangen, und weisen Sie auf die Konsequenzen für den Fall einer verspäteten Lieferung hin.

2. a) Die Spedition K. Bohlmann in 61231 Bad Nauheim, Neue Zeile 45 hatte beim Reifendienst Ebert & Weiler in 61285 Bad Homburg, Postfach 1 38 am 5. November 2 Sätze Winterreifen laut vorliegendem Katalog telefonisch bestellt. Die Lieferung war für die nächste Woche zugesagt worden.

Nach Ablauf dieser Frist beauftragt Sie Herr Bohlmann die 8 Reifen schriftlich anzumahnen und gibt Ihnen den Rat dabei „etwas Druck zu machen".
b) Der Reifendienst Ebert & Weiler hat nicht reagiert. In der Zwischenzeit haben Sie aber erfahren, dass entsprechende Reifen auch in Friedberg, sogar zum günstigeren Preis, zu erhalten sind.
Schreiben Sie an Ebert & Weiler so, dass Sie die Rechtslage wahren, aber u. U. doch schnell zum günstigeren Ersatzkauf kommen.

3. Die Geschwister Grohmann betreiben in 25899 Niebüll, Am Alten Deich 18 eine Diskothek, die sie nach einer Renovierung mit neuen HiFi-Boxen ausstatten wollen. Anhand des Versandkataloges der Elektronic-Vertriebs-GmbH aus 74072 Heilbronn, Am Steilen Ufer 27 haben sie 6 Stück der sehr preiswerten HiFi-Boxen, Best.-Nr.6483, 200 W, 38 – 24 000 Hz, am 14. Apr. . . bestellt und ausdrücklich auf Lieferung bis spätestens zum 15. Mai . . bestanden, da 3 Tage später die Diskothek wiedereröffnet werden soll. Die Lieferung wurde in der Bestellungsannahme vom 18. Apr. . . für Ende April fest zugesagt.
a) Am 5. Mai . . sind die Boxen noch nicht eingetroffen. Frau Grohmann beauftragt Sie in einer Mahnung auf die besondere Situation hinzuweisen und für den Fall der Nichtlieferung den Ersatzkauf bei einem anderen Lieferanten anzudrohen.
b) Die Elektronic-Vertriebs-GmbH antwortet den Geschwistern Grohmann, dass sie nur noch 2 Boxen liefern könnten, da wider Erwarten eine Nachbestellung erfolglos geblieben sei. Als Ersatz bieten sie Boxen an, deren Leistungsfähigkeit aber nicht an die der bestellten Boxen heranreicht. Sie haben deshalb im Auftrag der Geschwister Grohmann die 6 Boxen bei einem anderen Lieferanten gekauft, wobei ein Mehrpreis von --,-- DM pro Box entstand.
Unterrichten Sie die Elektronic-Vertriebs-GmbH von diesem Sachverhalt und stellen Sie die Ersatzforderung.

2.7 Der Kunde nimmt die Ware nicht an – der Annahmeverzug

Wenn der Kunde die dem Kaufvertrag entsprechend gelieferte Ware nicht annimmt, befindet er sich im **Annahmeverzug,** ohne dass eine Mahnung erforderlich ist. Der Lieferer muss die nicht angenommene Ware auf Kosten und Gefahr des Kunden einlagern um sich folgende **Rechte** zu sichern:

1. Er darf nach vorheriger Androhung und Fristsetzung einen **Selbsthilfeverkauf** vornehmen. Dem Käufer sind Ort und Zeit des Verkaufs mitzuteilen, wenn er auf der Nichtannahme besteht und es zum Verkauf kommt. Hat die Ware einen festen Markt- oder Börsenpreis, kann der **Verkauf durch einen Makler** vorgenommen werden. In allen anderen Fällen findet eine **Versteigerung** statt. Ist die Ware leicht verderblich, darf ohne vorherige Androhung verkauft werden **(Notverkauf).**
Der Lieferer muss dem Kunden das Ergebnis des Verkaufs mitteilen und ihm eine Abrechnung schicken, denn der Selbsthilfeverkauf erfolgt auf Rechnung des säumigen Kunden.

2. Der Lieferer kann **auf Abnahme klagen.**

3. Er kann die **Ware** auch **zurücknehmen,** wenn der Kunde dagegen keine Einwendungen erhebt. Ein Rücktrittsrecht besteht nicht.

ERLER & NOA FABRIK FÜR HAUSHALTSMASCHINEN

Erler & Noa, Postfach 232, 45513 Mülheim (Ruhr)

Einschreiben

Firma
Dorothea Aßmann
Werrastraße 7

37269 Eschwege

Ihre Zeichen: a-k
Ihre Nachricht vom:..-08-20
Unser Zeichen: v-n-be
Unsere Nachricht vom:..-08-12

Name: Herr Nolte
Telefon: (02 08) 67 13-3 71
Telefax: (02 08) 67 20-24

Datum: ..-08-22

Annahmeverzug

Sehr geehrte Damen und Herren,

Sie irren sich, wenn Sie behaupten, wir befänden uns im Lieferungsverzug. Zwar haben wir wegen eines Maschinenschadens die Lieferung nicht sofort vornehmen können, wie Sie es in Ihrer Bestellung vom 11. Juli gewünscht hatten. Aber da Sie uns weder gemahnt noch in anderer Weise auf die fehlende Lieferung hingewiesen haben, war Ihre Bestellung für Sie und für uns weiterhin rechtlich bindend.

Deshalb bitten wir Sie nochmals, die Sendung, die wir am 12. August vorgenommen und wegen Ihrer Annahmeverweigerung beim Spediteur eingelagert haben, bis zum 30. August anzunehmen. Beharren Sie wider Erwarten aber auf die Nichtannahme, werden wir die Ware bei der am 31. August im Hubertushof stattfindenden Versteigerung durch Herrn Schreyer mitversteigern lassen. Für die Versteigerungskosten und entstehenden Mindererlös werden wir Sie in Anspruch nehmen.

Wir würden uns freuen, wenn Sie durch eine rechtzeitige Abnahme dieses Verfahren verhindern.

Freundliche Grüße

Erler & Noa

ppa. Klaus Habich

Klaus Habich

Geschäftsräume	Telefon	Telex	Telefax	Commerzbank Mülheim (Ruhr)	Postbank Essen	USt-IDNr.DE
Bergstr. 10-12 Mülheim (Ruhr)	(0208) 67 13-0	856952 emc d	(0208) 67 20 25	(BLZ 362 400 45) Konto-Nr. 146 027	(BLZ 360 100 43) Konto-Nr. 637 21-436	517 811 120

Annahmeverzug (2. Brief)

Aufbau und Inhalt des Briefes bei Annahmeverzug

1. Hinweis auf Bestellung und richtige Lieferung
2. Feststellen des Annahmeverzuges
3. Ort der Warenlagerung mitteilen
4. Nachfrist setzen
5. Rechte geltend machen

Textbausteine

Zu 1 + 2:
- *Die von Ihnen am . . . bei uns bestellte Ware haben wir Ihnen ordnungsgemäß am . . . durch das Speditionsunternehmen Bollmann & Co zustellen lassen. Da Sie die Annahme der Warensendung ablehnten, befinden Sie sich seit dem . . . in Annahmeverzug.*
- *Leider haben Sie die von uns am . . . durch unseren firmeneigenen Lieferservice zugestellte Ware, die Sie am . . . bestellten, nicht angenommen. Sie befinden sich damit im Annahmeverzug.*

Zu 3:
- *Die Ware befindet sich auf Ihre Kosten im Lagerhaus der Spedition . . .*
- *Wir haben die Ware wieder in unser Zentrallager auf Ihre Kosten zurückgenommen.*

Zu 4:
- *Wir fordern Sie auf die eingelagerte Ware bis zum . . . vom öffentlichen Lagerhaus . . . abzuholen.*
- *Wir bitten Sie uns umgehend einen neuen Termin zu nennen, an dem wir Ihnen die Ware neu zustellen können.*

Zu 5:
- *Sollte die Ware nicht bis zum . . . vom Speditionsunternehmen . . . von Ihnen abgeholt werden, müssen wir eine Versteigerung auf Ihre Kosten durchführen lassen.*
- *Falls Sie uns keinen neuen Anlieferungstermin bis zum . . . nennen, sind wir gezwungen die Ware auf Ihre Kosten versteigern zu lassen.*

Textbeispiel: Annahmeverzug

Nichtannahme unserer Sendung Kaffeeautomaten

Sehr geehrte Damen und Herren,

heute hat uns der Spediteur Siegmund Breustedt mitgeteilt, dass Sie die Annahme der Kiste E & N 645 verweigert haben. Wir können uns Ihr Verhalten nicht erklären und nehmen an, dass es sich um ein Missverständnis handelt. Die Kiste enthält nämlich die am 11. Juli . . von Ihnen bestellten

45 Kaffeeautomaten „Prestige“, Kat.-Nr. 1125/1.

Wir bitten Sie die Sendung sofort vom Lagerhaus des Spediteurs Breustedt, Breite Straße 15, Eschwege abzuholen, wo sie auf Ihre Kosten lagert.

Mit freundlichen Grüßen

Erler & Noa

Annahmeverzug

1. Frau Dr. A. Zöphel hat sich in 35037 Marburg, Tannengrund 6 ein Haus gebaut und für den Garten 2 Fuhren Mutterboden bei der Großgärtnerei M. Sauer in Marburg, Bruchberg 24 bestellt. Als zwei Fahrzeuge der Großgärtnerei den Boden bringen, verweigert Frau Dr. Zöphel die Annahme mit der Begründung bereits von anderer Seite preisgünstig Mutterboden erhalten zu haben. In einem Brief an Frau Dr. Zöphel erklärt die Großgärtnerei ihr Befremden über das Verhalten und verlangt von ihr den Ersatz aller entstandenen Kosten.
Wie könnte das Schreiben lauten?

2. (←100/3) Die Kühlanlage für die Schlachterei Dorrmann wurde termingemäß fertig gestellt und am 15. Juli . . ausgeliefert. Herr Dorrmann verweigert aber ohne Angabe von Gründen die Annahme, sodass der Monteur, der den Einbau vornehmen sollte, unverrichteter Dinge zurückkehrt.
Erklären Sie in einem Schreiben Herrn Dorrmann die rechtliche Situation, und weisen Sie darauf hin, dass er die für seine persönlichen Belange gebaute Anlage in jedem Falle abnehmen muss.

3. (←89/4) Am 15. Juni . . meldet sich die Bautischlerei M. Schmidt bei dem Auftraggeber R. Kramer in Goslar und kündigt den Einbau der Treppe für den nächsten Tag an. Herr Kramer erklärt dagegen, dass er die Treppe nicht mehr annehmen werde, da sie durch Änderungen beim Umbauvorhaben nunmehr ungeeignet sei. Herr Schmidt beauftragt Sie Herrn Kramer dessen unverständliche Handlungsweise vorzuhalten und die unverzügliche Abnahme der Treppe zu verlangen, da er für die Spezialanfertigung keine Verwendung hat.

3 Kaufabschlüsse, die seltener vorkommen

3.1 Ein Fixgeschäft wird abgeschlossen

Wenn ein Kaufmann Ware für einen genau bestimmten Tag braucht und vielleicht sogar durch ihr Ausbleiben Schaden hätte, so wird er ein **Fixgeschäft** abschließen („fix“ bedeutet fest, feststehend). Ein Fixgeschäft setzt eine Bestellung voraus, aus der deutlich hervorgeht, dass die Ware zu dem angegebenen Termin unbedingt benötigt wird und dass eine spätere Lieferung zwecklos ist. Man muss den Termin z. B. folgendermaßen angeben:

Ich bestelle zur Lieferung am 10. März . . genau.
Liefern Sie zum 19..–10 – 03 fix.
Die Ware muss unbedingt am 10. März bei mir eintreffen.

Es ist empfehlenswert zu begründen, warum man an der strikten Einhaltung des Termins interessiert ist, z. B.:

Die bestellten Baumaterialien müssen unbedingt am 5. Mai . . eintreffen, weil am nächsten Tag die Handwerker mit den Ausbesserungsarbeiten beginnen.

Der Kunde wird um eine Bestellungsannahme bitten.

Wird der Liefertermin im Fixgeschäft nicht eingehalten, so ist der Lieferer **ohne Mahnung und Nachfrist im Verzug** und haftet auch beim zufälligen Untergang der Ware. Der Kunde kann also sofort nach dem Termin vom Vertrag zurücktreten **oder** - wie es meist sein wird - auf die Lieferung verzichten und Schadenersatz verlangen bzw. einen **Deckungskauf** vornehmen.

Wenn der Kunde im Fixgeschäft die Ware ausnahmsweise noch nach dem verstrichenen Termin haben will, so kann er die Lieferung weiterhin verlangen. Er muss dem Lieferer seinen Wunsch jedoch **sofort** nach dem „Fixtag" mitteilen.

Aufbau und Inhalt der Fixbestellung

1. Bestellung mit Terminangabe
2. Erläuterung des festen Liefertermins
3. Bitte um Bestellungsannahme

Textbausteine für die Fixbestellung

Zu 1:
- *Ich bestelle zur Lieferung am . . . , fix.*
- *Bitte liefern Sie bis spätestens . . .*
- *Die Ware muss unbedingt am . . . geliefert sein.*

Zu 2:
- *Wir brauchen die Ware unbedingt zu diesem Termin, weil . . .*
- *Wenn wir den mit unserem Kunden vereinbarten Liefertermin nicht einhalten, droht uns eine Konventionalstrafe.*
- *Für die Verschiffung der Ware ist mit der Reederei bereits ein Termin vereinbart, den wir unbedingt einhalten müssen.*

Zu 3:
- *Bitte bestätigen Sie uns die Bestellung zu den angegebenen Bedingungen.*
- *Teilen Sie uns bitte mit, ob Sie rechtzeitig liefern können.*

Aufbau und Inhalt des Briefes bei Lieferungsverzug im Fixgeschäft

1. Hinweis auf Fixkauf
2. Termin wurde nicht eingehalten
3. Rechte werden geltend gemacht

Textbausteine für den Lieferungsverzug im Fixgeschäft

Zu 1:
- *Mit unserer Bestellung vom . . . hatten wir Sie ausdrücklich darauf aufmerksam gemacht, dass wir die Ware unbedingt bis zum . . . brauchen.*
- *Bei unserer Bestellung vom . . . handelt es sich, wie aus dem Text deutlich zu sehen war, um ein Fixgeschäft.*

Zu 2:
- *Leider haben Sie den Termin nicht eingehalten.*
- *Vergeblich haben wir auf das Eintreffen der Ware gewartet.*

Zu 3:
- *Wir treten von dem Vertrag zurück.*
- *Wir verzichten auf Ihre Leistung und behalten uns Schadenersatzansprüche vor.*
- *Wir werden uns die Ware anderweitig besorgen, Sie aber mit den Mehrkosten belasten.*

Christian Fritsche, Postfach 4324, 22449 Hamburg

FRITSCHE

Christian Fritsche
EXPORTGESCHÄFT

Wela-Werke
Dortmunder Str.54

49632 Essen

Ihr Zeichen, Ihre Nachricht vom	Unser Zeichen, unsere Nachricht vom	Telefon,Name (040) 4 79 81-	Datum
a-mo ..-06-30	fri-be ..-06-27	432 Frau Fricke	..-07-16

Lieferungsverzug und Schadensersatz

Sehr geehrte Damen und Herren,

obwohl ich Sie in meiner Bestellung vom 27. Juni ausdrücklich um Lieferung zum 15. Juli fix gebeten hatte und Sie mit Ihrer Bestätigung vom 30. Juni pünktliche Lieferung zusagten, haben Sie den Termin nicht eingehalten.

Ich muss die Maschinen daher heute per Fax zu einem höheren Preis bei einem anderen Lieferer bestellen. Auf Ihre Lieferung verzichte ich. Den Mehrpreis und die anfallenden Kosten werde ich Ihnen in Rechnung stellen. Nach Empfang der Maschinen erhalten Sie von mir die genaue Abrechnung.

Mit freundlichem Gruß

Christian Fritsche

ppa. U. Fürst

Ulrike Fürst

Geschäftsräume	Telefon	Telefax	Hamburger Handelsbank	Postbank Hamburg	USt-IDNr.DE628 321 530
Markthof 3	(0 40) 4 79 81-1	(0 40) 4 79 82	(BLZ 200 205 00)	(BLZ 200 100 20)	
Hamburg 7			Konto-Nr. 8 070 432	Konto-Nr. 737 12-209	

Lieferungsverzug beim Fixgeschäft

3.2 Kauf auf Abruf und Spezifikationskauf

In einigen Branchen ist es üblich „auf Abruf“ zu kaufen. Man schließt dabei mit seinem Lieferer einen Kaufvertrag über eine größere Warenmenge ab, in dem statt des Liefertermins zunächst nur ein längerer Lieferzeitraum, z. B. 1/2 oder 1 Jahr, festgelegt wird. Der Käufer ruft, oft in vertraglich vereinbarten Abständen, ab, welche Mengen er jeweils von seinem Gesamtabschluss haben möchte.

Durch einen **Kauf auf Abruf** verschafft sich der Käufer verschiedene Vorteile:

- Er sichert sich die Stetigkeit seiner Produktion, weil er die bestellten Rohstoffe nach seinen Dispositionen abrufen kann.
- Er sichert sich damit gleichzeitig auch seine Verkaufspreise, weil im Allgemeinen schon beim Kaufabschluss der Preis für die Gesamtmenge festgelegt wird.
- Außerdem genießt er den Vorteil des Mengenrabattes.
- Ferner braucht er kein größeres Lager zu halten, da er nur die jeweils benötigte Menge abruft.

Der Verkäufer ist verpflichtet die Gesamtmenge zu liefern und der Käufer muss sie abnehmen. Ruft der Käufer die Ware nicht ab, so darf der Lieferer nach Ablauf einer Nachfrist vom Vertrag zurücktreten oder die Ware auf Kosten des Kunden einlagern und nach Androhung versteigern lassen. Er kann aber auch den Lieferzeitpunkt selbst festsetzen oder auf Abnahme klagen.

Vom **Spezifikationskauf** oder **Bestimmungskauf** spricht man, wenn der Käufer eines größeren Postens Gattungsware im Kaufvertrag nur den Lieferzeitraum festlegt und die Art der Ware nur allgemein angibt. Er bestimmt die genaue Qualität, Art, Größe usw. erst, wenn er die Quantität für den nächsten Liefertermin abruft.

Die Spezifikation oder die Angabe des Sortiments kommt vornehmlich bei Holz, Eisen, Glas, Fliesen, Papier, Garn und Zucker vor. Da die Sorte beim Vertragsabschluss noch nicht genau feststeht, kann zunächst nur ein Grundpreis, die „Basis“, für eine bestimmte Qualität vereinbart werden. Für bessere Qualitäten werden Aufschläge auf die Basis berechnet.

Deutsche Solvay-Werke AG, 42651 Solingen

Ihr Angebot Nr./Tag/Zeichen	Unsere Bestellung Nr./Zeichen	Ausführung/Lieferung bis	Goslar
Liste 123	45/AR	je Vierteljahr 60 t	..-12-07

Bestellung

Versandart	Versandanschrift	Bahnstation	bei Waggonsendungen
Frachtgut	Dr. Genthe & Co., Glashüttenwerke, Goslar	Oker (Harz)	Anschlussgleis

Laufende Nr.	Gegenstand	Menge und Einheit	Preis je Einheit DM	Für Empfängervermerke
	Schwere kalz. Soda für das Jahr 19..	240t	..,..	

Bahnstation Oker Waggonsendungen Oker-Anschluß-gleis | Telefon (0 53 21) 2 31 23 | Telegramm-Kurzanschrift Glasgenthe Goslar Telefax (0 53 21) 2 31 25 | Kontoverbindungen Dresdner Bank Goslar (BLZ 268 800 63) Konto-Nr. 308 054 | Postbank Hannover (BLZ 250 100 30 Konto-Nr. 619 12-305

Kauf auf Abruf (Bestellung)

Unterlässt der Kunde den rechtzeitigen Abruf oder den Abruf überhaupt, hat der Lieferer das Recht vom Vertrag zurückzutreten oder die Einteilung selbst vorzunehmen.

Der Lieferer kann auch Schadenersatz wegen Nichterfüllung verlangen. Er darf ferner die Ware durch Selbsthilfeverkauf absetzen, also versteigern lassen.

Besondere Kaufabschlüsse (Fixkauf, Kauf auf Abruf, Spezifikationskauf)

1. Die Betriebsferien der Metallformerei Röttger und Co. in 49788 Lingen, Postfach 9 34 dauern vom 15. bis 31. Juli. In dieser Zeit soll ein defekter Vorwärmofen ausgtauscht werden; seine Lieferung und Aufstellung müssen in dieser Zeit unbedingt durchgeführt worden sein.
a) Nach Durchsicht mehrerer Fachkataloge entscheidet sich Herr Röttger für den Ofen VE 13-6 der Firma Schmelztechnik GmbH in 49023 Osnabrück, Postfach 13 87, den Sie am 8. Mai bestellen sollen. Weisen Sie besonders auf die Einhaltung des Termines hin.
b) Die Schmelztechnik GmbH hat am 14. Mai die Bestellung angenommen und die Erledigung des Auftrages bis zum 31. Juli fest zugesagt. Da aber am 31. Juli der Ofen noch nicht geliefert wurde und eine telefonische Rücksprache mit dem Lieferer nicht möglich war, bestellt Herr Röttger einen entsprechenden Ofen bei einem anderen Unternehmen, das den Auftrag unverzüglich ausführt, wobei Mehrkosten von insgesamt --,-- DM entstehen.
Schreiben Sie an die Schmelztechnik GmbH und verlangen Sie den Ersatz des entstandenen Schadens.

2. Der Gartenbaubetrieb A. Knorr aus 32048 Herford, Am Kiefernhang 27 benötigt für die Bepflanzung eines Lärmschutzwalles zur Bodenaufbesserung 200 Ballen Presstorf nach DIN 11 540-17 S/300 I, die bei der Torfmühle H. Steiger in 32584 Lohne, Im Bruch 16 a bestellt werden sollen, da sich ihr Angebot vom 5. Juli am günstigsten herausgestellt hat. Danach ergibt sich ein Preis von --,-- DM pro Ballen, bei Abnahme von 50 Stück wird ein Rabatt von 6% gewährt; die Lieferung erfolgt frei Haus.
Schreiben Sie die Bestellung über 200 Ballen. Da eine gesicherte Lagerung auf dem Baugelände nicht möglich ist, verlangen Sie Lieferung auf Abruf, der jeweils ca. eine Woche vor Bedarf vorgenommen wird. Die erste Lieferung von 50 Ballen ist am 20. Juli vorzunehmen. Die Baustelle befindet sich in 32049 Herford-Süd, Werraufer 56.

3. Der Bautischlerei Horst Miehe in 29614 Soltau, Theodor-Storm-Weg 15 liegt ein sehr günstiges Angebot des Sägewerkes Sendmeyer KG aus 29345 Unterlüß, Am Blauen Berg 8 vor, das einen Windbruch kurzfristig aufarbeiten muss und deshalb die Überschussmengen preisgünstig ab Werk abgeben kann. Dieses Angebot möchte die Bautischlerei Miehe ausnutzen, da ihr ein Auftrag über die Errichtung eines Dachstuhles für einen Hotelneubau vorliegt; leider fehlen ihr Angaben über Holzquerschnitte und Schnittlängen. Deshalb bestellt Herr Miehe erst einmal 38 m^3 Kantholz, Güteklasse A-B und behält sich die Angabe der genauen Maße innerhalb der nächsten 14 Tage vor.
a) Schreiben Sie die Bestellung.
b) Spezifizieren Sie den Auftrag, da laut Auskunft des Architekten Kanthölzer mit dem Querschnitt von 10 x 20 cm in Längen von 10 Metern benötigt werden.

DAUME
HOCH+TIEFBAU

Hoch-und Tiefbau Daume, Postfach 85, 63416 Hanau

Dampfziegelei
A. Schumanns Erben
Friedberger Str. 13

60316 Frankfurt

Ihr Zeichen, Ihre Nachricht vom	Unser Zeichen, unsere Nachricht vom	Telefon,Name (0 61 81) 2 14 92-	Datum
	od-sa-03	28 Herr Sander	..-04-15

Kauf auf Abruf

Sehr geehrte Damen und Herren,

wir bestätigen unser heutiges Ferngespräch mit Ihrem Prokuristen, Herrn Waldmeyer. Darin bestellten wir für unseren Neubau in Frankfurt-Eschersheim, Offenbacher Straße 73

800 000 Stück Hartbrandsteine
zu je --,-- DM je 1000 Stück

100 000 Stück Lochsteine
zu je --,-- DM je 1000 Stück

frei Baustelle.

Da wir die Steine auf dem Baugelände nicht lagern können, vereinbarten wir Lieferungen auf Abruf innerhalb der Monate Mai bis November. Die ersten 100 000 Stück Hartbrandsteine liefern Sie bitte am 4. Mai, die anderen werden wir monatlich, jeweils eine Woche vor Bedarf, schriftlich abrufen.

Wir machen Sie nochmals darauf aufmerksam, dass Sie die Liefertermine unbedingt einhalten müssen, weil wir Sie sonst für den Verlust, der durch Arbeitsausfall entstehen könnte, verantwortlich machen müssten.

Mit freundlichem Gruß

Hoch- und Tiefbau Daume

R. Ordler
Rüdiger Ordler

Geschäftsräume	Telefon	Telex	Telefax	Kontoverbindungen	Postbank Frankfurt
Frankfurter Str.103 Hanau	(0 61 81) 2 14 92-0	49682635 baud d	(0 61 81) 2 14 90	Bezirkssparkasse Hanau (BLZ 506 521 24) Konto-Nr. 37 257	(BLZ 500 100 60) Konto-Nr. 330 73-603

Kauf auf Abruf

Getrennt- oder Zusammenschreibung?

Durch die Rechtschreibreform von 1996 wurde die Getrennt- und Zusammenschreibung teilweise neu geregelt. Auffallend dabei ist, dass diese Regeln überwiegend nach Wortarten gegliedert sind. Aus diesem Grund ist es ratsam sich ein Basiswissen über die Wortarten anzueignen bzw. wieder wachzurufen (Vergleichen Sie dazu die S. 65).

Wichtigstes Ergebnis der Rechtschreibreform war für die Getrennt- und Zusammenschreibung, dass die Getrenntschreibung als Normalfall gilt.

1 Getrenntschreibung in Wortverbindungen mit Verben

beisammen sein – zurück sein – vorhanden sein

Wortverbindungen mit dem **Verb** (Tätigkeitswort) **„sein"** werden immer **getrennt geschrieben:**

beisammen sein	vorhanden sein
da sein	zufrieden sein
fertig sein	zurück sein
vorbei sein	zusammen sein

Einige **Wortverbindungen** lassen **unterschiedliche Schreibweisen** zu:

außerstande/außer Stande sein
imstande sein/im Stande sein
zumute/zu Mute sein

sitzen bleiben – geliefert bekommen

Wortverbindungen, die aus einem **Verb im Infinitiv** (Grundform) **und einem Verb** bestehen, werden **getrennt geschrieben:**

kennen lernen	schreiben lernen
laufen lassen	sitzen bleiben
liegen lassen	spazieren gehen

Ebenso werden Wortverbindungen, die aus einem **Partizip** (Mittelwort) **und einem Verb** bestehen, **getrennt geschrieben:**

geliefert bekommen	getrennt schreiben
gesagt bekommen	verloren gehen
gefangen nehmen	rasend werden

übrig bleiben – kritisch denken – freundlich bleiben

Wortverbindungen, die aus einem **Adjektiv** (Eigenschaftswort) **mit der Endsilbe -ig, -isch** oder **-lich und einem Verb** bestehen, werden **getrennt geschrieben:**

übr*ig* bleiben	freund*lich* grüßen
sach*lich* bleiben	krit*isch* denken
log*isch* denken	müß*ig* gehen
deut*lich* machen	heim*lich* tun

abhanden kommen – beiseite legen – zugute halten

Wortverbindungen, die aus einem **zusammengesetztem Adverb** (Umstandswort) **und einem Verb** bestehen, werden **getrennt geschrieben:**

abhanden kommen	vonstatten gehen
beiseite stellen	zugute kommen
überhand nehmen	zunichte machen

infrage stellen/in Frage stellen – zugrunde gehen/zu Grunde gehen

Bei vielen **Wortverbindungen mit adverbialer Verwendung** (Adverb: Umstandswort) kann zwischen Getrennt- und Zusammenschreibung gewählt werden, dazu gehören:

außerstand setzen/außer Stand setzen
infrage stellen/in Frage stellen
instand setzen/in Stand setzen
zugrunde gehen/zu Grunde gehen
zuleide tun/zu Leide tun
zurande kommen/zu Rande kommen
zuschanden machen/zu Schanden machen
zuschulden kommen lassen/zu Schulden kommen lassen
zustande bringen/zu Stande bringen
zutage fördern/zu Tage fördern
zuwege bringen/zu Wege bringen

Aber:
Wortverbindungen in adverbialer Verwendung, bei denen die **Bedeutung der einzelnen Bestandteile deutlich erkennbar** ist, werden getrennt geschrieben:

zu Ende gehen/kommen
zu Fuß gehen
zu Hause bleiben/sein
zu Hilfe kommen
zu Schaden kommen

langsam arbeiten – laut reden – schnell sprechen

Steiger- oder erweiterbare Wortverbindungen, die aus einem **Adjektiv** (Eigenschaftswort) **und einem Verb** bestehen, werden **getrennt geschrieben.** Die Wortverbindung sollte wenigstens durch die Wörter „sehr" oder „ganz" **erweiterbar** sein:

Probe:
langsam*er* arbeiten (sehr/ganz langsam arbeiten)
laut*er* reden (sehr/ganz laut reden)
schnell*er* sprechen (sehr/ganz schnell sprechen)
zufrieden*er* stellen (sehr/ganz zufrieden stellen)

Bei einigen getrennt zu schreibenden Wortverbindungen ist nicht sofort einsehbar, dass sie **steigerbar** sind. Erst eine genaue Prüfung führt zu diesem Schluss:
bekannt*er* machen (noch besser bekannt machen)
fern*er* liegen (sehr/ganz fern liegen)

Aber:
schwarzarbeiten (Eine Steigerung gibt keinen Sinn.)

Angst haben – Auto fahren – Rad fahren

Wortverbindungen, die aus einem **selbstständig auftretenden Substantiv und einem Verb** bestehen, werden **getrennt geschrieben.**

Angst haben
Auto fahren
Diät halten
Eis laufen
Fuß fassen
Halt machen
Kopf stehen
Leid tun
Maß halten
Not leiden
Rad fahren
Rat suchen
Schlange stehen
Schuld tragen

Aber:
Werden diese Wortverbindungen **substantiviert,** werden sie **zusammengeschrieben:**

Das Diäthalten
Das Eislaufen
Das Maßhalten
Das Radfahren

2 Zusammenschreibung in Wortverbindungen mit Verben

handhaben – vollbringen – widersprechen

Sogenannte **untrennbare Zusammensetzungen** von einem Wort (z. B. Substantiv, Adjektiv) und einem Verb werden immer **zusammengeschrieben.** Untrennbare Zusammensetzungen erkennt man daran, dass sie in jeder Satzbaukonstruktion in derselben Reihenfolge auftreten, eine Aufspaltung dieser Wortzusammensetzung ist unmöglich:

Wir *handhaben* das anders.
Er *maßregelte* ihn sofort.
Wie konnte sie das *vollbringen?*
Ich habe ihr nicht *widersprochen.*

preisgeben – bereithalten – hinzukommen

Wörter (z. B. Substantive, Adjektive) können mit Verben sogenannte **trennbare Zusammensetzungen** bilden. Im **Infinitiv** (Grundform), im **Partizip I und II** (Mittelwort) und bei der **Endstellung des Verbs im Nebensatz** schreibt man sie **zusammen.** Diese Verbindungen gelten als trennbar, da sie sich bei einigen Satzbaukonstruktionen trennen lassen:

Er will das Geheimnis nicht *preisgeben.*	*Geben* Sie Ihr Geheimnis *Preis.*
Sie hatte die Ware *bereitgehalten.*	*Hält* er die Ware noch immer *bereit?*
Wenn das *hinzukommt,* werde ich vom Vertrag zurücktreten.	Was *kommt* noch *hinzu?*

Getrennt oder zusammen?

1. Ich werde den Fehler (richtig)(stellen). 2. An das wackelige Geländer dürft ihr nicht zu (nahe)(treten). 3. Herrn M. kann ich (offen)(gestanden) nicht leiden. 4. Hast du dich mit ihm (bekannt)(gemacht)? 5. Ich möchte ihn (kennen)(lernen). 6. Jetzt habe ich meine Eintrittskarte (liegen)(lassen). 7. Ob sie das (fertig)(bringen)? 8. Ich will nicht immer Bruchstücke deiner Arbeit haben; du sollst sie mir (fertig)(bringen). 9. Die Hilfskraft in der Registratur kann die Ordner noch nicht (richtig)(stellen). 10. Sie haben noch einen Betrag (offen)(stehen). 11. Die Konkurseröffnung wird (bekannt)(gemacht). 12. Die Flaschen dürfen nicht (offen)(stehen). 13. Du sollst nicht immer alles (in)(frage)(stellen). 14. Dieses Angebot wird nicht (in)(frage)(kommen). 15. Lasst uns (weiter)(gehen). 16. Sie müssen das Lager stets (sauber)(halten). 17. Darf sie denn während der Arbeitszeit (spazieren)(gehen)? 18. Mit diesem Produkt werden sie sehr (zufrieden)(sein). 19. Ich hoffe, dass diese Kleinteile nicht

(verloren)(gehen). 20. Mit dieser Innovation werden sie auf den asiatischen Markt (Fuß)(fassen). 21. Er konnte mit der Werbekampagne sehr (zufrieden)(sein). 22. Als Verkaufskraft musste ich in dieser Situation (freundlich)(bleiben). 23. Die Investition wird dem Unternehmen in Zukunft (zu)(gute)(kommen). 24. Es wird uns nichts anderes (übrig)(bleiben). 25. Warum wollte sie ihn wieder (maß)(regeln)? 26. Wirst du dann wieder (zurück)(sein)? 27. Er wird die Ware (bereit)(halten). 28. Ob sie das wirklich (zustande)(bringen)? 29. Wird sie das Geheimnis (preis)(geben)? 30. Er konnte ihrem Drängen nicht (stand)(halten).

3 Getrenntschreibung in Wortverbindungen mit Adjektiven

riesig groß – gespenstisch ruhig – schrecklich laut

Wortverbindungen, die aus einem **Adjektiv** (Eigenschaftswort) **mit den Endsilben -ig, -isch** oder **-lich** und einem **zweiten Adjektiv** bestehen, schreibt man **getrennt:**

riesig groß	magisch stark
gespenstisch ruhig	schrecklich laut
grässlich laut	winzig klein
samtig weich	herbstlich bunt

gestochen scharf – glänzend rot

Wortverbindungen, die aus einem **Partizip** (Mittelwort) und einem **nachfolgenden Adjektiv** bestehen, schreibt man **getrennt:**

beeindruckend schön	glänzend rot
gestochen scharf	leuchtend hell
blendend weiß	kochend heiß
beängstigend tief	auffallend groß

dicht bebaut – prall gefüllt

Wortverbindungen, die aus einem **steiger- oder erweiterbarem Adjektiv** und **einem Partizip** (Mittelwort) bestehen, werden **getrennt geschrieben:**

Probe:

dicht*er* bebaut (sehr/ganz dicht bebaut)

4 Zusammenschreibung in Wortverbindungen mit Adjektiven

angsterfüllt – bärenstark – zentnerschwer

Wortverbindungen, bei denen der erste Bestandteil für eine Gruppe von Wörtern steht, werden **zusammengeschrieben:**

angsterfüllt – von Angst erfüllt
bärenstark – stark wie ein Bär
zentnerschwer – mehrere Zentner schwer

erstmalig – mehrdeutig – vierfach

Wortverbindungen, bei denen der erste oder zweite Bestandteil in dieser Form nicht selbstständig vorkommt, werden **zusammengeschrieben:**

erstmalig
mehrdeutig
redselig
vierfach

hellwach – lautstark – schwarzweiß

Wortverbindungen aus **gleichrangigen,** d. h. also **nebengeordneten Adjektiven,** werden **zusammengeschrieben:**

blitzblank
feuchtfröhlich
hellwach
lautstark
nasskalt
schwarzweiß

extragroß – stocknüchtern – superstark

Adjektivische Wortverbindungen, bei denen der **erste Bestandteil bedeutungsverstärkend oder bedeutungsmindernd** wirkt, werden **zusammengeschrieben:**

brandaktuell
extragroß
stocknüchtern
superstark
todernst
ultraweiß

Getrennt oder zusammen?

1. Mit dem (prall)(gefüllten) Auftragsbuch fuhr sie sofort zurück ins Unternehmen. 2. (Brand)(aktuelle) Mode war auf der Frühjahrsmesse zu sehen. 3. Nachts war es

(gespenstisch)(ruhig), aber tagsüber (schrecklich)(laut). 4. Der Vertragstext ist (mehr)(deutig). 5. Mit einer (tod)(ernsten) Miene trat er vor die Versammlung. 6. Die (gestochen)(scharfen) Bilder erfreuten sie. 7. (Winzig)(kleine) Chips lagen auf dem Tisch. 8. (Strahlend)(helle) Sterne funkelten am Nachthimmel. 9. Er bestellte eine (extra)(große) Eisportion. 10. Diese (bahn)(brechende) Idee wurde sofort zu einem marktfähigen Produkt umgesetzt. 11. War sie wirklich (blau)(äugig)? 12. (Lau)(warmes) Wasser ist für diese Reinigungsarbeit am besten. 13. (Nass)(kaltes) Wetter prägte den gesammten Urlaub. 14. Die (glühend)(heiße) Herdplatte war nun (glänzend)(rot).

5 Zweifelsfälle der Getrennt- und Zusammenschreibung

zu machen – zumachen – zuzumachen

Wir gaben dem Schreiner den Auftrag eine Tür *zu machen.*

Hier liegt der **Infinitiv (Grundform) „zu machen"** vor. Die Betonung liegt auf dem zweiten Wort (machen) und weist damit auf Getrenntschreibung hin. Ebenso:

Die Polizei bekam den Dieb *zu fassen.*

Der Chef beabsichtigt sein Geschäft demnächst *zu schließen.*

Aber:

Sie will den Laden gleich *zumachen.*

In diesem Satz handelt es sich um das **Verb „zumachen".** Der Ton liegt deutlich auf der ersten Silbe und zeigt damit die Zusammenschreibung an. Lässt sich das zusammengeschriebene Verb durch ein anderes Verb mir gleicher Bedeutung ersetzen, so zeigt diese Probe die Zusammenschreibung an:

Du musst fest *zufassen. (anpacken)*

Du sollst die Tür *zumachen. (schließen)*

Zusammengesetzte Wörter werden auch im Infinitv mit „zu" zusammengeschrieben. Auch hier liegt der Ton auf der ersten Silbe:

Er vergaß die Tür *zuzumachen.*

Er hatte keine Lust im Haushalt *zuzufassen.*

Er gab ihm den Auftrag das Büro *zuzuschließen.*

Getrennt oder zusammen?

Ergänzen Sie „zu":

1. Sollen wir Ihnen die Ware (   )schicken? 2. Er sagte, es wäre ihm nicht (   )trauen. 3. Es ist wichtig keine Buchung ohne Beleg aus(   )führen. 4. Ich bitte Sie mir bald eine Rechnung (   )schicken. 5. Wir meinen, wir können ihm allerlei (   )trauen. 6. Es ist ein Wareneingangsbuch (   )führen. 7. Die Verkäuferinnen dürfen sich nichts (   )rufen. 8. Wir werden Ihnen die Ware (   )stellen. 9. Haben Sie Ansprüche (   )stellen? 10. Ich habe nicht gewagt es ihm zu(   )trauen. 11. Er muss sich diesen Verlust selbst (   )schreiben. 12. Wer da (   )sehen könnte! 13. Sie waren

verpflichtet die Sendung ( )untersuchen. 14. Sie ist verpflichtet sich ins Handelsregister eintragen ( )lassen. 15. Forderungen und Schulden sind auf( )zeichnen. 16. Wir bitten Sie das Geld ein( )senden. 17. Ich werde das nicht ( )lassen. 18. Der Rechtsanwalt versprach die Urkunde postwendend zu( )stellen. 19. Wir folgen Ihrem Vorschlag den Betrag von --,-- DM Ihrem Konto gut( )schreiben.

Bilden Sie Sätze mit „zu“:

1. Er hat die Absicht (verkaufen, abzahlen, vergrößern, herstellen).
2. Sie weigert sich (annehmen, herausgeben, zahlen, entlassen, verkaufen).
3. Ich vergaß (bestellen, anbieten, rügen, aufschreiben, protestieren).
4. Wir versprechen (zurücknehmen, gewähren, schweigen, ausgleichen).
5. Ich hoffe (erhalten, bekommen, antreffen, abholen, übernehmen).
6. Es ist verboten (streichen, radieren, übertreten, rauchen, entwenden).
7. Wir beauftragten (zuschicken, zumachen, zudecken, übertragen).

gut schreiben/gutschreiben – warm halten/warmhalten

Die Wortverbindung aus Adjektiv (Eigenschaftswort) und Verb (Tätigkeitswort) schreibt man **getrennt,** wenn das **Adjektiv in dieser Verbindung steiger- oder erweiterbar** ist. Ist dies nicht möglich, schreibt man die Wortverbindung zusammen:

Probe:
Er kann gut (sehr/ganz gut) schreiben.

Bei der zusammengeschriebenen Wortverbindung lässt sich das Adjektiv weder steigern noch erweitern, außerdem kann nur das ganze Wort durch ein sinngleiches Wort ersetzt werden:

Sie wird den Betrag *gutschreiben* (anrechnen).
Du sollst Dir diesen Geschäftspartner *warmhalten* (erhalten).

Getrennt oder zusammen?

1. Man kann damit (gut)(schreiben). 2. Diesen Freund solltest du dir (warm)(halten). 3. Der Richter wird den Angeklagten (frei)(sprechen). 4. Ob sie mir den Betrag (gut)(schreiben)? 5. In diesem Land kannst du immer (frei)(sprechen). 6. Kannst du mir das Essen (warm)(halten)? 7. Sie wird die Einigung schriftlich (fest)(halten). 8. An diesem Geländer musst du dich (fest)(halten). 9. Dieses Wort musst du (groß)(schreiben), da es sich um eine Substantivierung handelt.

zusammen fahren/zusammenfahren – zusammen laufen/zusammenlaufen

Verbindungen mit dem Wort **„zusammen“** werden **getrennt geschrieben,** wenn sich das Wort „zusammen“ durch das Wort **„gemeinsam“** ersetzen lässt:

Wir sind *zusammen gefahren* (gemeinsam gefahren).

Aber:

Er ist *zusammengefahren* (Er war erschrocken).

Die beiden Mädchen wollten die Strecke *zusammen laufen* (gemeinsam laufen).

Aber:

Die beiden Sprinter sind plötzlich *zusammengelaufen* (zusammengestoßen).

Getrennt oder zusammen?

1. Lass die Zeitschriften (zusammen)(binden). 2. Die Kollegen wollen am Sonntag (zusammen)(wandern). 3. An der Ecke sind schon wieder zwei Autos (zusammen)(gefahren). 4. Bis München sind wir mit Familie Müller (zusammen)(gefahren). 5. Wann werden wir wieder (zusammen)(laufen)? 6. Ich freue mich, dass wir nächste Woche (zusammen)(ziehen). 7. Bei der Nachricht war sie (zusammen)(gefahren).

irgendwie – irgendetwas – irgend so etwas

Verbindungen mit **„irgend-“** werden in der Regel **zusammengeschrieben:**

irgendein	irgendwas
irgendeinmal	irgendwelche
irgendetwas	irgendwer
irgendjemand	irgendwie
irgendwann	irgendwoher

Aber:

Wird diese Verbindung **erweitert,** schreibt man **getrennt:**

irgend *so* ein...
irgend *so* etwas...

Getrennt oder zusammen?

Bilden Sie jeweils zwei Sätze, in denen eine Wortverbindung mit „irgend“ zusammen- bzw. getrennt geschrieben wird.

so viel – soviel – wie viel

Die Wortverbindung **„so viel“,** die eine Zahlenvorstellung ausdrückt, wird immer **getrennt geschrieben:**

so viel Glück
so viele Geldstücke
so viel (Informationen) für heute

Aber:

Die **Konjunktion** (Bindewort) **„soviel“** wird immer **zusammengeschrieben:**

Soviel ich weiß, wird sie uns besuchen kommen.

Die Wortverbindung **„wie viel"** wird **immer getrennt geschrieben:**

Wie viel wird sie verdienen?
Wie viele Menschen werden kommen?
Sie dürfen alle kommen, *wie viele* es auch sind.

Getrennt oder zusammen?

1. Sie wird doppelt (so)(viele) Schmuckstücke besitzen. 2. (So)(viel) ich weiß, verdient er über 6 000 DM. 3. (Wie)(viele) Arbeitskräfte hat das Unternehmen? 4. Du kannst unter (so)(vielen) Autos wählen. 5. Wenn sie gewusst hätte, (wie)(viel) ich durchgemacht habe, hätte sie sich vielleicht anders verhalten. 6. (Wie)(viel) darf es kosten? 7. (So)(viele) Leute kommen umsonst zu uns. 8. (So)(viel) Pech kann nur er haben.

nachdem/nach dem – seitdem/seit dem

Nachdem wir angekommen waren, aßen wir.
Nach dem Essen gingen wir spazieren.

Prüfen Sie, ob es sich bei diesen Wörtern um eine **Konjunktion** (Bindewort), also um **ein Wort,** oder um eine **Präposition** (Verhältniswort) **mit einem Artikel,** also **zwei Wörter,** handelt:

Er wechselte seinen Arbeitsplatz, *nachdem* er seine Prüfung bestanden hatte.
Es muss *nach dem* Ladenschluss geschehen sein.
Es geht ihm besser, *seitdem* er im Süden wohnt.
Seit dem Beginn des Vortrages war es atemlos still.

Ein Wort oder zwei Wörter?

1. (Seit)(dem) Beginn des Winters ist unser Buchhalter krank. 2. (So)(lange) du zu Hause wohnst, wirst du gut versorgt. 3. (So)(weit) wollen wir nicht fahren. 4. (Seit)(dem) wir uns zuletzt gesehen haben, ist wenigstens ein Jahr vergangen. 5. (So)(fern) Sie an dem Projekt interessiert sind, benachrichtigen Sie uns bitte bald. 6. Er blieb (so)(lange) weg, dass wir den Zug nicht mehr erreichten. 7. (So)(weit) wir die Lage übersehen, können wir bald liefern. 8. (So)(fern) liegt Adorf nicht. 9. (Nach)(dem) wir ihn gemahnt hatten, zahlte er. 10. (Nach)(dem) Bad fühle ich mich wohl.

dienstagabends/dienstags abends – am Dienstagabend

Vergleichen Sie dazu S. 168

Schriftverkehr beim Zahlungsgeschäft

1 Rechnungen werden bar bezahlt – Quittung und Postanweisung

Rechnungen müssen am Fälligkeitstag und am Erfüllungsort beglichen werden. Da der Lieferer im Kaufvertrag als Erfüllungsort für beide Teile meist seinen Geschäftssitz verlangt, muss der Rechnungsbetrag dort am Fälligkeitstag zur Verfügung stehen. Beim gesetzlichen Erfüllungsort genügt es, wenn der Kunde das Geld am Fälligkeitstag von seinem Wohnsitz abschickt. Die Kosten für die Geldübermittlung hat in beiden Fällen der Schuldner zu tragen.

Die Bargeldzahlung ist heute recht selten geworden. Der Schuldner erhält für seine Zahlung eine **Quittung,** aus der Betrag, Schuldner, Schuldgrund sowie Ort und Datum zu ersehen sind; sie muss die Unterschrift des Empfängers tragen.

Quittung
DM -------127----------- Pf 50
Nr. 27 einschl. 15 %MWSt/DM 16,63
Einhundertsiebenundzwanzig ------------------------ Pfennig wie oben
Deutsche Mark in Worten
von Firma Heinrich Henze, Rinteln
für gelieferte Eisenwaren,
Rechnung Nr. 812/15. März 19..
dankend erhalten
Rinteln, den 28. März 19..
Franz Fricke
Unterschrift des Empfängers

Quittung

Die **Postanweisung** (s. S. 135) ermöglicht Geldsendungen bis zu 3.000 DM. Das Geld wird mit einem Postanweisungsvordruck am Postschalter eingezahlt und am Bestimmungsort dem Empfänger durch den Postzusteller ins Haus gebracht.

Der **Postanweisungsvordruck** besteht aus drei Teilen:
Den linken Abschnitt erhält der Empfänger; die Rückseite kann für Mitteilungen verwendet werden. Meist wird man dort die Überweisungssumme näher erläutern, wenn sie z. B. durch Abzüge, Rücksendungen oder Teilzahlungen von der Rechnungssumme abweicht.

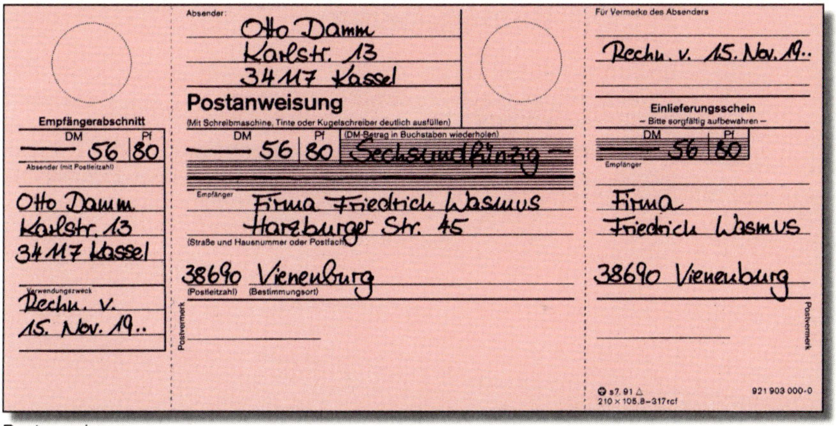

Empfängerabschnitt
DM 56 Pf 80
Absender (mit Postleitzahl)
Otto Damm
Karlstr. 13
34117 Kassel
Verwendungszweck
Rechn. v.
15. Nov. 19..

Absender:
Otto Damm
Karlstr. 13
34117 Kassel
Postanweisung
(Mit Schreibmaschine, Tinte oder Kugelschreiber deutlich ausfüllen)
DM 56 Pf 80 (DM-Betrag in Buchstaben wiederholen) Sechsundfünfzig
Empfänger Firma Friedrich Wasmus
Harzburger Str. 45
(Straße und Hausnummer oder Postfach)
38690 Vienenburg
(Postleitzahl) (Bestimmungsort)
Postvermerk

Für Vermerke des Absenders
Rechn. v. 15. Nov. 19..
Einlieferungsschein
– Bitte sorgfältig aufbewahren –
DM 56 Pf 80
Empfänger
Firma
Friedrich Wasmus
38690 Vienenburg
Postvermerk
57. 91
210 × 105.8–317rcf
921 903 000-0

Postanweisung

Der mittlere Abschnitt bleibt beim Postamt des Empfängers. Der Betrag muss auf dem Stammabschnitt zweimal angegeben werden, einmal in Zahlen und einmal in Worten. Diese zweifache Angabe des Betrages in Wort und Zahl ist auf allen Vordrucken üblich, auf denen Geldüberweisungsaufträge gegeben oder Auszahlungen bestätigt werden; durch sie will man Fehler und vor allem Fälschungen ausschließen. Wenn man den Betrag in Worten schreibt, beginnt man stets vorn in dem schraffierten Feld und mit großem Anfangsbuchstaben. Freie Stellen sind zu entwerten, damit verhindert wird, dass Buchstaben und Zahlen dazugeschrieben und dadurch Beträge geändert werden können.

Der Einlieferungsschein (rechter Abschnitt) ist der Quittungsbeleg für den Einzahler; auf ihm wird oben vermerkt, wofür die Zahlung geleistet wurde.

Quittung und Postanweisung

1. Sie haben von Ihrem Nachbarn eine Garage gemietet. Jeweils am Monatsanfang zahlen Sie ihm 50,00 DM Miete und erhalten dafür eine Quittung. Zeichnen Sie möglichst genau die Quittung von Seite 134 ab und füllen Sie diese aus.

2. Frau M. Schur aus 27283 Verden, Posthof 3 möchte ihrer Tochter Michaela, die in Münster studiert, zum Geburtstag 150,00 DM schenken, scheut sich aber das Geld in einem Brief zu verschicken. Beraten Sie Frau Schur über die Zahlungsmöglichkeit und füllen Sie den entsprechenden Vordruck aus.
Michaela wohnt bei Frau E. Stahnke, 64839 Münster, Am Alten Markt 36.

2 Zahlungen über ein Konto

Bei Zahlungen mit Hilfe von Konten gibt es eine Vielzahl von Möglichkeiten, von denen im Folgenden nur die wichtigen Zahlungsarten genannt werden. Solche, nur dem Zahlungsverkehr dienenden Konten heißen **Girokonten;** Zinsen spielen bei ihnen im Gegensatz zu Konten für befristete Einlagen kaum eine Rolle. Da Banken, Sparkassen und die Post solche Girokonten führen, ist ein ungehinderter Zahlungsverkehr von Girokonto zu Girokonto möglich.

2.1 Die Bareinzahlung

Soll ein Betrag bar auf ein Konto eingezahlt werden, benutzt man den Vordruck für **Bareinzahlung.** Dieser wird im Druckschreibeverfahren ausgefüllt und nennt Empfänger sowie Auftraggeber, das Konto des Empfängers, den Verwendungszweck und die zu zahlende Summe. Wird das Formular mit der Schreibmaschine ausgefüllt, geschieht dies in der normalen Schreibweise. Erfolgen die Eintragungen handschriftlich, muss in Großbuchstaben geschrieben werden.

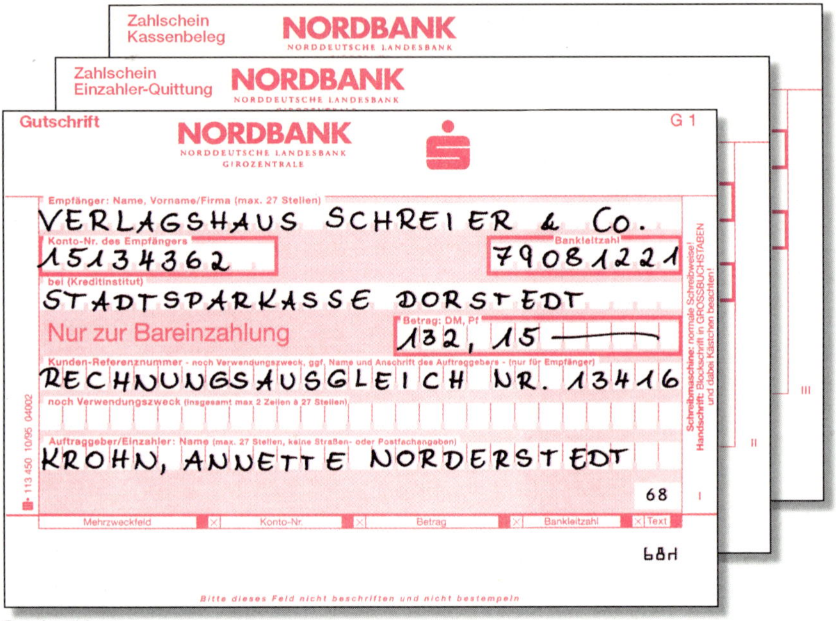
Zahlschein Kassenbeleg NORDBANK NORDDEUTSCHE LANDESBANK
Zahlschein Einzahler-Quittung NORDBANK NORDDEUTSCHE LANDESBANK
Gutschrift NORDBANK NORDDEUTSCHE LANDESBANK GIROZENTRALE G 1
Empfänger: Name, Vorname/Firma (max. 27 Stellen)
VERLAGSHAUS SCHREIER & CO.
Konto-Nr. des Empfängers: 15134362
Bankleitzahl: 79081221
bei (Kreditinstitut): STADTSPARKASSE DORSTEDT
Nur zur Bareinzahlung
Betrag: DM, Pf: 132,15
Kunden-Referenznummer - noch Verwendungszweck, ggf. Name und Anschrift des Auftraggebers - (nur für Empfänger)
RECHNUNGSAUSGLEICH NR. 13416
noch Verwendungszweck (insgesamt max. 2 Zeilen à 27 Stellen)
Auftraggeber/Einzahler: Name (max. 27 Stellen, keine Straßen- oder Postfachangaben)
KROHN, ANNETTE NORDERSTEDT
68
Schreibmaschine: normale Schreibweise! Handschrift: Blockschrift in GROSSBUCHSTABEN und dabei Kästchen beachten!
113 450 10/95 04002
Mehrzweckfeld | Konto-Nr. | Betrag | Bankleitzahl | Text
Bitte dieses Feld nicht beschriften und nicht bestempeln

Bareinzahlung

2.2 Die Barauszahlung

Statt des Bargeldes kann der Schuldner seinem Gläubiger einen **Scheck** geben. Sein Konto wird dann in Höhe des Scheckbetrages belastet, der Gläubiger erhält dagegen den Betrag auf Wunsch bar ausbezahlt (Barscheck).

Ist der Scheck nicht gedeckt, d. h., das Konto des Schuldners weist den erforderlichen Betrag nicht auf, so wird der Scheck nicht eingelöst und der Gläubiger hat das Nachsehen.

Das wird durch den **Eurocheque** vermieden, bei dem das Geldinstitut des Ausstellers die Einlösung von Beträgen bis 400,00 DM garantiert. Zum Eurocheque gehört die **Eurochequekarte,** mit der sich der Schuldner als Berechtigter ausweisen muss und mit deren Hilfe der Gläubiger die Scheckeintragungen überprüfen kann.

2.3 Die bargeldlose Zahlung

Soll ein Betrag von Konto zu Konto überwiesen werden, muss der Schuldner den Vordruck **Überweisungsauftrag** benutzen. Zu den Angaben, die auch für die Bareinzahlung erforderlich sind, müssen noch die Kontonummer und die Anschrift des Auftraggebers sowie dessen Unterschrift mit Datum eingetragen werden.

Vereinfachungen im Überweisungsverkehr sind durch den **Dauerauftrag** und durch das **Lastschrift-Einzugsverfahren** gegeben. Beim Dauerauftrag beauftragt der Schuldner sein kontoführendes Institut, die Überweisung eines feststehenden Betrages an einen bestimmten Empfänger zum festgelegten Termin regelmäßig vorzunehmen. Beim Lastschrift-Einzugsverfahren gibt der Schuldner dem Gläubiger die **Einzugsermächtigung**, die diesen berechtigt, anfallende Beträge vom Konto des Schuldners abbuchen zu lassen.

Schließlich kann der Schuldner mit einem **Verrechnungsscheck** bezahlen. Durch den Vermerk „Nur zur Verrechnung" auf der Vorderseite des Schecks wird der Scheckbetrag nicht bar ausbezahlt, sondern dem vom Scheckinhaber angegebenen Konto gutgeschrieben. Auf diese Weise ist ein Scheckmissbrauch erschwert, sodass Verrechnungsschecks auch durch die Post verschickt werden können.

Eine andere, sehr bequeme Form der bargeldlosen Zahlung besteht in den Verwendung der Kreditkarte. Der Inhaber dieser Karte hat mit einem Kreditinstitut einen Kreditvertrag abgeschlossen, der ihn berechtigt, in allen Geschäften, die diesem Kartensystem angehören, Rechnungen ohne Barzahlung zu begleichen. Der Kunde legt lediglich seine Kreditkarte vor und erkennt die erstellte Rechnung durch seine Unterschrift an. Sein Konto wird in der Regel, bedingt durch das Einlöseverfahren mit den Kreditinstituten, erst einen Monat später belastet.

Beim sog. **electronic cash** wird die bargeldlose Zahlung weiter vereinfacht und die Belastung des Kundenkontos beschleunigt. Mit Hilfe von Kreditkarten oder Kundenkarten der Kreditinstitute, z. B. einer Eurocheque-Karte, kann man an den Kassenterminals direkt bezahlen. Die Karte wird in ein Lesegerät eingeführt. Mit Hilfe des Magnetstreifens auf dieser Karte wird die Verbindung zum entsprechenden Kreditinstitut hergestellt. Bei Kundenkarten mit persönlicher Geheimnummer ist diese einzugeben und nach maschineller Prüfung des Kontostandes wird der Rechnungsbetrag zur Abbuchung freigegeben.
Bei Verwendung von Kreditkarten wird dagegen ein Rechnungsbeleg ausgedruckt. Mit seiner Unterschrift auf diesem Beleg bestätigt der Kunde die Richtigkeit der erfassten Angaben. Das Kreditinstitut sammelt die Rechnungsbeträge und belastet dann das Konto des Kunden mit Hilfe des Lastschriftverfahrens.

2.4 Unstimmigkeiten beim Kontostand

Die Beteiligten im Zahlungsverkehr bekommen jede Änderung ihres Kontostandes durch einen **Kontoauszug** mitgeteilt. Sie können daran erkennen, ob die von dem Geldinstitut gebuchten Geldbeträge den Rechnungsbelegen entsprechen. Abweichungen sind u.a. dadurch möglich, dass ein Kunde einen berechtigten Skontobetrag abgezogen oder die überwiesene Summe durch Aufrechnung mit einer Gutschrift gemindert hat.

Kontonummer
3273848

Buch.-Tag	Text/Scheck-End-Nr./Verwendungszweck	Primanota	Wert	Umsatz S = Soll H = Haben
1302	LASTSCHRIFT	999001	1302	36,00S
1302	EUROCHEQUE 130174214	999001	1302	45,45S
1302	RUNDFUNKANST. 328401970RUNDFUNK	999001	1602	48,75S
1302	SCHECK 986	327110	1302	100,00S

NORDBANK KONTOAUSZUG

Kontoinhaber

HERRN
KLAUS WICHTER
WOLFENBUETTLER STR. 73

38102 BRAUNSCHWEIG

Alter Saldo: 631,09 HABEN
Neuer Saldo: 400,89 HABEN

Auszug vom	Auszug-Nr.	Blatt-Nr.
13. Febr.	16	1

Verwendungszweck

Kontoauszug

Besteht zwischen einer Überweisung und der entsprechenden Rechnung eine unerklärliche Differenz oder ist diese Differenz durch unberechtigte Minderung des Rechnungsbetrages entstanden, so wird der Kaufmann seinen Kunden anschreiben und um Klärung bzw. Beseitigung der Abweichung bitten. Hierfür werden häufig vorgedruckte Briefe verwendet (s. S.140).

Textbeispiel: Ausgleich des Kontos

Kontoausgleich

Sehr geehrte Frau Siebert,

Sle haben uns am 15. März einen Betrag von 3. 420,00 DM überwiesen, den wir leider keiner Rechnung zuordnen können. Die offenen Rechnungsbeträge lauten im Einzelnen:

Rechnung Nr. 3711/2 vom 04. Febr.	*1. 310,00 DM*
Rechnung Nr. 3804/2 vom 27. Febr.	*2. 840.00 DM*
	4. 150,00 DM

Wir nehmen an, dass dieser Betrag einen Abschlag auf die Gesamtsumme darstellt, sodass noch ein Rest von 730,00 DM verbleibt.

Teilen Sie uns bitte mit, wenn wir uns geirrt haben sollten.

Mit freundlichen Grüßen

i. A. Beyer

Zahlungsgeschäft

1. Es liegt Ihnen eine Rechnung der BUMA-Werke GmbH, 29614 Soltau, über 32 420,00 DM vom 12. April . . vor. Bei Zahlung innerhalb 8 Tagen erlauben die AGB einen Skontoabzug von 3%.
Füllen Sie unter Nutzung des Skontos fristgerecht eine Überweisung aus (fehlende Angaben ergänzen Sie nach freiem Ermessen).

2. Die Rentnerin Luise Bergemann, wohnhaft in 84028 Landshut, Moosburger Weg 27 a hat sich vom Versandhandel Gruber, 94025 Passau, Postfach 20 15, eine Elektro-Wärmedecke schicken lassen. Der Betrag von --,-- DM lt. Rechnung Nr.4568 vom 16. Nov. . . soll auf das Konto der Bayerischen Vereinsbank Passau, Kto.-Nummer 201 688, BLZ 740 200 74, überwiesen werden.
Frau Bergemann übergibt Ihnen das Geld mit der Bitte, die Überweisung für sie vorzunehmen.

3. Laut Kontoauszug vom 16. Aug. . . hat der Kunde D. Lohmann, 76646 Bruchsal, Theodor-Heuss-Ring 45, 1 464,70 DM zum Ausgleich der Rechnung Nr.862/8 überwiesen; die Wertstellung erfolgte zum 14. Aug. . . Sie stellen fest, dass die Rechnung über 1 510,00 DM bereits am 24. Juli . . dem Kunden Lohmann zugestellt worden war und laut Zahlungsbedingungen Skonto in Höhe von 2% nur bei Zahlung innerhalb 10 Tagen gewährt wird.
Klären Sie schriftlich diese Unstimmigkeit, wählen Sie dabei nach eigenem Ermessen den passenden Absender.

4. Auf der Seite 137 finden Sie ein Schreiben der Großhandlung Hottenrott, in dem ein unberechtigter Skontoabzug und die doppelte Verrechnung einer Gutschrift bemängelt werden. Bei der Überprüfung des Sachverhaltes stellen Sie fest, dass die Gutschrift tatsächlich schon einmal berücksichtigt worden war. Der Skontoabzug aber ist durchaus berechtigt, denn die Zahlung vom 8. Dez. . . liegt innerhalb des Skontozeitraumes von 10 Tagen. Die Rechnung ist, im Gegensatz zum Rechnungsdatum, anscheinend vier Tage später abgesandt worden, was anhand des Poststempels auf dem Briefumschlag nachgewiesen werden kann.
Teilen Sie der Großhandlung Hottenrott diesen Sachverhalt schriftlich mit.

3 Zahlung mit Wechseln

Im Mittelalter spielte der Handel der oberitalienischen Städte wegen ihrer Lage als Verbindungsplätze zwischen dem Orient und Europa eine bedeutende Rolle. Dort fanden damals die berühmten Messen statt. Auf den Besuch der Messen wirkten sich jedoch die Unsicherheit auf den Straßen und die Münzzersplitterung in den europäischen Ländern hemmend aus. Daher blühte das Geschäft der Geldwechsler. Für die Kaufleute war es bequemer und sicherer das Geld zu Hause bei einem Wechsler einzuzahlen. Er stellte eine Empfangsbescheinigung aus und bat zugleich in diesem Schreiben einen Kollegen am Messeplatz den Betrag dort in der gewünschten Währung auszuzahlen. Das Schreiben nannte man Wechselbrief.

Heute ist aus dem Wechselbrief ein genormter Wechselvordruck geworden, der **Wechsel.** Er ist die Aufforderung eines Gläubigers an einen Schuldner an einem festgesetzten Tag an einen Dritten (oder an den Gläubiger selbst) einen bestimmten Betrag zu zahlen. Damit ist der Wechsel zunächst ein **Zahlungsmittel.**

Aufforderungstag (Ausstellungstag) und Zahlungstag (Verfalltag) liegen oft weit auseinander. Der Gläubiger gewährt also dem Schuldner im Wechselgeschäft

HOTTENROTT
Großhandlung

Heinrich Hottenrott, Postfach 1880, 38615 Goslar

Dacheindeckungen
Walter Scholz & Co.

38685 Wolfshagen

Ihr Zeichen: mr-4
Ihre Nachricht vom: ..-12-08
Unser Zeichen: sch
Unsere Nachricht vom: ..-11-20

Name: Frau Grübner
Telefon: (0 53 21) 74-2 19
Telefax: (0 53 21) 74-45

Datum: ..-12-09

Kontoausgleich

Kundennummer: 4711
bei Zahlung bitte stets angeben

Wir bestätigen Ihre Zahlung vom ..-12-08
in Höhe von DM 1 100,85
für unsere Rechnungs-Nr. 115 370

Leider konnten wir keinen Ausgleich vornehmen, weil (Zutreffendes ist angekreuzt)

☐	Angaben fehlen, wie Rechnungsnummer, Gutschriftnummer, Betrag und Datum.		
☐	Abzugsgrund nicht ersichtlich, bleibt als Restforderung stehen	DM	
☐	Skonto abgesetzt wurde, obwohl die Skontofrist von 10 Tagen überschritten wurde.	DM	33,00
☐	___% Skonto gekürzt wurden, obwohl wir nur ___% Skonto anerkennen.	DM	
☐	___% Skonto gekürzt wurden, obwohl fällige Rechnungen noch nicht ausgeglichen sind.	DM	
☐	Gutschrift Nr. 43 612 bereits mit Rechnung Nr. 104 417 verrechnet/bei Ihrer Zahlung vom ______ bereits abgesetzt wurde.	DM	120,00
☐	Rechendifferenz lt. beil. Additionsstreifen	DM	
☐	die Mehrwertsteuer vergessen wurde	DM	
	Wir bitten um Nachüberweisung von	DM	153,00

Mit freundlichen Grüßen

Heinr. Hottenrott

i. A. Anja Grübner

Anja Grübner

Geschäftsräume	Telefon	Telefax	Volksbank Goslar	Postbank Hannover	USt-IdNr. DE312 708 432
Lange Wanne 38640 Goslar	(0 53 21) 76-1	(0 53 21) 76-3	(BLZ 268 900 19) Konto-Nr. 6 733 700	(BLZ 250 100 30) Konto-Nr. 755 64-305	

Briefvordruck für Kontoausgleich

Kredit. Somit wird der Wechsel zum günstigen **Kreditmittel.**

Weil der Schuldner (der Bezogene) die Schuld und die Zahlungsverpflichtung durch seine Unterschrift auf dem Wechsel zusätzlich anerkennt, ist der Wechsel auch ein **Sicherungsmittel;** denn hinter dem Wechsel steht die sogenannte Wechselstrenge, d. h., der Gläubiger kann durch den Wechselprotest bzw. die Wechselklage schnell zu seinem Geld kommen.

3.1 Ein Wechsel entsteht

Schuldner und Gläubiger können vereinbaren eine Schuld durch einen Wechsel zu tilgen, z. B.: Die Getreidemühle Hartmut Seifert in Ludwigshafen liefert mit Rechnung vom 4. Mai . . an die Futtermittelhandlung Karin Ihlenburg in Karlsruhe Produkte im Wert von 3 845,75 DM, zahlbar durch einen 3-Monats-Wechsel.

Da es im Interesse des Gläubigers liegt den Zahlungseingang abzusichern, füllt er das Wechselformular aus; der Gläubiger H. Seifert wird zum **Aussteller,** der Wechselvordruck zum **gezogenen Wechsel.** Solange die Unterschrift des Schuldners noch fehlt, spricht man von einer **Tratte.**

Diese Unterschrift holt sich der Gläubiger entweder durch Vorlage des Wechsels beim Schuldner oder durch schriftliche Aufforderung. Die Unterschrift des Schuldners, aber auch den von ihm unterschriebenen Wechsel, nennt man **Akzept,** er selbst wird zum **Bezogenen.**

Der Gläubiger schreibt an den Schuldner:

Textbeispiel

> *Wechselziehung*
>
> *Sehr geehrte Frau Ihlenburg,*
>
> *wie vereinbart habe ich für meine heutige Rechnung Nr. 146/4 einen Wechsel über*
>
> *3.845, 75 DM, fällig am 4. Aug. 19. .*
>
> *auf Sie gezogen. Ich bitte Sie den akzeptierten Wechsel umgehend zurückzuschicken und für pünktliche Einlösung zu sorgen.*
>
> *Mit freundlichem Gruß*
>
> *Hartmut Seifert*
>
> *Anlage*
> *Wechsel*

Um im Falle des Wechselverlustes Missbräuche zu vermeiden oder teure Einschreibegebühren zu sparen wird Herr Seifert das Formular ohne Unterschrift verschicken, d. h., er unterschreibt erst nach Rücksendung des Wechsels.

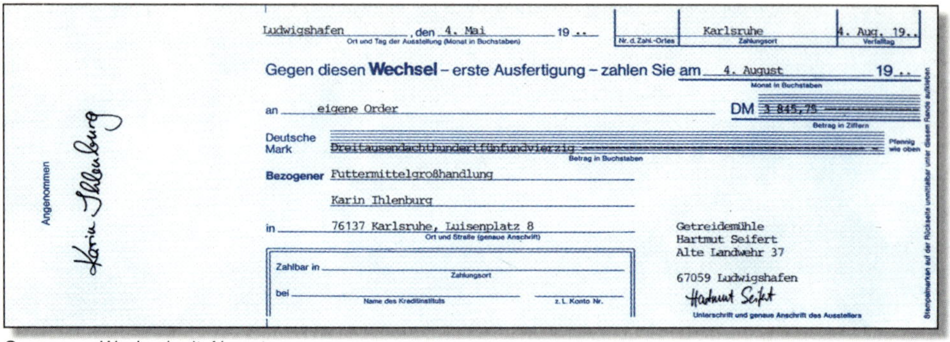
Angenommen
Karin Ihlenburg

Ludwigshafen, den 4. Mai 19..
Ort und Tag der Ausstellung (Monat in Buchstaben)
Nr. d. Zahl.-Ortes
Karlsruhe
Zahlungsort
4. Aug. 19..
Verfalltag

Gegen diesen **Wechsel** – erste Ausfertigung – zahlen Sie am 4. August 19..
Monat in Buchstaben

an eigene Order DM 3 845,75
Betrag in Ziffern

Deutsche Mark Dreitausendachthundertfünfundvierzig
Pfennig wie oben
Betrag in Buchstaben

Bezogener Futtermittelgroßhandlung
Karin Ihlenburg
in 76137 Karlsruhe, Luisenplatz 8
Ort und Straße (genaue Anschrift)

Zahlbar in
Zahlungsort
bei
Name des Kreditinstituts
z. L. Konto Nr.

Getreidemühle
Hartmut Seifert
Alte Landwehr 37
67059 Ludwigshafen
Hartmut Seifert
Unterschrift und genaue Anschrift des Ausstellers

Gezogener Wechsel mit Akzept

In der kaufmännischen Praxis kommt es häufig vor, dass der Käufer als Warenschuldner von sich aus das Wechselformular ausfüllt und akzeptiert, wodurch er das Verfahren der Unterschriftseinholung vereinfacht und den Gläubiger für einen Wechselkredit unter Umständen auch geneigter macht.

Vom Vorgang her ist der Bezogene jetzt der „Aussteller" des Wechsels. Das Wechselgesetz verwendet diesen Begriff aber nur für den Gläubiger; man darf sich also durch die doppelte Wortbedeutung nicht verwirren lassen.

Der Bezogene sendet das Akzept an den Aussteller und schreibt:

Textbeispiel

Zahlung durch Akzept

Sehr geehrter Herr Seifert,

zum Ausgleich Ihrer Rechnung Nr. 1-46/4 vom 4. Mai 19. . sende ich Ihnen als Anlage mein Akzept über

3. 845,75 DM, fällig am 4. August 19. . in Karlsruhe.

Ich bitte um Gutschrift und Empfangsbestätigung.

Mit freundlichem Gruß

Karin Ihlenburg

Anlage
Akzept

3.2 Der Wechsel bekommt einen Zahlstellenvermerk

Es ist üblich den Wechsel bei Fälligkeit durch ein Kreditinstitut einlösen zu lassen; dafür gibt es zwei wichtige Gründe:

1. Wechselschulden sind Holschulden, d. h., der Wechselinhaber muss den Bezogenen aufsuchen und den Wechsel zur Einlösung vorlegen. Da die Wohnorte oder Geschäftssitze der Wechselbeteiligten oft unterschiedlich sind und weit voneinander entfernt liegen können, ist die Einlösung z. B. über eine Bank viel bequemer.

2. Um vor Fälligkeit über die Wechselsumme verfügen zu können, wird der Wechsel an ein Kreditinstitut verkauft. Diese sogenannte **Diskontierung** ist aber nur möglich, wenn der Wechsel eine eigene Zahlstelle besitzt.

Deshalb enthält der Wechselvordruck einen **Zahlstellenvermerk,** in den der Zahlungsort und das einlösende Kreditinstitut einzutragen sind.

Der Bezogene wird sich zunächst bei seinem Kreditinstitut nach den Bedingungen für die Einlösung erkundigen. Ferner muss er es von jeder **Zahlbarstellung** benach-richtigen – das nennt man **Wechselavis** – und für rechtzeitige Deckung des Kon-tos sorgen.

Die Anfrage bei einer Bank kann lauten:

Textbeispiel

> *Zahlbarstellung von Wechseln*
>
> *Sehr geehrte Damen und Herren,*
>
> *in Zukunft werde ich häufiger mit Wechseln arbeiten und ich möchte sie bei Ihnen zahlbarstellen. Bitte teilen Sie mir Ihre Bedingungen hierfür mit.*
>
> *Mit freundlichen Grüßen*
>
> *Karin Ihlenburg*

Nachdem der Bezogene Antwort von seiner Bank erhalten hat, schreibt er:

Textbeispiel

> *Wechselavis*
>
> *Sehr geehrte Damen und Herren,*
>
> *ich danke Ihnen für die Bereitwilligkeit meine Akzepte einzulösen und bin mit Ihren Bedingungen einverstanden.*
>
> *Heute habe ich einen Wechsel über*
>
> *3. 845,75 DM, fällig am 4. Aug. 19..,*
> *Zahlungsempfänger: Hartmut Seifert, Ludwigshafen*
>
> *bei Ihnen zahlbar gestellt.*
>
> *Ich bitte Sie den Wechsel einzulösen. Für rechtzeitige Deckung werde ich sorgen.*
>
> *Mit freundlichem Gruß*
>
> *Karin Ihlenburg*

3.3 Der Wechsel wird weitergegeben

Der Besitzer eines Wechsels kann diesen als Zahlungsmittel weitergeben, er verwendet ihn dann als sogenannte **Rimesse.** In den meisten Fällen jedoch wird ein Wechsel an eine Bank verkauft (diskontiert).

Wenn schon bei der Ausstellung des Wechsels feststeht, dass er zahlungshalber weitergegeben werden soll, kann der Name des Empfängers auf der Vorderseite eingetragen werden, wodurch dieser die Verfügungsberechtigung über das Papier erhält. Der Aussteller schickt ihm den Wechsel mit einem kurzen Begleitschreiben zu.

Der Aussteller schreibt:

Textbeispiel

Rechnungsausgleich durch Wechsel

Sehr geehrte Damen und Herren,

zum Ausgleich Ihrer Rechnung Nr. 146/4 vom 4. Mai 19.. sende ich Ihnen als Anlage einen Wechsel über

3. 845, 75 DM, fällig am 4. Aug. 19.. in Karlsruhe,
Bezogene: Karin Ihlenburg, Luisenplatz 8.

Ich bitte um Gutschrift und Empfangsanzeige.

Mit freundlichem Gruß

Hartmut Seifert

Anlage
Wechsel

Sehr häufig setzt sich der Aussteller selbst als Verfügungsberechtigten ein und schreibt an „eigene Order“.

Soll ein Wechsel weitergegeben werden, so genügt nicht die bloße Übergabe, sondern es ist ein Weitergabevermerk, das sog. **Indossament,** auf der Rückseite des Wechselformulars erforderlich. Auch alle folgenden Verfügungsberechtigten können den Wechsel durch Indossament übertragen (s. S.146).

Das **Voll-Indossament** nennt den neuen Verfügungsberechtigten und wird vom bisherigen Inhaber unterschrieben.

Das **Blanko-Indossament** besteht nur aus der Unterschrift des Weitergebenden. Über der Unterschrift lässt man meist so viel Raum frei, dass es durch entsprechende Ergänzungen zu einem Voll-Indossament vervollständigt werden kann.

Das Prokura- oder **Vollmachts-Indossament** enthält einen Zusatz, z. B. „zum Einzug“, „zur Einkassierung“, „per procura“. Es gibt lediglich das Recht den Wechselbetrag einzukassieren oder Protest zu erheben. Wird der Wechsel eingelöst, quittiert der Empfänger auf dem Wechsel unter dem letzten Indossament. Andere Arten von Indossamenten sind seltener.

Der Empfänger des Wechsels wird den Eingang bestätigen und den Kunden mit den **Wechselnebenkosten** (Diskont, Provision, Spesen) belasten, die als Barauslagen sofort fällig sind (s. S. 147).

3.4 Der Wechsel wird eingelöst

Am **Verfalltag** oder an einem der beiden folgenden Werktage muss der Wechsel dem Bezogenen oder, falls eine Zahlstelle angegeben ist, bei ihr zur Zahlung vorgelegt werden. Weil der Ort des Wechselinhabers und der Ort der Wechseleinlösung meist voneinander abweichen, bittet man Banken, Vertreter oder Geschäftsfreunde um die Wahrnehmung dieser Aufgabe. Die Post übernimmt das Einziehen von Wechselbeträgen bis 3. 000,00 DM **(Postprotestauftrag).**

An einen Vertreter schreibt man beispielsweise:

Textbeispiel

Bitte um Wechseleinzug

Sehr geehrter Herr Krause,

als Anlage sende ich Ihnen einen Wechsel über

5. 250,00 DM, fällig 13. Sept. 19.. in Kiel.

Legen Sie bitte den Wechsel bei der Nordbank, Kiel, zur Zahlung vor und überweisen Sie den Betrag auf mein Konto Nr. 4613 bei der Volksbank Straubing, BLZ 742 900 00. Im Voraus besten Dank.

Ich wünsche Ihnen für Ihre Arbeit im neuen Bezirk weiterhin gute Erfolge.

Mit besten Grüßen

Anton Maier

Anlage
Wechsel

1. Voll-Indossament

Für mich an die
Firma Karl Hillebrecht, Göttingen.

Ludwigshafen, 9. Mai 19..

Hartmut Seifert

2. Voll-Indossament (andere Form)

Albrecht & Klingmann, Rinteln

Göttingen, 3. Juni 19..

Karl Hillebrecht

3. Voll-Indossament mit Order Klausel (ältere Form)

Für uns an die Order der
Firma Verena Warnecke, Nachf.,
Bad Pyrmont.

Rinteln, 10. Juni 19..

Albrecht & Klingmann
ppa. Brandt

4. Blanko-Indossament

Verena Warnecke, Nachf.,

ppa. Meister

5. Vollmachts-Indossament

An die Merkur-Bank, Filiale
Northeim, zum Einzug.

Northeim, 5. Juli 19..

Niedersächsische Kühlschrankfabrik
GmbH, Northeim
ppa. ppa. Biel

6. Quittung

Betrag erhalten.

Northeim, 4. Aug. 19..

Merkur-Bank
Filiale Northeim
ppa. ppa. Monka

Rückseite eines Wechsels mit Indossamenten und Quittung

HOTTENROTT
Großhandlung

Heinrich Hottenrott, Postfach 1880, 38615 Goslar

Firma
Renate Müller
Breite Straße 25

38642 Goslar

Ihr Zeichen: m-br
Ihre Nachricht vom: . . -12-06
Unser Zeichen:
Unsere Nachricht vom:

Name: Frau Guse
Telefon: (0 53 21) 74-2 06
Telefax: (0 53 21) 74-44

Datum: . . -12-09

DISKONTSPESENBELASTUNG 775112

Wir erhielten von Ihnen einen Wechsel im Werte von

DM 10. 000,00 , fällig am 9. März . . ,

den wir Ihrem Konto u. ü. V. gutschrieben.

An Wechselnebenkosten ergeben sich:

DM	212,50	für Diskont 8,5 % pro Jahr
DM	--	für Provision - % pro angef. Monat
DM	5,00	für Spesen
DM	217,50	
DM	32,63	15% Mehrwertsteuer
DM	250,13	

Wir bitten um sofortigen Ausgleich, da es sich um Barvorlagen handelt.

Mit freundlichen Grüßen

Heinr. Hottenrott

ppa. Brigitte Guse

Brigitte Guse

Geschäftsräume
Lange Wanne
38640 Goslar

Telefon
(0 53 21) 76-1

Telefax
(0 53 21) 76-3

Volksbank Goslar
(BLZ 268 900 19)
Konto-Nr. 6 733 700

Postbank Hannover
(BLZ 250 100 30)
Konto-Nr. 755 64-305

USt-IdNr. DE312 708 432

Diskontbelastung

3.5 Der Wechsel geht zu Protest

Wenn der rechtzeitig zur Zahlung vorgelegte Wechsel vom Bezogenen oder der Zahlstelle nicht eingelöst wird, muss Protest mangels Zahlung erhoben werden, und zwar an einem der beiden Werktage, die auf den Verfalltag folgen (s. S. 150). Nur Notare, Gerichts- und Postbeamte dürfen Protest erheben (Postbeamte nur bei Wechseln bis zu 3. 000,00 DM und nur unter der Bedingung, dass der Protest auf dem Protestauftragsvordruck beantragt wurde).

Der Protest ist die amtliche schriftliche Bestätigung, dass der Wechsel richtig und rechtzeitig vorgelegt, aber nicht eingelöst wurde.

Der Wechselinhaber ist verpflichtet binnen vier Tagen seinen Vormann und den Aussteller zu benachrichtigen **(Notifikation).** Er ist berechtigt **Rückgriff (Regress)** zu nehmen, d. h. sich den Wechselbetrag zuzüglich der Protestkosten, der Zinsen seit dem Verfallstag (2 % über dem LZB-Diskontsatz, mindestens jedoch 6 %), 1/3% Provision und der entstandenen Auslagen gegen Rückgabe des protestierten Wechsels erstatten zu lassen (s. S. 151).

Im Allgemeinen gibt der Wechselinhaber den Wechsel erst nach Eingang des **Rückrechnungsbetrages** aus der Hand. Sind Wechselinhaber und Vormann gut bekannt, kann der Wechsel gleich mit der Benachrichtigung geschickt werden. Der Betrag der Rückrechnung kann auch durch Postauftrag gegen Aushändigung des protestierten Wechsels eingezogen werden.

Jeder Vormann muss seinen Vormann binnen zwei Tagen in gleicher Weise benachrichtigen. Er darf außer dem Betrag der Rückrechnung wieder mindestens 6 % Zinsen sowie 1/3% Provision und Ersatz der Auslagen verlangen.

3.6 Der Bezogene bittet die Laufzeit des Wechsels zu verlängern

Durch einen Protest leidet der Ruf und damit die Kreditwürdigkeit des Bezogenen. Merkt der Wechselschuldner, dass er sein Akzept am Fälligkeitstag aus eigenen Mitteln nicht einlösen kann, so wird er versuchen Geld zu beschaffen um den Protest zu vermeiden.

In den meisten Fällen bittet jedoch der Bezogene den Aussteller den Wechsel zu **„prolongieren“,** d. h. die Laufzeit zu verlängern. Er wird dem Aussteller die Gründe für seine augenblickliche Zahlungsunfähigkeit und die Aussichten auf spätere Geldeingänge darlegen. Der Aussteller wird daraufhin dem Bezogenen das Geld zum Einlösen des Wechsels zur Verfügung stellen. Der Bezogene muss einen neuen Wechsel mit einem späteren Verfalltag und mit einem um die Zinsen höheren Wechselbetrag akzeptieren.

Der neue Wechsel kann auch über den gleichen Betrag ausgestellt werden; dann ist es üblich, dass der Aussteller den um den Diskont gekürzten Betrag überweist.

Durch die **Prolongation** ist das Zahlungsziel hinausgeschoben worden. Der Aussteller wird den neuen Wechsel sofort diskontieren lassen um so wieder zu seinem Geld zu kommen.

Zu einer Verlängerung der Wechsellaufzeit wird der Aussteller nur dann bereit sein, wenn Gewähr gegeben ist, dass der neue Zahlungstermin eingehalten wird. Oft wird der Aussteller verlangen, dass der Bezogene wenigstens einen Teil des

Wechselbetrages selbst aufbringt. Der Prolongationswechsel lautet dann nur noch über den Restbetrag. Damit ist das Risiko für den Aussteller gemindert.

Der Bezogene schreibt an den Aussteller:

Textbeispiel

Bitte um Verlängerung der Wechsellaufzeit

Sehr geehrter Herr Ahlburg,

leider kann ich den von Ihnen ausgestellten Wechsel über

10. 875,00 DM, fällig am 13. Apr. 19..

nicht einlösen, weil ich binnen vier Wochen durch zwei Konkurse meiner Kunden erhebliche Beträge verloren habe.

Durch einen günstigen Geschäftsabschluss werde ich bald wieder zahlungsfähig sein. Ich bitte Sie daher die Laufzeit des Wechsels um einen Monat zu verlängern; für alle dadurch entstehenden Kosten werde ich aufkommen. Überweisen Sie bitte den fälligen Betrag, damit ich den Wechsel rechtzeitig einlösen kann.

Ich hoffe auf Ihr Verständnis und danke Ihnen im Voraus.

Mit verbindlichem Gruß

Oskar Fleischmann

Wechsel

Im Folgenden wird ein Zahlungsvorgang mit Wechsel geschildert. Die Aufgaben ergeben sich aus dem Handlungsgeschehen; die Angaben zur Aufgabenbewältigung müssen aus dem Text zusammengetragen werden:

Am 23. Juni .. verkauft die Maschinenbau AG in 71522 Backnang, Postfach 1 28 an die Süßmosterei Kerber & Sohn in 68766 Hockenheim, Grafensteiner Weg 38 eine Maschineneinheit zum Preise von 42. 000,00 DM, fällig am 25. Juli .. Vereinbarungsgemäß lässt der Prokurist der Maschinenbau AG, Herr Rudolf Storrmann, zwei Wechsel über je 21. 000,00 DM, der eine mit dreimonatiger, der andere mit sechsmonatiger Laufzeit, ausfüllen und ohne seine Unterschrift an Kerber & Sohn versenden. In dem Begleitschreiben bittet er die Wechsel zu akzeptieren; außerdem verlangt er die Angabe einer Zahlstelle, da er beabsichtigt die Wechsel diskontieren zu lassen.

Herr Horst Kerber, Miteigentümer und Geschäftsführer bei der Süßmosterei, beauftragt die Mitarbeiterin Frau Breuer bei der eigenen Hausbank, nämlich der Commerzbank Hockenheim, telefonisch nachzufragen, ob und zu welchen Bedingungen sie bereit ist als Zahlstelle auf beiden Wechseln genannt zu werden. Frau Breuer bekommt insgesamt positive Auskünfte und erstellt darüber eine Aktennotiz, die sie Herrn Kerber vorlegt. Dieser gibt daraufhin seine Bank, BLZ 670 400 31, Konto-Nr. 12 501 als Zahlstelle an, akzeptiert die Wechsel und schickt sie mit einem kurzen Begleitschreiben an die Maschinenbau AG zurück.

Dort werden die beiden Wechsel von Herrn Storrmann unterschrieben. Anschließend wird der Diskont einschließlich aller Nebenkosten mit Hilfe einer in den AGB

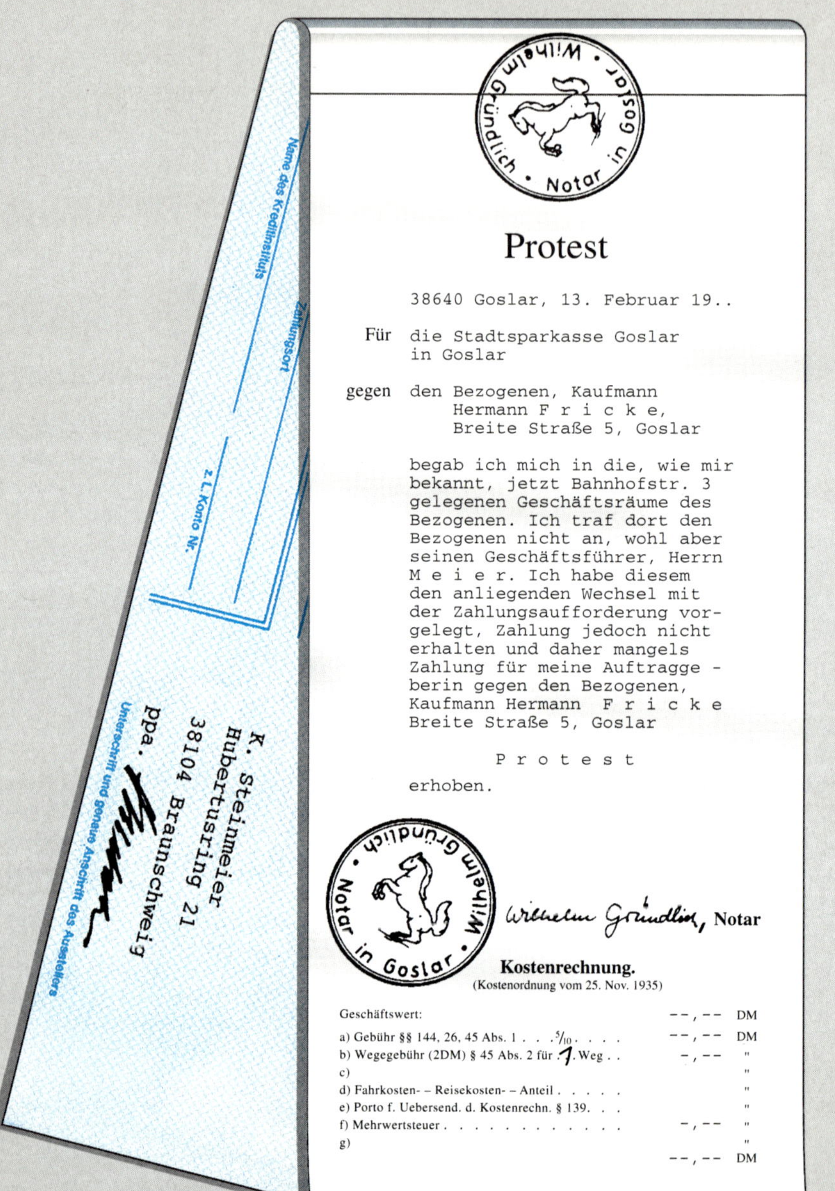

Name des Kreditinstituts

Zahlungsort

z. L. Konto Nr.

K. Steinmeier
Hubertusring 21
38104 Braunschweig
ppa.

Unterschrift und genaue Anschrift des Ausstellers

Wilhelm Gründlich • Notar in Goslar •

Protest

38640 Goslar, 13. Februar 19..

Für die Stadtsparkasse Goslar
in Goslar

gegen den Bezogenen, Kaufmann
Hermann F r i c k e,
Breite Straße 5, Goslar

begab ich mich in die, wie mir bekannt, jetzt Bahnhofstr. 3 gelegenen Geschäftsräume des Bezogenen. Ich traf dort den Bezogenen nicht an, wohl aber seinen Geschäftsführer, Herrn M e i e r. Ich habe diesem den anliegenden Wechsel mit der Zahlungsaufforderung vorgelegt, Zahlung jedoch nicht erhalten und daher mangels Zahlung für meine Auftraggeberin gegen den Bezogenen, Kaufmann Hermann F r i c k e Breite Straße 5, Goslar

P r o t e s t

erhoben.

Wilhelm Gründlich • Notar in Goslar •

Wilhelm Gründlich, **Notar**

Kostenrechnung.
(Kostenordnung vom 25. Nov. 1935)

Geschäftswert:	--,--	DM
a) Gebühr §§ 144, 26, 45 Abs. 1 . . . $^{5}/_{10}$	--,--	DM
b) Wegegebühr (2DM) § 45 Abs. 2 für .1. Weg . .	-,--	"
c)		"
d) Fahrkosten- – Reisekosten- – Anteil		"
e) Porto f. Uebersend. d. Kostenrechn. § 139. . .		"
f) Mehrwertsteuer	-,--	"
g)		"
	--,--	DM

Notar

Wechsel mit Protesturkunde

Ingenieurbüro Vertretungen **W. Demme**

Ingenieur Walter Demme, Postfach 67, 61141 Friedberg (Hess.)

Frau
Gunhild Peinelt
Taunusstr. 6

61250 Usingen

Ihr Zeichen, Ihre Nachricht vom	Unser Zeichen, unsere Nachricht vom	Telefon,Name (0 60 31) 2 71-	Datum
ze-ef ..-02-05	d-a	28 Frau Daume	..-02-20

Wechselrückgriff

Sehr geehrte Frau Peinelt,

der Wechsel über

825,50 DM, fällig am 19. Febr. 19..
in Bad Homburg v. d. H.,

den Sie mir am 05. Febr... in Zahlung gegeben haben, ist vom Bezogenen nicht eingelöst worden und zu Protest gegangen.

Ich bitte Sie daher, mir den Betrag der unten aufgeführten Rückrechnung in Höhe von

847,08 DM

zu überweisen. Den protestierten Wechsel schlcke ich Ihnen dann umgehend zu.

Mit freundlichen Grüßen

Walter Demme

Walter Demme

Rückrechnung

Wechselbetrag	825,50	DM
Protestkosten	13,00	DM
6 % Zinsen/6 Tage	0,83	DM
1/3 % Provision	2,75	DM
Porto u. Auslagen	5,00	DM
	847,08	DM

Geschäftsräume	Telefon	Telex	Telefax	Kontoverbindungen	
Burgstr. 7 Friedberg (Hess.)	(0 60 31) 271-0	415906 wdem d	(0 60 31) 2 71 55	Friedberger Bank (BLZ 518 900 000) Konto-Nr. 31 245	Postbank Frankfurt (BLZ 500 100 60) Konto-Nr. 13 01-604

Wechselrückgriff

festgelegten Pauschale von 8 % errechnet und die Süßmosterei mit diesem Betrag belastet; der Ausgleich ist über das Konto Nr.1205030 bei der Deutschen Bank in Backnang, BLZ 600 700 70 vorzunehmen.

Zum Ausgleich einer fälligen Rechnung über 24.000,00 DM gibt die Maschinenbau AG den Wechsel mit der sechsmonatigen Laufzeit an ihren Lieferer, Stahlgroßhandlung Knorr KG, 64283 Darmstadt am 12. August . . weiter. Über die Differenz, die wie vereinbart den amtlichen Diskontsatz und 1/3% Provision für alle Nebenkosten berücksichtigt, wird ein Verrechnungsscheck ausgefüllt und dem Brief als weitere Anlage beigefügt.

Der Dreimonatswechsel über 21.000 DM wird der Deutschen Bank in Backnang am 15. August . . zum Diskont eingereicht, die den Barwert dem Konto Nr. 1 205 030 gutschreibt.

Während der Wechsel mit der vierteljährlichen Laufzeit von der Süßmosterei eingelöst werden kann, sind wegen des schlechten Umsatzes für die Einlösung des zweiten Wechsels keine ausreichenden Mittel vorhanden. Um den drohenden Protest zu vermeiden bittet daher Herr Kerber am 16. Januar die Maschinenbau AG um Prolongation für ein weiteres Vierteljahr; dem Schreiben wird ein Akzept mit der neuen Laufzeit beigefügt. Der Gegenwert zur Einlösung des fälligen Wechsels ist auf das Konto Nr.12 501 bei der Commerzbank Hockenheim zu überweisen.

Die Maschinenbau AG ist mit diesem Verfahren einverstanden und teilt dies Herrn Kerber in einem kurzen Schreiben mit.

Am Verfalltag kann die Süßmosterei Kerber & Sohn für die nötige Deckung des Kontos sorgen, sodass der Wechsel am 26. Apr. . . von der Commerzbank Hockenheim eingelöst wird.

4 Zahlung mit Hilfe eines Kredits

4.1 Aufnahme eines Kredits

In vielen Fällen fehlt dem Kaufmann das Geld um seine erforderlichen Einkäufe tätigen zu können, denn das Entgelt für seine Leistungen bekommt er üblicher- weise erst zum Schluss des Verkaufsgeschehens.

Zur Überbrückung kann er sich die fehlenden Mittel dadurch beschaffen, dass er bei einem Geldinstitut durch Abschluss eines Darlehnsvertrages einen **Geldkredit** aufnimmt. Auf diese Weise wahrt er seine Zahlungsfähigkeit und kann durch Barzahlungen die erheblichen Skontovorteile nutzen.

Das Kreditgeschäft der Geldinstitute wird über Vordrucke abgewickelt; ein besonderer Schriftverkehr erübrigt sich daher.

Sehr häufig bittet der Kaufmann auch seinen Lieferanten um ein längeres Zahlungsziel, wenn er die Ware nicht gleich bezahlen kann. Um den Lieferanten für einen **Warenkredit** zu gewinnen wird er seine Kreditwürdigkeit herausstellen, indem er auf die bisherige langjährige, ungestörte Geschäftsbeziehung hinweist, eventuell Sicherheiten anbietet oder andere Geschäftspartner als Referenz angibt. Eine besondere Form des Warenkredits ist der **Kontokorrentkredit;** bei ihm hat der Kunde die Möglichkeit bis zu einem bestimmten vereinbarten Betrag Waren auf Kredit zu kaufen. Zahlungen, die der Käufer leistet, werden entweder rechnungsbezogen gebucht oder mit dem Kontostand pauschal verrechnet.

Das Schreiben mit der Bitte um einen Warenkredit könnte lauten:

Textbeispiel

Bitte um Gewährung eines Kontokorrent-Kredits

Sehr geehrter Herr Schindler,

am 23. Juni 19. . habe ich die Bauklempnerei Teichert übernommen. Die Leistungsfähigkeit dieses Betriebes ist Ihnen sicher bekannt, da Herr Teichert seit langem zu Ihren Stammkunden gehörte. Ich werde den Betrieb in gleicher Weise fortführen und gleichzeitig einen Reparaturservice „Rund um die Uhr" aufnehmen. Zur Deckung meines Materialbedarfs bitte ich Sie mir ein Kontokorrent-Konto mit einem Kreditspielraum von --,-- DM einzurichten. Falls es erforderlich sein sollte, kann ich Ihnen verschiedene Sicherheiten bieten.

Teilen Sie mir bitte Ihre Bedingungen mit.

Mit freundlichen Grüßen

Anton Schulz

4.2 Prüfung der Kreditwürdigkeit – die Erkundigung und die Auskunft

Die Sicherung des Kreditgeschäftes beginnt damit, dass der Kreditgeber (Kaufmann oder Kreditinstitut) sich über die **Kreditwürdigkeit** des Antragstellers erkundigt. Das gilt ganz besonders für Kreditinstitute, denn das Geld, das sie als Kredit vergeben, stammt aus Termin- oder Spareinlagen, die nach bestimmten Zeiten den Sparern wieder zur Verfügung stehen müssen. Diese Einlagengeschäfte wären gefährdet, wenn die Kreditnehmer die Kredite nicht pünktlich und vollständig zurückzahlen würden.

Die Kreditwürdigkeit hängt von der Person des Unternehmers und seiner Vermögenslage ab. Im Einzelnen können Dinge wie persönlicher Ruf, Lebensstil, Betriebsverhältnisse, Umsatz, Verschuldung usw. interessant sein und im Zusammenwirken die Kreditwürdigkeit ausmachen. Diese wichtigen Informationen kann der Kreditgeber bei Auskunfteien, Geschäftsfreunden, der Handelskammer, in Ausnahmefällen auch bei Banken und im Ausland bei Konsulaten erhalten.

Auskünfte sind sehr vertraulich zu behandeln, und der Auskunftgebende sollte die Antwort verweigern, wenn er sich über den Wahrheitsgehalt bestimmter Informationen nicht sicher ist.

Am häufigsten werden Anfragen aber an Auskunfteien gerichtet. Nach dem Bundesdatenschutzgesetz muss der Auskunftsuchende in einem Antrag sein berechtigtes Interesse nachweisen, bevor er gegen Entgelt eine meist sehr ausführliche Kreditauskunft bekommt (siehe Beispiel S. 157).

Je nach Ergebnis der Auskunft wird der Kreditgeber vom Kreditnehmer besondere Sicherheiten verlangen. Sicherungsmöglichkeiten sind:

- Bürgschaft
- Abtretung von Forderungen
- Pfandbestellung (Lombardkredit)
- Sicherungsübereignung
- Grundstücksverpfändung
- Wechsel (Diskontkredit)

Aufbau und Inhalt der an einen Geschäftspartner gerichteten Erkundigung

1. Gründe für die Erkundigung
2. Die Erkundigung selbst
3. Zusicherung der Verschwiegenheit
4. Bereitschaft zu Gegendiensten und Dank

Textbausteine

Zu 1:
- *Herr . . . (vollständige Anschrift.!) hat bei mir für --,-- DM Waren bestellt.*
- *Frau . . . verlangt ein Ziel von . . . Monaten.*
- *. . . möchte mit mir in Geschäftsverbindung treten.*
- *. . . hat Ihre Firma als Referenz angegeben.*

Zu 2:
- *Kann man unbedenklich einen Kredit von --,-- DM gewähren?*
- *Wie kommt er seinen Zahlungsverpflichtungen nach?*
- *Wie hoch ist schätzungsweise der Umsatz?*

Zu 3:
- *Ich verspreche Ihnen Verschwiegenheit.*
- *Wir versichem, dass wir die Auskunft streng vertraulich behandeln.*

Zu 4:
- *Zu Gegendiensten bin ich gern bereit.*
- *Vielleicht bietet sich die Gelegenheit, dass . . .*
- *Ich danke Ihnen im Voraus und . . .*

Aufbau und Inhalt der an einen Geschäftspartner gerichteten Auskunft

1. Bezugnahme auf die Anfrage
2. Auskunft
3. Bitte um Verschwiegenheit

Textbausteine

Zu 1:
- Der Kunde, nach dem Sie fragen, . . .
- Das Untemehmen, über das Sie Auskunft wünschen, . . .

Zu 2:
- Nach meiner Erfahrung können Sie unbedenklich --,-- DM Kredit gewähren.
- Seit Jahren ist er seinen Zahlungsverpflichtungen pünktlich nachgekommen.
- In letzter Zeit hat er stockend gezahlt.
- Ich muss leider eine Auskunft ablehnen, weil . . .

Zu 3:
- Bitte behandeln Sie diese Auskunft vertraulich.
- Ich bitte Sie um Verschwiegenheit.

Gebrüder Borchers GEBO
METALLWARENFABRIK

Gebr. Borchers, Postfach 3 19, 42501 Velbert

Herrn
Robert Roldh
Postfach 5 51

41701 Viersen

Ihr Zeichen, Ihre Nachricht vom	Unser Zeichen, unsere Nachricht vom	Telefon,Name (0 21 24) 21 54-	Datum
	sa-kö	2 82	..-03-27

Bitte um Auskunft

Sehr geehrter Herr Roldh,

die Firma Fritz Guhl, Leiterstraße 7, in 41747 Viersen erteilt uns zum ersten Male eine Bestellung über rund --,-- DM und gibt Sie als Empfehlung an.

Wir wären Ihnen dankbar, wenn Sie uns über die Geschäftsverhältnisse und die Kreditwürdigkeit des Unternehmens eine möglichst erschöpfende Auskunft gäben.

Unbedingte Verschwiegenheit sichern wir Ihnen zu.

Wir danken Ihnen für Ihre Mühe und sind zu Gegendiensten gern bereit.

Mit freundlichen Grüßen

GEBRÜDER BORCHERS

ppa. Saul

Engelbert Saul

Geschäftsräume Forstweg 17 Velbert | Telefon (0 21 24) 21 54-1 | Telefax (0 21 24) 21 54 21 | Deutsche Bank (BLZ 314 700 04) Konto-Nr. 345 23 | Postbank Köln (BLZ 370 100 50) Konto-Nr. 129 02-572 | USt-IdNr. DE362 786 140

Erkundigung (Bitte um Auskunft)

Robert Roldh

Robert Roldh, Postfach 551, 41701 Viersen

Metallwarenfabrik
Gebrüder Borchers
Postfach 3 19

42501 Velbert

Ihr Zeichen, Ihre Nachricht vom	Unser Zeichen, unsere Nachricht vom	Telefon,Name (0 21 62) 3 45 67	Datum
sa-kö ..-03-27	ro-c		..-04-01

Auskunft

Sehr geehrter Herr Saul,

Ihr Kunde, Herr Fritz Guhl, betreibt ein gut gehendes Eisenwaren-Fachgeschäft, der Inhaber gilt als erfolgreicher Kaufmann mit gutem Ruf sowohl bei Geschäftsfreunden als auch bei seiner Kundschaft.

Die Geschäftsräume befinden sich im eigenen, sehr gepflegten Haus, ein großer Ausstellungs- und Verkaufsraum ist zweckmäßig und modern eingerichtet. Er arbeitet selbst im Betrieb mit und beschäftigt drei Verkäufer und eine Auszubildende.

Meine Forderungen gegen ihn hat er stets pünktlich ausgeglichen.

Ich hoffe Ihnen mit meinen Angaben geholfen zu haben.

Mit freundlichen Grüßen

Robert Roldh

Geschäftsräume	Telefon	Telefax	Postbank Köln
Am Anger 9	(0 21 62) 3 45 67	(0 21 62) 3 45 82	(BLZ 370 100 50)
Viersen			Konto-Nr. 47 12-502

Auskunft

Ort: Duisburg
Z. u. H. Nr: 0001-000019
Kontroll-Nr: 98765
Ihr Zeichen: BS/SE

Datum: 9.Sept.1995/054
Nr: BI/: 0/911/0203784
Dch. VC:
Mitgl. VC: 100-000000

Creditreform

Auskunft über: 507.140106

Kramer Kunststoff GmbH
Hauptstr. 88

47058 Duisburg

Tel: 02 03/92 88 70
Tfx: 02 03/9 28 87 50

Bonitätsindex	* 1 7 9 *		
Rechtsform	GmbH		(10)
Gründung	7.Aug.1962		
Handelsregister	20.Okt.1962, AG 47051 Duisburg, HRB 1510		(2020)
Gesellschafter	Heinz Kramer 40400 Neuss	DM	10.000.000
Stammkapital		DM	10.000.000
Geschäftsführer	Heinz Kramer, Kaufmann, geb. 20.Febr.1940, verheiratet mit Reta Kramer, Familie, Akazienallee 14, 40400 Neuss		
Allgemeines	Produktion von Kunstharzen und Kunststoffbändern sowie Kunststoffolien		
	konstante Unternehmensentwicklung		(30)
	zufriedenstellende Auftragslage (30)		
			BRANCHE: (21000)
Mitarbeiter	1994 ca.275 Beschäftigte 1995 ca .260 Beschäftigte		
Jahresumsatz	1992	DM	75.415.550
	1993	DM	85.670.240
	1994	DM	83.710.450
Immobilien	Eigentum der Firma: Betriebsanwesen, Hauptstr. 88, Duisburg, Größe ca. 7.600 qm		
	Verkehrswert	DM	1.500.000
	Belastung	DM	450.000
	Überprüfung der Angaben zum Immobilieneigentum durch Grundbucheinsicht nicht möglich		
Aktiva	Sachanlagen	DM	18.400.000
	Vorräte	DM	14.500.000
	Forderungen und sonstige Vermögensgegenstände	DM	7.800.000
Passiva	Eigenkapital	DM	14.500.000
	Rückstellungen	DM	11.250.000
	Verbindlichkeiten gegenüber Kreditinstituten	DM	8.900.000
	Verbindlichkeiten aus Lieferungen und Leistungen	DM	6.100.000
Banken	Commerzbank AG, Duisburg Deutsche Bank AG, Duisburg		
Zahlungsweise	Skontoausnutzung		(11)
Kreditfrage	Geschäftsverbindung ist zulässig Höchstkredit DM 1.200.000 (eine Million zweihunderttausend)		(21)

Im Interesse einer objektiven Auskunftserteilung bitten wir um Nachricht bei abweichenden Erfahrungen.

Auskunft einer Auskunftei

Kredit und Kreditwürdigkeit

1. Sie sind im Einkauf der Firma Stahlbau Mannhardt GmbH in 87629 Füssen, Quellhang 3 beschäftigt. Für einen Großauftrag benötigt der Betrieb verschiedene Rohstoffe im Wert um 20.000 DM, die aber wegen der Zahlungsabwicklung dieses Auftrages erst nach einem halben Jahr bezahlt werden können. Andere Zahlungsreserven stehen nicht zur Verfügung.
Schreiben Sie an den Lieferer in 80709 München, dem Stahllager Steiger & Co., Postfach 60 13 und fragen Sie nach, ob eine Bestellung unter der genannten Bedingung möglich sei; stellen Sie die Kreditwürdigkeit überzeugend heraus.

2. In einem Auftrag bestellt ein Kunde Ware im Wert von 18.000 DM, für die er ein Zahlungsziel von 3 Monaten erbittet. Leider ist Ihnen dieser Kunde unbekannt, sodass Sie das Risiko eines ungesicherten Verkaufs fürchten. Andererseits möchten Sie den Kunden nicht verärgern und eventuell verlieren, wenn Sie den Kaufabschluss von der Abgabe einer Sicherheit abhängig machen.
Zufällig bereist der Handelsvertreter Ihres Betriebes, Herr Horst Krämer, auch den Wohnort des Kunden; Sie bitten ihn daher schriftlich Wissenswertes über den Kunden zu sammeln und Ihnen mitzuteilen. Entwerfen Sie den Briefinhalt.

3. In dem Großhandelsbetrieb für Farben, Tapeten und Teppiche haben Sie u. a. einen Kunden, mit dem Sie schon seit Jahren in Geschäftsverbindung stehen. Er betreibt einen kleinen Malerbetrieb mit einem Gesellen und einem Auszubildenden, und zwar auf einem eigenen Grundstück mit Wohnhaus und kleiner Werkstatt. Es werden durchschnittliche Umsätze getätigt; die entsprechenden Zahlungen gehen, wenn auch manchmal schleppend, ein. In einigen Fällen musste der Mahnbescheid angedroht werden, bis die Zahlung erfolgte.
Durch einen Geschäftsfreund werden Sie nun aufgefordert über diesen Kunden eine Auskunft zu erteilen, da der Kunde Sie als Referenz angegeben hat.
Wie könnte das Schreiben lauten?

5 Der Kunde zahlt nicht – der Zahlungsverzug

5.1 Der Kunde wird gemahnt

Bis zum Fälligkeitstag hat der Kunde Zeit seine Rechnung zu bezahlen. Dieser Tag ergibt sich aus den Allgemeinen Geschäftsbedingungen und wird oft auf der Rechnung wiederholt. Zahlt der Kunde zu diesem Termin nicht, kommt er in **Zahlungsverzug.** Der Gläubiger darf von diesem Zeitpunkt an **Verzugszinsen** berechnen und den Ersatz aller **Mahnkosten** verlangen.

Bevor der Gläubiger aber diese Rechte beansprucht, wird er versuchen auf gütliche Weise das Geld zu bekommen, denn durch unkluges Mahnen wird der Kunde leicht verärgert und sucht sich einen neuen Geschäftspartner.

Andererseits darf der Gläubiger mit seiner Geduld nicht zu großzügig sein, weil Kunden dann bewusst die fälligen Zahlungen hinauszögern würden.

Es ist deshalb üblich den Zahlungseingang genau zu überwachen, sodass Verzögerungen sofort erkannt werden. Da die Gründe für eine ausbleibende Zahlung sehr unterschiedlich sein können und sowohl in der Vergesslichkeit als auch in der Zahlungsunwilligkeit des Kunden liegen können, hat sich in der kaufmännischen Praxis ein stufenweises Mahnverfahren entwickelt.

Zuerst wird der Schuldner durch ein **Erinnerungsschreiben** auf den abgelaufenen Zahlungstermin aufmerksam gemacht; sollte er tatsächlich den Termin vergessen haben, wird er sicherlich umgehend bezahlen. Erinnert wird durch das Übersenden eines Kontoauszuges, einer Rechnungskopie oder eines vorgedruckten Briefes; hierdurch fühlt sich der Schuldner nicht persönlich gemahnt und ist deshalb auch nicht unangenehm berührt.

Wenn der Kunde auf die Erinnerung hin nicht zahlt, folgt ein echter Mahnbrief, den man im Betreff als **Erste Mahnung** kennzeichnet. Der Kunde wird jetzt eindeutig aufgefordert die säumige Zahlung unverzüglich vorzunehmen.

Aufbau und Inhalt der ersten Mahnung

1. Hinweis auf den fälligen Betrag laut Rechnung Nr. . . .
2. Nachdrückliche Bitte um Zahlung

Textbausteine

Zu 1:
- *Sie haben leider auf meine Erinnerung vom . . . hin noch nicht gezahlt.*
- *Der Betrag unserer Rechnung Nr. . . . vom . . . ist leider noch offen.*
- *Da die am 15. v. M. fällige Rate bis heute noch nicht eingegangen ist, mache ich Sie darauf aufmerksam, dass . . .*

Zu 2:
- *Wir weisen auf die Zahlungsbedingungen auf der Rückseite unserer Rechnung hin und bitten nochmals um Überweisung bis . . .*
- *Ich bedauere Ihnen kein längeres Zahlungsziel einräumen zu können, und hoffe, dass Sie mir den Betrag bis . . . überweisen werden.*

Textbeispiel

Erste Mahnung

Sehr geehrter Herr Granse,

leider haben Sie trotz meiner Erinnerung vom 15. Februar noch nicht bezahlt, obwohl der Betrag über 2.347,60 DM lt. Rechnung Nr. 46/2 schon seit dem 8. Februar fällig ist. Bitte überweisen Sie diese Summe unverzüglich auf das Konto Nr. 23/45 657 bei der Stadtsparkasse Aurich, BLZ 770 518 58.

Sollten Sie die Zahlung bereits vorgenommen haben, betrachten Sie mein Schreiben als gegenstandslos.

Mit freundlichen Grüßen

Schneider & Bolm

War die erste Mahnung erfolglos, wird eine zweite Mahnung geschrieben. In diesem Brief fordert man den Kunden nochmals auf die Zahlung innerhalb einer bestimmten Frist nachzuholen; gleichzeitig macht man deutlich, dass ein weiterer Zahlungsaufschub nicht hingenommen wird und die Berechnung entsprechender Kosten zur Folge hat.

Aufbau und Inhalt der zweiten Mahnung

1. Bezug auf erste Mahnung
2. Bitte, den Betrag zu einem bestimmten Termin zu bezahlen
3. Hinweis auf Verzugszinsen und Mahnkosten

Textbausteine

Zu 1:
- *Trotz unserer Mahnung vom . . . haben Sie nicht gezahlt.*
- *Mir ist Ihr Verhalten unverständlich, denn . . .*
- *Am . . . habe ich gebeten den fälligen Betrag in Höhe von --,-- DM endlich zu bezahlen.*

Zu 2:
- *Ich fordere Sie auf bis zum . . . die Summe von . . .*
- *Wir erwarten deshalb Zahlung bis spätestens zum . . .*
- *Ausnahmsweise bin ich bereit bis zum . . . das Zahlungsziel zu verlängern.*

Zu 3:
- *Nach Ablauf der Frist muss ich Verzugszinsen und Mahnkosten berechnen.*
- *. . . sollten Sie unbedingt bezahlen, wenn Sie die Berechnung von Verzugszinsen und Mahnkosten vermeiden wollen.*

Textbeispiel

> *Zweite Mahnung*
>
> *Sehr geehrter Herr Granse,*
>
> *trotz meines Erinnerungsschreibens vom 15. Februar und der ersten Mahnung vom 25. Februar haben Sie weder gezahlt noch durch ein Schreiben zur Klärung der Situation beigetragen. Wegen unserer langjährigen und bisher ungetrübten Geschäftsverbindung gewähre ich Ihnen eine letzte Zahlungsfrist von 8 Tagen. Wenn Sie vermeiden wollen, dass ich Sie mit Verzugszinsen und Mahnkosten belasten werde, sollten Sie unbedingt bis zum 10. März den fälligen Betrag von 2. 347,60 DM bezahlen.*
>
> *Mit freundlichen Grüßen*
>
> *Schneider & Bolm*

Hat der Kunde immer noch nicht gezahlt, wird der Kaufmann die Hilfe des Gerichtes in Anspruch nehmen und den Mahnbescheid beantragen. Diesen bedeutsamen Schritt droht er aber in einer **letzten Mahnung** an. Um deutlich zu machen, dass weiteres Nichtzahlen das Verfahren nur verteuert, sollte der neue Forderungsstand genannt werden, der sich aus dem Rechnungsbetrag, den Mahnkosten und den Verzugszinsen ergibt.

Aufbau und Inhalt der letzten Mahnung

1. An vergebliche Mahnungen anknüpfen
2. Letzte Frist setzen
3. Androhen, den Betrag gerichtlich einziehen zu lassen

Textbausteine

Zu 1: – *Trotz mehrerer Mahnungen haben Sie nicht gezahlt.*
– *Weder durch Zahlung noch durch ein erklärendes Schreiben haben Sie auf meine Mahnung reagiert.*

Zu 2: – *Sollte bis zum . . . keine Zahlung erfolgt sein, werde ich . . .*
– *Daher fordere ich Sie auf bis zum . . . zu zahlen.*

Zu 3: – *Nach Ablauf der Frist werden wir einen Mahnbescheid beantragen.*
– *. . . werden wir die Summe mit Hilfe des Gerichtes einziehen lassen.*

Textbeispiel

Letzte Mahnung

Sehr geehrter Herr Granse,

ich bin nicht mehr bereit, länger auf die Zahlung des seit dem 8. Febr. 19 . . fälligen Rechnungsbetrages zu warten. Sollte der Betrag von 2.347,60 DM zuzüglich 10,50 DM Verzugszinsen und 24,00 DM Mahnkosten bis zum 30. März 19 . . nicht überwiesen worden sein, werde ich den Betrag von 2.382,10 DM durch einen Mahnbescheid anfordern lassen.

Vermeiden Sie durch rechtzeitige Zahlung, dass es zu dieser Maßnahme kommt.

Mit freundlichen Grüßen

Schneider & Bolm

5.2 Gläubiger und Schuldner einigen sich

Kommt der Schuldner unvorgesehen in Zahlungsschwierigkeiten und kann daher seine fällige Rechnung nicht bezahlen, sollte er seinen Gläubiger von dieser Lage unterrichten und die Ursache glaubhaft darstellen. Der Gläubiger wird in der Regel bemüht sein seinem Schuldner aus der Zahlungsschwierigkeit zu helfen, denn durch sein Entgegenkommen kann er damit rechnen, einen treuen Kunden gewonnen zu haben. Außerdem ist die Wahrscheinlichkeit dadurch zu seinem Geld zu kommen größer, als wenn der Kunde unter Umständen in Konkurs gerät.

Durch eine **Stundung** wird dem Schuldner erlaubt zu einem späteren Zeitpunkt zu bezahlen. Solch eine Vereinbarung kann mit der Zahlung von Zinsen verbunden sein.

Manchmal ist dem Schuldner schon geholfen, wenn er die Schuldsumme in Form von **Abschlagszahlungen** zurückzahlen darf.

Aufbau und Inhalt von Briefen bei Zahlungsschwierigkeiten

1. Hinweis auf Zahlungsschwierigkeit
2. Darstellung der Ursache
3. Bitte um Stundung oder Abschlagszahlung
4. Versprechen, rechtzeitig zu zahlen

Redewendungen

Zu 1: – *... bin ich leider nicht in der Lage zu zahlen.*
– *Die Zahlung von --,-- DM kann ich nicht vornehmen, weil ...*

Zu 2: – *... war der Umsatz stark zurückgegangen, sodass mir erhebliche Einkommensverluste entstanden sind.*
– *Um den Schaden zu begrenzen musste ich alle liquiden Mittel einsetzen.*

Zu 3: – *... wäre mir mit einem Zahlungsaufschub sehr geholfen.*
– *... kann ich Ihnen jetzt erst --,-- DM überweisen, für den Rest bitte ich um Stundung bis zum ...*

Zu 4: – *Ich verspreche Ihnen die Zahlung pünktlich zum vereinbarten Termin vorzunehmen.*
– *... werden wir den Betrag von --,-- DM in jedem Fall überweisen.*

Textbeispiel

Stundungsbitte

Sehr geehrte Frau Reimann,

am 25. April wird ein Betrag in Höhe von 14.370,00 DM laut Rechnung Nr. 180/3 vom 25. März . . fällig. Leider bin ich zur Zeit nicht in der Lage diese Summe zu zahlen. Am 18. April wurde mein LKW-Fahrer auf der Rückfahrt von Italien am Rastplatz Bozen überfallen. Der LKW wurde samt Ladung gestohlen. Dadurch entstanden mir neben dem Einnahmeausfall hohe Kosten.

Meine Versicherung teilte mir mit, dass der finanzielle Schaden innerhalb eines Monats ausgeglichen sein wird. Ich bitte Sie deshalb um Stundung bis zum 25. Mai . .

Für Ihr Entgegenkommen danke ich Ihnen im Voraus.

Mit freundlichen Grüßen

Eberhard Scheunert

5.3 Das Gericht muss helfen – das gerichtliche Mahnverfahren

Wenn der Gläubiger auf gütlichem Wege nicht zu seinem Geld gekommen ist, wird er das **gerichtliche Mahnverfahren** einleiten.

Er stellt beim Amtsgericht seines Wohn- oder Geschäftssitzes einen Antrag auf Zustellung eines **Mahnbescheids.** Als Antragsteller füllt er einen im Schreibwarenhandel erhältlichen Vordruck aus und leitet ihn, nachdem er die Gerichtskosten in Form von Kostenmarken entrichtet hat, an das Amtsgericht. Der Mahnbescheid wird von Amts wegen dem Schuldner, der als Antragsgegner bezeichnet wird, durch die Post zugestellt.

Der Antragsgegner hat 14 Tage Zeit um die fällige Zahlung vorzunehmen oder einen Widerspruch gegen den Mahnbescheid zu erheben. Zahlt er, dann ist das Verfahren erledigt. Erhebt der Antragsgegner **Widerspruch** beim Amtsgericht,

Der Antrag wird gerichtet an das

Amtsgericht

Plz, Ort

① 50676 Köln

Geschäftsnummer des Gerichts

② **Antragsgegner**/ges. Vertreter

Firma
Erich Bockelmann
Bahnhofstraße 86

60435 Frankfurt

Plz Ort

– Graue Felder bitte nicht beschriften! –

Mahnbescheid

← Datum des Mahnbescheids

③ **Antragsteller,** ges. Vertreter, Prozessbevollmächtigter; Bankverbindung

Tapetenfabrik
Karl Kramer
Heinestraße 36
50931 Köln

Postgirokonto Köln
(BLZ 370 100 50)
Konto-Nr. 1358 40-507

④ **macht gegen Sie**

☐ als Gesamtschuldner

⑤ **folgenden Anspruch geltend** (genaue Bezeichnung, insbes. mit Zeitangabe):

Geschäftszeichen des Antragstellers:

Rechnung vom 12. März .. für am 18. Febr. .. bestellte und am 5. März .. gelieferte Tapeten

⑥ Hauptforderung DM	3.512,00	Zinsen, Bezeichnung der Nebenforderung 7,5 % Zinsen jährlich von DM 3.512,00 seit dem 13. Apr. ..					
⑦ Nebenforderung DM	-						
⑧ Kosten dieses Verfahrens (Summe 1 bis 5) DM	57,90	1 Gerichtskosten 53,40 DM	2 Auslagen d. Antragst. 4,50 DM	3 Gebühr d. Prozessbev. DM	4 Auslagen d. Prozessbev. DM	5 MwSt. d. Prozessbev. DM	
⑨ Gesamtbetrag DM	3.569,90	**zuzüglich der laufenden Zinsen**	Der Antragsteller hat erklärt, dass der Anspruch von einer Gegenleistung ☐ nicht abhänge. ☒ abhänge, diese aber erbracht sei.				

Das Gericht hat nicht geprüft, ob dem Antragsteller der Anspruch zusteht.
Es fordert Sie hiermit auf, innerhalb von zwei Wochen seit der Zustellung dieses Bescheids entweder die vorstehend bezeichneten Beträge, soweit Sie den geltend gemachten Anspruch als begründet ansehen, zu begleichen oder dem Gericht auf dem beigefügten Vordruck mitzuteilen, ob und in welchem Umfang Sie dem Anspruch widersprechen.

Wenn Sie die geforderten Beträge nicht begleichen und wenn Sie auch nicht Widerspruch erheben, kann der Antragsteller nach Ablauf der Frist einen **Vollstreckungsbescheid** erwirken und aus diesem die Zwangsvollstreckung betreiben.
Der Antragsteller hat angegeben, ein streitiges Verfahren sei durchzuführen vor dem

⑩ Amtsgericht in (60320) Frankfurt

An dieses Gericht, dem eine Prüfung seiner Zuständigkeit vorbehalten bleibt, wird die Sache im Falle Ihres Widerspruchs abgegeben.

Rechtspfleger

Anschrift des Antragstellers/Vertreters/Prozessbevollmächtigten

Antrag

Ort, Datum

⑪

Tapetenfabrik
Karl Kramer
Heinestraße 36

50931 Köln

Plz Ort

Ich beantrage, auf Grund der vorstehenden Angaben einen Mahnbescheid zu erlassen.

⑫ ☐ Im Falle des Widerspruchs beantrage ich die Durchführung des streitigen Verfahrens.

⑬ ☒ Ordnungsgemäße Bevollmächtigung versichere ich. ☐ Antragsteller ist nicht zum Vorsteuerabzug berechtigt.

⑭ ☐ Hier die Zahl der ausgefüllten Vordrucke angeben, falls sich der Antrag gegen mehrere Antragsgegner richtet.

Kramer

Unterschrift des Antragstellers/Vertreters/Prozessbevollmächtigten

Mahnbescheid

wird der Antragsteller davon unterrichtet und kann ein normales Streitverfahren einleiten.

Erhebt der Antragsgegner dagegen keinen Widerspruch, so wird nach Ablauf der 14 Tage auf Wunsch des Antragstellers das Amtsgericht einen **Vollstreckungsbescheid** zustellen. Der Antrag des Gläubigers hierzu muss aber innerhalb eines halben Jahres gestellt werden, sonst geht die Wirkung des Mahnbescheids verloren.

Nach Zustellung des Vollstreckungsbescheids hat der Antragsgegner wieder 14 Tage Zeit um zu zahlen oder sich durch einen **Einspruch** gegen die Zahlungsaufforderung zu wehren. Das Gericht leitet nach dem Einspruch von Amts wegen ein Streitverfahren ein. Zahlt der Antragsgegner, ist das Verfahren beendet, unternimmt er dagegen nichts, so wird der Antragsteller mit Hilfe des zuständigen Gerichtsvollziehers die **Zwangsvollstreckung** betreiben, die in der Pfändung und Verwertung der Pfandsache zu Gunsten des Gläubigers besteht.

Wird der Gläubiger durch die Pfändung nicht oder nur teilweise befriedigt, kann er verlangen, dass der Schuldner eine **eidesstattliche Versicherung** über seine Vermögenslage vor dem beim Gericht tätigen Rechtspfleger abgibt. Weigert sich der Schuldner die Versicherung zu geben, kann der Gläubiger einen Haftbefehl erwirken.

Der in Haft befindliche Schuldner kann jederzeit verlangen zur Eidesleistung aus der Haft vorgeführt zu werden. Für die Haftkosten muss der Gläubiger aufkommen. Die Haftdauer beträgt höchstens sechs Monate.

Kommt es durch den Widerspruch oder Einspruch zu einer **Klage,** so wird das Verfahren unabhängig vom Streitwert dem Gericht am Wohn- oder Geschäftssitz des Schuldners übergeben (**örtliche Zuständigkeit**). Bei einem Streitwert über 10.000 DM ist das Landgericht zuständig (**sachliche Zuständigkeit**). Das sogenannte streitige Verfahren verteuert sich gegenüber dem gerichtlichen Mahnverfahren erheblich, am Landgericht besteht sogar **Anwaltszwang**.

Mahnung

1. Die Gerberei Henze & Holtmann in 27735 Delmenhorst, Postfach 1 65 hatte am 21. Juni Rohleder an die Firma Fußbekleidung ROBA AG in 33546 Bielefeld, Postfach 12 03 geliefert; laut Rechnung Nr. 63/6 vom 29. Juni war der Betrag in Höhe von 18.400,00DM am 24. Juli fällig.

a) Da bis zum 26. Juli nicht gezahlt wurde, werden Sie beauftragt den Kunden an den Rechnungsausgleich zu erinnern.

b) Die Zahlungserinnerung bleibt ohne Wirkung, sodass Sie am 6. August in einer Mahnung die Firma ROBA AG auf den Verzug hinweisen und dabei ausdrücklich auf den Rechnungsausgleich drängen.

c) Am 10. August erhalten Sie einen Anruf von der Firma ROBA AG. Ein Herr Günther verspricht für die nächsten Tage die Bezahlung und begründet das Versäumnis mit krankheitsbedingten Ausfällen in der Buchhaltung. Da am 18. August immer noch kein Geld eingetroffen ist, schreiben Sie eine erneute Mahnung, in der Sie eine letzte Zahlungsfrist setzen und bei ihrer Nichteinhaltung den Mahnbescheid androhen.

2. Die Sportplatzbau-GmbH aus 34134 Kassel, Paul-Lincke-Allee 63 hatte am 15. April dem Tennisclub ROT-WEISS in 37115 Duderstadt 6 t Ziegelmehl geliefert und gemäß Schreiben vom 20. April eine Rechnung über --,-- DM ausgestellt, zahlbar bis zum 20. Mai bei der Dresdner Bank Kassel, BLZ 520 800 80, Konto-Nr. 13/5609 ohne Abzug.

a) Bei der Platzaufbereitung Ende April gibt es mit dem Material Schwierigkeiten, weil nach Ansicht des Vereins das Ziegelmehl nicht die gewünschte Qualität aufweist. Der Vereinsvorsitzende Herr Seyfarth beauftragt die Rechnungsführerin Frau Krohn, in seinem Auftrag die Sendung zu rügen und nur ein Drittel des Rechnungsbetrages zum Fälligkeitstermin anzuweisen.

b) Die Sportplatzbau-GmbH erkennt den Grund für die Teilzahlung nicht an, weil nach Rückfrage bei dem Ziegelmehlhersteller und dessen Zusicherung feststeht, dass einwandfreies Material geliefert wurde; vielmehr wird vermutet, dass das Ziegelmehl durch unsachgemäße Lagerung auf dem Tennisplatz feucht geworden ist. Mit Schreiben vom 28. Mai unterrichtet die Sportplatzbau-GmbH den Tennisclub von diesem Sachverhalt und verlangt nachdrücklich die Restzahlung.

c) Da nach 14 Tagen weder eine Zahlung noch eine Stellungnahme durch den Tennisclub eingeht, schreibt die Sportplatzbau-GmbH eine erneute Mahnung, in der sie deutlich das Unverständnis für die Handlungsweise des Vereins ausdrückt, auf die bisherige ungestörte Geschäftsverbindung hinweist und nochmals Zahlung innerhalb der nächsten 10 Tage verlangt.

d) Am 20. Juni überweist der Tennisclub ROT-WEISS den Restbetrag auf das gewünschte Konto bei der Dresdner Bank/Kassel.

3. Das Hotel Tannengrund in 37431 Lauterberg, Alte Harzstraße 17 hat an den Heizöllieferanten Horst & Söhne in 37501 Osterode, Postfach 345 laut Rechnung Nr. 108/10 vom 28. Okt. 19 . . 8.240,00 DM zu bezahlen. Diese Summe kann Frau Gerda Meinecke, die Eigentümerin des Hotels, am Fälligkeitstag, dem 28. Nov. nicht aufbringen, weil durch das schlechte Wetter die Zahl der Übernachtungen stark zurückgegangen ist und der Restaurantbetrieb schleppend verläuft. Zum Glück besteht mit einem dänischen Reisebüro ein Beherbergungsvertrag, der unabhängig vom Wetter ein volles Haus bringt; die erste Reisegruppe kommt im nächsten Monat.
Bitten Sie im Auftrag von Frau Meinecke den Heizöllieferanten um Stundung bis zum 30. Jan. 19 . . und bitten Sie gleichzeitig erst einen Abschlag von ca. 3.000,00 DM zahlen zu dürfen.

Schriftverkehr mit Behörden

Der Schriftverkehr mit Behörden bezieht sich zum größten Teil auf Sachverhalte, die sich aus Verwaltungsaufgaben ableiten. Da sich die Inhalte (Anträge, Genehmigungen, Verlängerungen usw.) häufig wiederholen, vollzieht sich ein Großteil des Schriftverkehrs mit Behörden auf Vordrucken.

Sind Briefe an Behörden zu schreiben, so gelten auch hier die im Kapitel „Der Geschäftsbrief nach DIN 5008" aufgeführten Regeln. Aus der Besonderheit der Organisation und der Arbeitsweise von Behörden ist es empfehlenswert darüber hinaus Folgendes zu beachten:

1. Bei der Anschrift schreibt man unter die angeschriebene Verwaltungsstelle die Abteilung, der das Schreiben gilt, z. B.:

Landkreis Rosenheim Ordnungsamt	oder	Amtsgericht Hameln Abt. Handelsregister

2. Die Behörden ordnen jedem Schreiben ein Akten- oder Geschäftszeichen zu; es leitet sich aus der Verwaltungsgliederung ab und verweist auf eine bestimmte Abteilung oder Amtsstelle. In allen Schreiben an Behörden ist deshalb dieses Zeichen in der Bezugszeichenzeile unter „Ihr Zeichen" anzugeben.

3. Auch in Behördenbriefen ist eine Anrede zu wählen; da jedoch nur in wenigen Fällen der Sachbearbeiter bekannt ist, wählt man die allgemeine Formulierung „Sehr geehrte Damen und Herren".

Helga Meinert
Am Kupferberg 23
38640 Goslar
Tel. (0 53 21) 34 57

..-08-21

Stadtverwaltung Goslar
Bauordnungsamt
Harzstraße 8

38640 Goslar

61.08.18 - 8734

Rückfrage zur Baugenehmigung

Sehr geehrte Dammen und Herren,

Brief (ohne Vordruck) an eine Behörde

Besonderheiten der Rechtschreibung

1 Straßennamen

Schillerstraße – Karl-Marx-Platz – Breite Straße – Unter den Linden

Treten zu den Wörtern „Straße", „Gasse", „Platz" usw. ein Personenname, ein anderes Substantiv oder ein Adjektiv ohne Flexionsendung (Beugungsendung), so verschmelzen sie **zu einem Wort:**

Schillerstraße, Goetheplatz, Heineweg, Schurzallee, Habsburgerallee, Friesenufer, Wikingerdamm, Südstraße, Mühlendamm, Baumschulenweg, Wiesenplan, Neumarkt, Langstraße, Hochbrücke, Altdamm

Straßennamen, die mehr als zwei Glieder haben (zwei Namen oder einen Titel und einen Namen als Bestimmungswörter), schreibt man **getrennt mit Bindestrichen:**

Karl-Marx-Platz, Detlev-von-Liliencron-Straße, Von-der-Heydt-Promenade, Professor-Schmeil-Steg, Konrad-Adenauer-Allee

Straßennamen werden **in zwei Wörtern** geschrieben, wenn das Bestimmungswort ein beigefügtes Adjektiv (also mit Flexionsendung) oder eine von Orts- und Ländernamen abgeleitete Wortform ist:

Breite Straße, Lange Gasse, Hoher Weg, Steiles Ufer, Leipziger Straße, Kölner Platz, Kieler Promenade, Hallesche Straße, Goslarsche Chaussee, Französisches Tor

Steht eine Präposition (ein Verhältniswort) am Anfang eines Straßennamens, so ist sie **großzuschreiben;** Adjektive werden grundsätzlich großgeschrieben (Bindestriche werden nicht gesetzt):

Unter den Linden, An der Doktorwiese, Auf dem Osterfeld, Am Breiten Tor, Im Langen Lohn, Am Großen Anger

Wie werden die Straßennamen geschrieben?

1. Die Firma Otto Diebel hat außer dem Hauptgeschäft in der (b)reiten( )Straße noch Zweiggeschäfte in der Königsberger( )Straße, Karl( )Schurz( )Allee, im Hubertus( )Weg und (a)m (a)lten Markt.
2. Die Wagen der neuen Buslinie fahren vom nächsten Montag an durch folgende Straßen: Holländische( )Straße, Kolberger( )Straße, Karl( )Ottmer( )Straße, Schuh( )Gasse, (a)m( )(h)ohen( )Ufer, (a)m( )Würzburger( )Tor.
3. Der Verkehrsunfall ereignete sich gestern am Robert( )Koch( )Platz, und zwar an der Ecke Heidelberger( ) und Hermann( )Straße; zunächst hieß es, die beiden Wagen seien an der Ecke Karl( ) und Ulmer( )Straße zusammengestoßen.
4. Am 1. April ist unser Büro von Bulken( )Gasse 17 nach Wolfram( )von ( )Eschenbach( )Allee 22 verlegt worden.
5. An der Ecke Breslauer( ) und Leibniz( )Straße ist ein beliebter Treffpunkt.
6. Die Ausfallstraßen vieler Städte tragen die Namen der Orte oder Länder, in deren Richtung sie führen, z. B. Hamburger( )Straße, Flandrische( )Straße, Ostland ( )Straße.

2 Wochentage und Tageszeiten

Montagabend – eines Montagabends – montagabends

Am *Montag* werden wir um 7 Uhr das Geschäft eröffnen.
An jedem *Freitagabend* müssen sie die Alarmanlage einschalten.
Die Firma liefert nur *wochentags* aus.
Die Reiseberichte sind jeweils *dienstagabends* abzuschließen.

Um hier Fehler zu vermeiden muss man genau überlegen, ob es sich bei dem Zeitbegriff um ein **Substantiv** (Hauptwort) oder durch ein **Adverb** (Umstandswort) handelt. Die Substantivierung erkennt man in der Regel an ihrem **Begleiter,** z. B. „ein“, „der“, „dieser“, „am“.

Wochentage und Tageszeiten als **großzuschreibende** Zeitangaben (Substantive):

der Abend	am Morgen
des Morgens	diesen Vormittag
eines Nachts	zu Abend essen
gegen Mittag	gute Nacht sagen
den Nachmittag über	es ist Freitag
am Mittwoch	es wird Nacht
kommenden Montag	das Heute und das Morgen

Wochentage und Tageszeiten als **kleinzuschreibende** Zeitangaben (Adverbien):

bis morgen	abends
dienstags	vormittags
morgens	spätabends
von früh auf	um 9 Uhr morgens
von abends bis früh	abends um 20 Uhr

Der adverbiale Gebrauch einer Zeitangabe wird häufig daraus deutlich, dass sie im wiederkehrenden Sinne gebraucht wird. Zum Beispiel:

Wir haben *mittwochs* geschlossen (also jeden Mittwoch).

Aber als Substantiv:

Am *Mittwoch* werden wir geschlossen haben (also nur diesen Mittwoch).

Bei Tageszeitangaben, die aus dem **Substantiv** und dem **Adverb kombiniert** werden, muss genau zwischen beiden Wortarten und der entsprechenden Groß- bzw. Kleinschreibung unterschieden werden:

gestern Morgen	dienstags abends
heute Mittag	morgens in der Früh
morgen Abend	jeden Montagmorgen
dienstagabends	früh am Morgen

Groß oder klein, getrennt oder zusammen?

1. Wir schließen (a)bends um 18.30 Uhr. 2. Des (n)achts können Sie unseren Anrufbeantworter benutzen. 3. Bis (mittwoch)(nachmittag) bin ich verreist. 4. Am (m)ontag erledige ich die Einkäufe. 5. Eines (m)orgens standen wir vor verschlossenen Türen. 6. Betriebsversammlungen finden nur (freitag)(nachmittags) statt.

7. Der Kunde ist (m)ontags zu besuchen. 8. Gegen (m)ittag kommt der Paketdienst. 9. Am (mittwoch)(morgen) wird die Ware eintreffen. 10. Wir mussten bereits (früh)(morgens) anrufen. 11. Sie arbeiten von (m)orgens bis (a)bends. 12. Um 8 Uhr (m)orgens können Sie mich erreichen. 13. Anschließend werden wir zusammen zu (a)bend essen. 14. Am (frühen)(nachmittag) werden wir darüber sprechen. 15. Die Ware wird (montags)(morgens) ausgeliefert. 16. Am (montag)(mittag) gibt es Milchreis, am (dienstag)(mittag) Eisbein und am (mittwoch) (mittag) Hühnerfrikassee. 17. Kurzschrift wird (donnerstag)(abends) geübt. 18. Sie diskutierten von (a)bends bis (m)orgens(f)rüh. 19. Den ganzen (n)achmittag arbeitete er im Garten, erst (a)bends kam er endlich zur Ruhe.

3 Silbentrennung

In - te - res - se, da - rü - ber, *auch* **dar - ü - ber, Zu - cker**

Als Grundregel gilt, dass **nach Sprechsilben getrennt** wird. Trennen Sie also, wie Sie langsam sprechen:

Er - wei - te - rung, Kis - te, muss - te, Ma - ße

Der Grundregel entsprechend können auch **einzelne Vokale** (Selbstlaute) abgetrennt werden:

a - ber, A - dria, O - fen

Aber:
Die Trennung eines **einzelnen Vokals am Ende** eines Wortes ist überflüssig, da der Trennungsstrich den gleichen Platz benötigt:

Aue, Kleie

Von **mehreren Konsonanten** (Mitlauten) kommt bei der Trennung der letzte auf die folgende Zeile:

Damp - fer, wach - sen, ret - ten, Knos - pe, Kat - ze

Die Buchstabenverbindungen **ch, sch, ph, rh, sh** oder **th** werden nicht getrennt, wenn sie für einen Konsonanten stehen; Entsprechendes gilt für **ck:**

Zu - cker, ba - cken, wa - chen, na - schen, Sa - phir

Bei vielen **Wortzusammensetzungen** kann zwischen der Trennung nach Sprechsilben und der Trennung nach ihren sprachhistorischen Bestandteilen gewählt werden:

da - rum / dar - um
da - rüber / dar - über
he - rauf / her - auf
hi - nauf / hin - auf

Diese Wahlfreiheit besteht auch bei vielen **Fremdwörtern:**

Chi - rurg / Chir - urg
Sig - nal / Si - gnal
Pä - da - go - gik / Päd - a - go - gik

In Zweifelsfällen sind der Rechtschreib-DUDEN oder ein Fremdwörterbuch eine wichtige Hilfe.

Trennen Sie richtig:

warum, Kruste, Verwandte, blondhaarig, Hecke, Arbeiterin, neblig, Hering, Espe, lästig, hüpfen, Füchse, heißen, Zähheit, Betttuch, wählerisch, eisern, darin, trocken, Aufenthalt, Nutzen, Mittag, Versklavung, Brennessel, daran, Schnellläufer, Schneiderin, trocknen, spritzte, Angler, gewandter, Heuchelei, Schwimmmeister, heran, fleckig, Ader, schmutzig, vollenden, hungrig, öde, zänkisch, Donnerstag, Hamster, Rispe, Efeu, empfehlen, Bäckerei, putzte, befestigen, boxen, Klapppult, entzückend, Rauheit, witzig, Häcksel, Eidechse, voraus, Hexe, Schnupfen, Quaste, Berichtigung, voran, Dienstag, Städte, Radieschen, Obrigkeit, Förster, Friedrich, klebrig, eifrig, Chirurg, Aue, parallel, Helikopter, Ufer, lecken, versickern, Signal.

4 Probleme bei s-Lauten

die Weise – ich weiß – er wusste – ein bisschen

Der weiche (stimmhafte) **s-Laut** erscheint immer als **„s":**
Weise, Hose, niesen

Häufig wird der weiche s-Laut erst hörbar, wenn man den Plural bildet:
Gras – Gräser

Der **scharfe** (stimmlose) **s-Laut** kann als **„s",** aber auch als **„ß"** auftreten:
Post, Wulst, genießen, Nießbrauch, Gruß

„ss" erscheint stets **nach kurzem Vokal:**
lassen, lässt, Messe, Presse, Kuss, geküsst

Verwandeln Sie nicht unbegründet „ß" zu „ss", es gilt als Fehler:
Gruß (nicht: Gruss)

Bei **Fremdwörtern** wird der s-Laut häufig **„ce"** geschrieben:
Service, Annonce, Nuance, Usance

Setzen Sie den richtigen s-Laut ein:

1. Sie mü( )en die Ware nicht sofort bezahlen. 2. Karin konnte es nicht fa( )en. 3.Ihre Zeugni( )zensuren waren niederschmetternd. 4. Der Kaffee schmeckte wä( )rig. 5. Bei den Vertragsverhandlungen mu( )te ein Kompromi( ) eingegangen werden. 6. Sie vermi( )te die Ware. 7. Fa( ) dich kurz. 8. Seine Forderung war ma( )voll. 9. Die Me( )ung ergab höhere Werte. 10. La( ) es dir nicht gefallen. 11. Ihre Annon( )e erschien in der „Süddeutschen Zeitung". 12. Mu( )t du immer so ra( )en? 13. Wir werden das Mi( )verständni( ) sicherlich ausräumen können. 14. Dieser Proze( ) war nicht zu gewinnen. 15. Die Sau( )e war nicht zu beanstanden. 16. Du solltest ein bi( )chen vorsichtiger sein.

5 „das“ oder „dass“?

Ich hoffe, das Angebot sagt Ihnen zu. **Ich hoffe, dass Ihnen das Angebot zusagt.**

Nächste Woche erhalten Sie *das* Angebot.
In diesem Satz stellt das Wort „das“ einen **Artikel** dar. Statt des bestimmten Artikels „das“ kann man die Wörter „dieses“ oder „jenes“ probeweise einsetzen.

Das Angebot wird Ihnen gefallen!
Der Sprecher dieses Satzes betont das Wort „das“ besonders stark, da er dieses Angebot besonders herausstellen möchte. Das Wort „das“ wird in diesem Satz als **Demonstrativpronomen** (hinweisendes Fürwort) benutzt. Statt des Pronomens „das“ kann man die Wörter „dieses“ oder „jenes“ verwenden. Das Demonstrativpronomen erkennt man an der betonten Sprechweise, häufig macht auch ein Ausrufezeichen am Satzende darauf aufmerksam.

Das Angebot, *das* Sie uns am 24. Aug. . . schriftlich unterbreiteten, erfüllte leider nicht unsere Erwartungen.
Bei dem hervorgehobenen Wort „das“ handelt es sich um ein **Relativpronomen** (bezügliches Fürwort). Das Relativpronomen „das“ stellt eine Beziehung zwischen dem vorhergehenden Substantiv und dem folgenden Nebensatz her. Das Relativpronomen „das“ kann man durch das Wort „welches“ ersetzen.

Wir hoffen, *dass* Ihnen unser Angebot zusagt.
Das Wort „dass“ ist eine **Konjunktion** (ein Bindewort), die einen Nebensatz einleitet. Für die Konjunktion „dass“ kann man in der Regel kein geeignetes Ersatzwort einsetzen.

Das Angebot traf bereits am Vormittag ein, so*dass* wir noch am selben Tag bestellen konnten.
Bei der Wortverbindung „sodass“ – wie auch bei „als dass“ und „ohne dass“ – handelt es sich um eine **Konjunktion,** die einen Nebensatz einleitet. Diese Wortverbindungen werden immer getrennt geschrieben.
Auf ein Ersatzwort kann man in der Regel bei diesen Wortverbindungen nicht zurückgreifen.

Zusammenfassende Kurzregel:
Können für das Wort „das“ die Wörter „dieses“, „jenes“ oder „welches“ eingesetzt werden, so schreibt man mit „s“ – in allen anderen Fällen wird es mit „ss“ geschrieben.

„das“ oder „dass“?

Ergänzen Sie und begründen Sie Ihre Entscheidung.
1. Da( ) Muster, da( ) Herr Fricke angefertigt hat, muss geändert werden. 2. Da( ) es unzerbrechliches Glas gibt, ist bekannt. 3. Als da( ) Lager neu geordnet wurde, hatte ich gerade Urlaub. 4. Da( ) ist nichts Neues. 5. Sicherlich hätte sie das Referat auch ohne da( ) Buch erstellen können. 6. Die Partner waren sich einig, so

da( ) der Vertrag geschlossen werde konnte. 7. Wir hoffen, da( ) Sie bald wieder bei uns bestellen. 8. Da( ) ist viel zu wichtig, als da( ) man es vernachlässigen dürfte. 9. Die Wirtschaftslage veränderte sich, so da( ) zusätzlich Arbeitskräfte eingestellt werden konnten. 10. Da( ) Gerücht, da( ) da( ) Geschäft demnächst geschlossen würde, ist verstummt. 11. Da( ) die Sendung ja rechtzeitig abgeschickt wird! 12. Da( ) da( ) Schreiben unbeantwortet bleiben würde, hatte ich nicht erwartet. 13. Die Bauarbeiten wurden termingerecht beendet, so da( ) die Mieter zum Monatsanfang einziehen konnten. 14. Da( ) da( ) Spiel noch so ausgehen würde, da( ) hätte bei Halbzeit wohl niemand gedacht. 15. Es ist schön, da( ) du noch gekommen bist und da( ) da( ) Schwimmen dir so viel Freude macht. 16. Da( ) alte Haus, da( ) an der Brunnenstraße steht, ist so beschädigt, da( ) es gründlich erneuert werden muss. 17. Wir werden die Angelegenheit in Ordnung bringen, ohne da( ) sie es bemerken werden. 18. Ich liebe da( ) Bild von Hans Thoma, da( ) mich immer wieder an da( ) schöne gemeinsame Ferienerlebnis erinnert. 19. Da( ) wir da( ) Auslandsgeschäft so günstig abgewickelt haben, da( ) war ein Erfolg für uns.

Bilden Sie zu dem Wort „das“ als Artikel, Relativ- und Demonstrativpronomen jeweils ein Satzbeispiel.

6 Dehnung von Vokalen

der – sehr – leer; wir – ihr – vier

Es gibt folgende Möglichkeiten kurz bzw. gedehnt gesprochene Vokale (Selbstlaute) zu schreiben:

Kurzer Vokal:	Gedehnter Vokal:	
Garten	Wahl	Saal
Berg	Mehl	Beere
Stift	ihm	Liebe/Vieh
Tor	Kohl	Boot
Burg	Schuh	---

Aus den Beispielen lässt sich Folgendes erkennen:

1. Alle Vokale lassen sich durch Anhängen des Buchstabens „h“ dehnen, man spricht kurz vom **„Dehnungs-h“.**

2. Die Vokale „a“, „e“ und „o“ können durch **Verdopplung** gedehnt werden.

3. Beim „i“ lässt sich die Dehnung dadurch erreichen, dass entweder ein **„e“** oder die Buchstaben **„eh“** angefügt werden.

Bei vielen Wörtern wird trotz gedehnter Aussprache nicht nach diesen Regeln verfahren:

Salzsole	**Aber:** Ledersohle
Kunststil	**Aber:** Spatenstiel
Minenfeld	**Aber:** Mienenspiel

Im Zweifel gilt also auch hier: im DUDEN nachschlagen.

Dehnung von Vokalen

Schreiben Sie richtig:

1. das Bo( )t, bro( )deln, der Do( )m, drö( )nen, der Mo( )r, das Mo( )r, der Po( )l, der Po( )le, die So( )ße
2. der A( )l, ä( )nlich, ma( )len, nä( )mlich, der Na( )me, das Pa( )r, der Pla( )n, der Sa( )l, der Sala( )t, der Sta( )t, das Ta( )l, die Wa( )ge
3. die Alle( ), fe( )len, die Ke( )le, der Le( )m, le( )r, die Se( )le, ste( )len
4. die Bi( )bel, bi( )gen, die Bi( )ne, die Fi( )bel, der Li( )ter, die Maschi( )ne, schi( )ben, si( )ben
5. bu( )len, die Fu( )re, die Ku( ), die Ku( )r, pu( )sten, das Ru( )der, der Schwu( )r, die Spu( )r, Känguru( ), rau( )

Suchen Sie weitere Doppelformen (wie z. B. Miene – Mine) und bilden Sie jeweils einen Satz.

7 Verdopplung von Konsonanten

Mann – man; stumm – Rum

Er erhielt fünf Prozent Rabatt.
Sie blieb stets stumm.
Wieso kam es zum Bankrott?

Wie man an den Beispielen erkennen kann, folgt einem kurzgesprochenen Vokal (Selbstlaut) in der Regel ein verdoppelter Konsonant (Mitlaut). Die Pluralprobe hilft bei Substantiven die Verdopplung zu erkennen:

Brett	–	Bretter
Kamm	–	Kämme

Auch bei anderen Wortarten hilft die Flexionsprobe (Flexion: Formveränderung) weiter: Prinzipiell gilt das **Stammprinzip,** d. h. stammverwandte Wörter behalten die Verdoppelung der Konsonanten bei:

schallt	–	schallen
stumm	–	stumme
küsst	–	küssen
scharrt	–	scharren

Aber:
Dass die deutsche Rechtschreibung auch bei der verkürzten Aussprache von Vokalen schwierig bleibt, zeigen folgende Beispiele:

Mann	–	man
stumm	–	Rum
Kitt	–	Sprit
Holzbrett	–	Wildbret
Mopp	–	Flop

Verdopplung von Konsonanten

l oder ll?
der Appel( ), der April( ), der Grol( ), das Kartel( ), lal( )t, das Model( ), das Protokol( ), verprel( )t

m oder mm?
brum( )t, der Kom( )unist, num( )erieren, die Num( )mer, ram( )t, der Stam( ), die Tram( )bahn, verdam( )t

p oder pp?
Flop( ), Mo( ), Po( )-Musik, Sto( ), Ti( ), To( )

t oder tt?
der Bankrot( ), das Buket( ), der Kit( ), komplet( ), mat( ), der Sprit( ), der Verschnit( ), das Wildbret( )

r oder rr?
geir( )t, der Her( ), klir( )t, der Star( ), star( ), sur( )te, die Ter( )asse, verwir( )t, verzer( )t

8 „end“ oder „ent“?

endlos – entziffern – schreibend

Das endlose Verhandeln zermürbte sie.
Wir mussten diesen Mitarbeiter leider entlassen.
Die Schülerin lief lachend aus der Klasse.

Lässt sich die Silbe „end-“ vom Wort „Ende“ ableiten, wird sie mit „d“ geschrieben:
endgültig
endlos
endlich

In allen anderen Fällen handelt es sich um das Präfix (die Vorsilbe) „ent-“:
entschuldigen
entwerten
entgleiten

Die **Wortendung** „-end“ des Partizips Präsens wird immer mit „d“ geschrieben:
sitzend
weinend
singend

„end“ oder „ent“?

Begründen Sie Ihre Entscheidung!
1. Die Papiergroßhandlung wartete seit Tagen auf neues En( )lospapier. 2. En( )weder kommt sie heute oder morgen. 3. Der en( )gültige Bescheid kam

mit der Post. 4. Im En( )effekt war das Geschäft nutzlos. 5. Weinen( ) schrieb er den Brief. 6. En( )scheiden( )e Veränderungen sind nicht zu erwarten. 7.Strahlen( ) empfing er die Gäste. 8. Der En( )verbraucher trägt allein die Umsatzsteuer. 9. Sie en( )schuldigte sich nicht sofort. 10. Sitzen( ) vernahm er die Nachricht. 11. En( )lich bekam sie ihr Geld zurück. 12. Singen( ) erreichten sie das Ziel. 13. Ein En( )gel( ) war für diese Dienstleistung nicht vereinbart. 14. En( )rüstet verließ sie den Raum. 15. Auch en( )lose Debatten führten nicht zum Ziel. 16. Die Frage der En( )lagerung ist bis heute nicht geklärt. 17. Fluchen( ) verließ sie den Raum.

9 „tot" oder „tod"?

Totschlag – Todfeind; totärgern – todmüde

Ist er tatsächlich *tot?*
Die *Tote* konnte nicht identifiziert werden.
Diesen Chemieunfall sollte man nicht *totschweigen.*
Der *Tod* kam für alle unerwartet.
Sprechen wir heutzutage noch von einem *Todfeind?*
Sie sah *todkrank* aus.

Mit „t" werden geschrieben:

1. das Adjektiv „tot";
2. das substantivierte Adjektiv „der/die Tote";
3. Verben, die mit „tot-" verbunden werden:
   totarbeiten, totärgern, totgeboren (als Substantiv: Totgeburt), totschweigen, totsagen, totschlagen, totlachen;
4. zusammengesetzte Wörter, die mit „tot(e)" enden:
   scheintot, Unfalltote.

Den Endbuchstaben „t" erkennt man durch die Flexion (Beugung) des Wortes:
scheintote Soldaten, die Unfalltoten.

Mit „d" werden geschrieben:

1. Das Substantiv „der Tod";
2. zusammengesetzte Substantive, die das Hauptwort „Tod" oder die flektierte Form „Todes" aufweisen:
   Todfeind, Todsünde, Todeskandidat, Todesstunde, Todesurteil
3. Adjektive, die mit „tod-" verbunden werden:
   todkrank, todelend, todernst, todmüde, todsicher
4. zusammengesetzte Wörter, die mit „-tod" enden:
   Opfertod, Gnadentod

Die Schreibweise erkennt man durch die Flexion:
des Opfertodes, des Gnadentodes

„tot“ oder „tod“?

1. Die Verkäuferin war am Ende des Arbeitstages to( )müde. 2. Ich könnte mich darüber to( )ärgern. 3. Der To( ) wird in unserer Gesellschaft als Tabu behandelt. 4. Das meine ich to( )ernst. 5. Der To( )e wurde schon am nächsten Tag beerdigt. 6. Ist die To( )esstrafe mit den Menschenrechten vereinbar? 7. Warum sprichst du von To( )sünde? 8. Du solltest die Angelegenheit nicht to( )schweigen. 9. Ist die Katze to( )? 10. Der Tipp ist to( )sicher. 11. Sie schien sich to( )zulachen. 12. Der Opferto( ) ist Bestandteil vieler Naturreligionen.

10 „wider“ oder „wieder“?

widerstehen – wiedergeben

Ein *Wider*spruch sollte sofort eingelegt werden.
Die Pfandflaschen kann man *wieder* verwenden.

Das Wort **„wider“** wird im Sinne von **„gegen“** benutzt:

das Für und Wider
widerhallen
widerspiegeln
widerstehen
widerwärtig

Das Wort **„wieder“** wird im Sinne von **„noch einmal“** oder **„zurück“** verwendet:

Wiederaufbau
wiederbringen
wieder finden
wiedergeben
Wiedergeburt
wiederhaben
wieder verwenden

„wider“ oder „wieder“?

1. Die Wi( )derwahl überraschte alle. 2. Sie war kaum wi( )der zu erkennen. 3. Die Wi( )deraufbereitungsanlage ist in der Bevölkerung sehr umstritten. 4. Musst du immer wi( )dersprechen? 5. Ist die Wi( )dervereinigung bereits vergessen? 6. Bedenken Sie das Für und Wi( )der. 7. Bitte wi( )derholen Sie den Satz. 8. Der Lieferant musste den Schaden wi( )der gutmachen. 9. Das Schreiben erscheint mir wi( )dersinnig. 10. Das Angebot kann noch wi( )derrufen werden. 11. Der Vertreter wird sicherlich wi( )derkommen. 12. Was ist eigentlich wi( )dernatürlich? 13. Sie freuten sich auf ein Wi( )dersehen. 14. Der Schuldner hatte wi( )der eine Mahnung erhalten. 15. Musst du dich wi( )der wi( )dersetzen? 16. Kannst du den Inhalt des Briefes kurz wi( )dergeben? 17. Der Anblick war einfach wi( )derlich. 18. Dieses Zitat spiegelt seine Meinung wi( )der. 19. Seine Argumente waren nicht zu wi( )derlegen.

11 „lich“ oder „ig“?

fröh/lich – vollzähl/ig – täg/lich – täg/ig

Adjektive werden oft aus anderen Wörtern (Verben, Substantive u. a.) gebildet, indem man an den Stamm **„lich“** anhängt:

erklär/en	–	erklär/lich
Schreck/en	–	schreck/lich
krank	–	kränk/lich
Glück	–	glück/lich

Endet der Stamm auf „l“, wird **„ig“** angehängt:

wackeln	–	wackl/ig
Nebel	–	nebl/ig
eil/en	–	eil/ig
Mehl	–	mehl/ig

Falls Sie sich unsicher fühlen, wie zu schreiben ist, hilft manchmal die Flexion (Beugung) des Wortes weiter, z. B.:

neblig	–	neblige Abende
schrecklich	–	schreckliches Ereignis

Manche Adjektive können sowohl auf „ig“ als auch auf „lich“ enden.

Die Endung **„ig“** bezeichnet eine **Dauer:**

Der Chef unternahm eine mehr*tägige* Reise.

Ebenso:

eine drei*jährige* Laufzeit, eine zwei*stündige* Sitzung

Die Endung **„lich“** zeigt eine **Wiederholung** an:

Der Chef ruft während seiner Reise *täglich* im Büro an.

Ebenso:

die *monatliche* Miete, die *wöchentliche* Müllabfuhr

„lich“ oder „ig“?

gelbli( ), öli( ), welli( ), langweili( ), mehli( ), völli( ), erbärmli( ), eigentli( ), buckli( ), hoffentli( ), heili( ), weichli( ), schriftli( ), winkli( ), drolli( ) adli( ), stacheli( ), liebli( )

1. Der vierzehntäg( )e Aufenthalt an der See ist ihr gut bekommen. 2. Die Kurse ändern sich an der Börse täg( ). 3. Wöchent( ) wird im Betrieb eine einstünd( )e Besprechung abgehalten. 4. Wir rechnen mit unseren Vertretern halbjähr( ) ab. 5. Viele Mitarbeiter haben eine sechswöch( )e Kündigungsfrist. 6. Der Zirkus gab ein dreitäg( )es Gastspiel in unserer Stadt. 7. Er ist ein umgäng( )er Zeitgenosse. 8. Die Zeitung erscheint täg( ).

12 Fremdwörter im kaufmännischen Bereich

Konzern – Marketing – Skonto

Fremdwörter sind heutzutage aus dem kaufmännischen Leben nicht mehr wegzudenken, wie die Beispiele „Marketing“, „Software“ oder das alte, aus der italienischen Sprache stammende Wort „Skonto“ belegen; sie sind zu **Fachbegriffen** geworden, die nur schwer durch deutsche Wörter zu ersetzen sind.

Beim Gebrauch dieser Fremdwörter ergeben sich häufig Probleme:

- Welche genaue Bedeutung hat das Wort?
- Wie wird es ausgesprochen?
- Wie lautet die genaue Schreibweise, gerade bei Wortveränderungen, z. B. bei der Pluralbildung?
- Welches Geschlecht hat das Substantiv?

Die Antworten auf diese Fragen finden Sie im **Fremdwörterlexikon,** wie folgendes Beispiel[1] zeigt:

② ① ③ ④ ⑤ ⑥ ⑦

> **Eu|ro|cheque** [*...schäk;* Kurzw. aus *euro*päisch u. franz. *chèque*] *der;* -s, -s: bei den Banken fast aller europäischer Länder einlösbarer Scheck.

⑧

Erklärung:

① Schreibweise mit Erläuterung
② Betonung
③ Aussprache
④ Wortherkunft
⑤ Artikel
⑥ Genitiv Singular
⑦ Nominativ Plural
⑧ Bedeutung

Fremdwörter

Wählen Sie aus den folgenden Fremdwörtern zehn aus und bestimmen Sie mit Hilfe eines Fremdwörterlexikons deren Bedeutung:

Abonnement, Akkord, Akkreditiv, Aktie, Akzept, Auktion
Bankrott, Bilanz, Bonus, Brainstorming, Bruttosozialprodukt
Computer, Container, Controlling, Courtage
Depot, Devisen, Diskette, Diskont, Distributionspolitik, Dividende, Domizil, Dumpingpreise, Duplikat
Effekten, Ergonomie, Eurocheque, Export
Factoring, Filiale, Fixkosten, Franchising, Fusion
Giralgeld, Gironetz
Hardware, Hypothek
Immobilien, Indossament, Inflation, Inkasso, Innovation, Inventar, Investition
Kalkulation, Kartell, Kaution, Kollektion, Kommissionär, Kommunikation, Konkurrenz, Konkurs, Konnossement, Konsum, Kontingent, Kontokorrentkredit, Konzern, Kopie, Korrespondenz, Kuvert

[1] Aus: DUDEN, Bd.5. Fremdwörterbuch. 5. Aufl. Mannhem, Wien, Zürich: Dudenverlag 1990

Laie, Leasing, Limit, Logistik, Lombardsatz
Makroökonomie, Management, Manager, Manufaktur, Manuskript, Marketing, Marktanalyse, Mikroökonomie, Monopol, Motiv
Netto, Newcomer
Objekt, Obligation, Ökologie, Oligopol
Passiva, Personalcomputer, Prämie, Prokura, Provision, Publicrelations
Qualität, Quantität
Rationalisierung, Referenz, Regress, Remittent, Revision, Revisor, Rimesse
Service, Skonto, Software, Subvention, Syndikat, System
Tabulator, Tara, Tarif, Terminal, Transithandel, Tratte, Trust
Valuta
Zentralisation, Zession

Besondere Formen des Schriftverkehrs

Im kaufmännischen Alltag gibt es neben dem Geschäftsbrief einen weiteren, umfangreichen Schriftverkehr, der, soweit er nicht der Norm unterliegt, unterschiedlich ausgeführt wird. Allerdings weist auch dieser Schriftverkehr viele übereinstimmende Formmerkmale auf, weil sich diese in der Praxis als zweckmäßig erwiesen haben.

1 Der Geschäftsbrief als Vordruck

Ein großer Teil der im Büro anfallenden schriftlichen Arbeiten wiederholt sich ständig, sowohl im Inhalt als auch in der Ausführungsform. Deshalb hat man für diese Fälle Formulare entworfen, für die man den Sammelbegriff **Vordrucke** verwendet. Bestimmte feststehende Textteile sind vorgedruckt und nur die veränderlichen Daten werden nachgetragen. Ein sinnvolles Formular- bzw. Vordruckwesen leistet einen wertvollen Beitrag zur Rationalisierung der Büroarbeit.

Ein guter Vordruck „führt" den Sachbearbeiter bei der Erledigung seiner Aufgabe: Der Vordruck fragt die Daten in der sachlogisch richtigen Reihenfolge ab und sichert damit, dass nichts vergessen wird. Die feste Anordnung bestimmter Daten auf dem Formular erhöht die Übersichtlichkeit und ermöglicht einen schnellen Datenzugriff. Ist der Vordruck maschinengerecht gestaltet, erübrigt sich beim Ausfüllen das aufwendige Einpassen der Schrift in den Vordruck.

Damit diese Wirkungen erzielt werden, ist beim Entwurf von Vordrucken Folgendes zu beachten:

- Der Datenumfang ist so anzulegen, dass nur die Angaben, die zur Erledigung einer Aufgabe unbedingt erforderlich sind, berücksichtigt werden.
- Die Arbeitsschritte sind in eine Reihenfolge zu bringen, die sich aus der sachgerechten Erledigung der Aufgabe ableitet.
- Fragen, Hinweise oder andere Textteile sind eindeutig zu formulieren. Ihre Anordnung im Formular sollte so vorgenommen werden, dass sich ein übersichtliches, leicht zu handhabendes Schema ergibt. Dabei sollte der Gesichtspunkt der Ästhetik nicht vernachlässigt werden, denn Zweckmäßigkeit und Schönheit schließen einander nicht aus.
- Der Vordruck muss maschinengerecht sein, d. h., er sollte die Bewegungsschritte der Schreibmaschine bzw. des Druckers berücksichtigen.
- Die formale Aufteilung von Geschäftsbriefen nach DIN 676 (vgl. Seite 15) ist auch auf den Vordruck anzuwenden.
- Um einen schnellen Zugriff auf abgelegte Vordrucke zu erhalten sollten die Daten, mit deren Hilfe die Sortierung vorgenommen wird, im rechten Bereich des Vordruckes angeordnet sein, sodass sie beim Durchblättern auffallen.
- Bei sehr vielen Vordrucken besteht ein Bedarf an Durchschlägen. Damit sie ohne Schwierigkeiten erstellt werden können, sollte eine Papierstärke verwandt werden, die ein Durchschreiben erlaubt. Häufig empfiehlt es sich komplette Vordrucksätze bereitzustellen, die aus speziellem Durchschreibpapier bestehen, sodass das Einlegen von Kohlepapier entfällt.

Antrag auf Eintragung

in das Verzeichnis der Berufsausbildungsverhältnisse zum nachfolgenden

Berufsausbildungsvertrag

Bitte die gelben Felder mit Schreibmaschine oder in Druckschrift ausfüllen

Zwischen dem Ausbildenden (Ausbildungsbetrieb)

Firmenident-Nr.: Tel.-Nr.:

Verantwortlicher Ausbilder:
Herr / Frau / Frl. geb. am:

und der / dem Auszubildenden männlich ☐ weiblich ☐

Name, Vorname

Straße, Haus-Nr.

PLZ Ort

Geburtsdatum Geburtsort

Staatsangehörigkeit

Gesetzl. Vertreter [1]: Eltern ☐ Vater ☐ Mutter ☐ Vormund ☐

Namen, Vornamen der gesetzl. Vertreter

Straße, Hausnummer

PLZ Ort

wird nachstehender Vertrag
zur Ausbildung im Ausbildungsberuf

mit der Fachrichtung/dem Schwerpunkt,
nach Maßgabe der Ausbildungsordnung [2]) geschlossen.

Betrieblicher Unterricht ja ☐ Ausbildungs-Einrichtung: Lehrbüro ☐ Lehrecke ☐ Lehrwerkstatt ☐ Sonstige ☐ Anzahl Fachkräfte im Ausbildungsberuf ☐

Vom Auszubildenden besuchte Schulen [5])
zuletzt Abgangsklasse abgeschlossen mit [6]) davor [5])

Berufsfeld [7]) Zuständige Berufsschule

A Die Ausbildungszeit beträgt nach der Ausbildungsordnung ____ Monate.
Die vorausgegangene Berufsausbildung/Vorbildung:

wird mit ____ Monaten angerechnet, bzw. es wird eine entsprechende Verkürzung beantragt.

Das Berufsausbildungsverhältnis
beginnt am (Tag / Monat / Jahr) endet am (Tag / Monat / Jahr)

B Die Probezeit (§ 1 Nr. 2) beträgt ____ Monate.[3])

C Die Ausbildung findet vorbehaltlich der Regelungen nach D (§ 3 Nr. 12) in

und den mit dem Betriebssitz für die Ausbildung üblicherweise zusammenhängenden Bau-, Montage- und sonstigen Arbeitsstellen statt.

D Ausbildungsmaßnahmen außerhalb der Ausbildungsstätte (§ 3 Nr. 12) (mit Zeitraumangabe)

E Der Ausbildende zahlt dem Auszubildenden eine angemessene Vergütung (§ 5); diese beträgt zur Zeit monatlich brutto:

DM				
im	ersten	zweiten	dritten	vierten

Ausbildungsjahr.

Soweit Vergütungen tariflich geregelt sind, gelten mindestens die tariflichen Sätze.

F Die regelm. tgl. Ausbildungszeit (§ 6 Nr. 1) beträgt ____ Std.[4]).

G Der Ausbildende gewährt dem Auszubildenden Urlaub nach den geltenden Bestimmungen. Es besteht ein Urlaubsanspruch

Im Jahr	19	19	19	19	19
Werktage					
Arbeitstage					

H Sonstige Vereinbarungen

[1]) Vertretungsberechtigt sind beide Eltern gemeinsam, soweit nicht die Vertretungsberechtigung nur einem Elternteil zusteht. Ist ein Vormund bestellt, so bedarf dieser zum Abschluss des Ausbildungsvertrages der Genehmigung des Vormundschaftsgerichtes.

[2]) Solange die Ausbildungsordnung nicht erlassen ist, sind gem. § 108 Abs. 1 BBiG die bisherigen Ordnungsmittel anzuwenden.

[3]) Die Probezeit muss mindestens einen Monat und darf höchstens drei Monate betragen.

[4]) Das Jugendarbeitsschutzgesetz sowie für das Ausbildungsverhältnis geltende tarifvertragliche Regelungen und Betriebsvereinbarungen sind zu beachten.

[5]) Zuletzt besuchte Schule (zutr. Ziff. eintr.)

05	Hauptschule
10	Sonderschule
20	Realschule
30	Gymnasium
35	Oberstufenzentrum
40	Gesamtschule
51	Berufsvorbereitungsjahr BVJ
52	Berufsgrundschuljahr
53	Berufsfachschule
57	Fachoberschule
59	Sonst. beruf. Vollzeitschulen
80	Hochschule/Fachhochschule
90	Sonstige Schule

[6]) Schulabschluss (zutr. Ziff. eintr.)

1	Hauptschulabschluss
2	Qualifizierter Hauptschulabschluss
3	Mittlerer Bildungsabschluss
4	Fachhochschulreife
5	Hochschulreife
6	Hochschulabschluss
8	Sonstiger Abschluss
9	Ohne Abschluss

[7]) Bei Berufsgrundschuljahr bzw. Berufsfachschule bitte besuchtes Berufsfeld eintragen.

Unterschrift auf der Rückseite nicht vergessen!

Formular für einen Ausbildungsvertrag

Der Normenausschuss für Bürowesen beim Deutschen Institut für Normung e.V. hält unter der DIN 4998 Entwurfsblätter für Vordrucke bereit, die beim Entwerfen und Herstellen von Vordrucken helfen sollen. Für den Bereich des Warenbezugs sind sogar fertige Vordrucke unter DIN 4991 - 4994 vorhanden (vgl. die Seiten 87, 91, 95 und 96).

Das Formularwesen begründet sich aus der Notwendigkeit die Büroarbeit zu rationalisieren. Allerdings sollte man mit der Verwendung von Vordrucken da aufhören, wo sich der Empfänger in seiner Stellung als Partner herabgewürdigt fühlen oder nur noch als „Vorgang“ sehen könnte.

2 Die Aktennotiz (Gesprächsnotiz)

Der Kontakt mit den Geschäftspartnern bringt es mit sich, dass viele persönliche und telefonische Gespräche geführt werden, die z. B. zusätzliche Auskünfte, kleine Nebenabsprachen oder unwesentliche Änderungswünsche für einen Auftrag beinhalten. Eine schriftliche Bestätigung lohnt sich nicht und ist daher unüblich; man hält aber die Information oder das Gesprächsergebnis in einer **Akten- oder Gesprächsnotiz** fest, die in den bestehenden Schriftwechsel aufgenommen wird. Diese Notiz ist sowohl Gedächtnisstütze als auch Unterlage für weitere Bearbeitungen und kann darüber hinaus im Streitfall ein wichtiger Beleg sein; die Akten- und Gesprächsnotiz sollte daher den Tag, die Uhrzeit, die Art des Gespräches und stichwortartig den Gesprächsinhalt aufweisen (siehe Beispiel S. 183).

3 Die geschäftsinterne Mitteilung

Ein wichtiges Mittel der innerbetrieblichen Kommunikation ist die **geschäftsinterne Mitteilung.** Durch Sie werden wichtige Hinweise an andere Abteilungen gegeben, Entscheidungshilfen angefordert oder aktuelle Informationen ausgetauscht. Der Inhalt wird knapp formuliert, eine eigene Bewertung des dargestellten Sachverhaltes ist möglich und häufig notwendig.

Die geschäftsinterne Mitteilung wird nicht als Brief angesehen, es entfallen daher die üblichen vom Geschäftsbrief bekannten Gliederungen; jedoch soll durch Form und Aufbau schnell erkennbar sein, wer an wen mit welcher Absicht schreibt. Die Mitteilung endet mit Datum und Unterschrift (siehe Beispiel S. 184).

In vielen Fällen ist die geschäftsinterne Mitteilung auch als Beweismittel von Bedeutung. Durch sie kann belegt werden, ob eine Information weitergegeben wurde bzw. ob jemand von ihr hätte wissen müssen.

4 Der Bericht

Berichte sind im Geschäftsleben aus unterschiedlichen Gründen erforderlich: Der Handlungsreisende gibt z. B. einen Umsatzbericht ab, der verantwortliche Leiter einer Ausstellung teilt seiner Geschäftsleitung Verlauf und Ergebnis der Messe durch einen Messebericht mit oder der Berufsgenossenschaft wird für die Regulierung eines Betriebsunfalles ein Unfallbericht vorgelegt.

Gesprächsnotiz

Datum 17. Sept.

10	11	12	13	14
9	Uhrzeit			☒ 15
8	7	18	17	16

aufgenommen von K. Nolle

☒ telefonisch
☐ persönlich

Gesprächspartner Frau Siems

von Firma Siebert AG

Straße

in Uslar

Telefon 0 55 71/2 33 14–13

☐ erbittet Rückruf
☐ ruft wieder an
☐ wünscht Besuch
☒ zur Kenntnisnahme
☒ zur Bearbeitung

Gesprächsinhalt

Lt. Aussage von Frau Siems dürfen wir 3 Tage später liefern, vorher aber durchrufen, damit Warenannahme besetzt ist.
Die Gebindegrößen müssen in jedem Fall eingehalten werden.

No.

Akten- oder Gesprächsnotiz

Mitteilung

von Abt. Verkauf/Schuster

an Abt. Kredit/Meyer

über Zahlungsschwierigkeiten des Kunden Berger

Ich habe durch Zufall vom Bezirksvertreter Herrn Treuber erfahren, dass Fa. Berger mehrere fällige Rechnungen nicht bezahlt haben soll. Es sollen auch schon Pfändungen vorgenommen worden sein. Bestehen gegen Berger von uns noch Forderungen? Wir müssten, wenn die Aussage von Herrn Treuber stimmt, schnellstens Maßnahmen ergreifen.

23.Juni...

Schuster

Mit der Bitte um:

- [ ] Kenntnisnahme
- [ ] weitere Veranlassung
- [ ] Bestätigung
- [ ] Entscheidung
- [x] Prüfung
- [ ] ______

Geschäftsinterne Mitteilung

Der Bericht muss so abgefasst werden, dass der Leser sich über den berichteten Vorgang selbst ein Urteil bilden kann. Das fordert vom Berichterstatter eine genaue, wahrheitsgetreue Darstellung; diese sollte zwar knapp gehalten, zugleich aber auch vollständig und eindeutig sein. Beurteilungen und Wertungen des Berichterstatters sollten deutlich gekennzeichnet dem Bericht nachgestellt werden.

Für die äußere Form des Berichts gibt es keine Festlegungen, üblich ist A4. Einer Textüberschrift, z. B. „Bericht über die Arbeitstagung in Bad Ems", folgt der Text, den der Berichterstatter mit Ort, Datum und seiner Unterschrift abschließt. Werden dem Bericht Anlagen beigefügt, so sind diese wie beim Geschäftsbrief nach der Unterschrift in einem Anlagevermerk aufzuzählen. Bei Berichten über mehrere Seiten werden die Folgeseiten ebenfalls in gleicher Weise wie beim Geschäftsbrief gekennzeichnet.

Textbeispiel: Unfallbericht für die Berufsgenossenschaft

> *Schilderung des Unfallhergangs*
>
> *Herr A. transportierte am 11. Mai, 9.30 Uhr mit seinem Gabelstapler in der Lagerhalle A Einlagerungsgut. In Höhe des Tores zu Lagerhalle B (siehe beiliegende Zeichnung) versperrte ihm eine kleine Palette mit Verpackungsmaterial den Weg. Herr A. versuchte die Palette, an der Plastikbandverschnürung ziehend, zur Seite zu rücken. Bei diesem Vorgang riss das Plastikband und Herr A. fiel nach hinten gegen den dort stehenden Gabelstapler. Der sofort hinzugezogene Betriebsarzt stellte eine Rippenprellung sowie eine Gehirnerschütterung fest.*
>
> *München, 11. Mai 19 . .* *Anlage*
>
> *Karl Friedrich*
> *(Sicherheitsbeauftragter)*

5 Das Rundschreiben

Viele Informationen sind für den Betrieb und seine Mitarbeiter von allgemeiner Bedeutung. Man verbreitet sie deshalb als **innerbetriebliches Rundschreiben,** das entweder alle interessierten Abteilungen nach einem Verteiler durchläuft oder am schwarzen Brett ausgehängt wird. Da der Inhalt häufig über eine bloße Information hinausgeht und betriebsinterne Anordnungen enthalten kann, werden Rundschreiben im Gegensatz zur Aktennotiz oder zur internen Mitteilung förmlicher abgefasst. Sie enthalten einen Betreffvermerk und beginnen mit einer Anrede; der Text wird in zusammenhängenden Sätzen formuliert und am Ende stehen Gruß und Unterschrift (siehe Beispiel S. 186).

Man spricht auch von Rundschreiben, wenn an Geschäftsfreunde Mitteilungen gleich lautenden Inhaltes gegeben werden. Diese **außerbetrieblichen Rundschreiben** werden als Geschäftsbrief nach DIN 5008 entworfen. Um aber den Eindruck eines unpersönlichen Massenbriefes zu vermeiden werden sie ansprechend formuliert; der Text wird auf der Diskette eines Schreibautomaten gespeichert. Der Schreibautomat schreibt die gewünschte Zahl der Briefe, die Namen- und Adressenangaben der Geschäftspartner entnimmt er jeweils einer zweiten Diskette und fügt sie an den entsprechenden Stellen des Briefes ein (vgl. S. 220).

Hermann Schier
Speditionsgeschäft

Rundschreiben Nr. 23/19..

Moers
..-09-15

Stellenausschreibung - Lagerleiter/in

Liebe Mitarbeiterinnen und Mitarbeiter,

unser langjähriger Mitarbeiter, Herr Horst Neuß, geht zum Ende des Jahrtes in den verdienten Ruhestand, sein Arbeitsplatz muss neu besetzt werden.

In Abstimmung mit dem Betriebsrat bieten wir die Stelle des Lagerleiters/der Lagerleiterin zuerst interessierten Belegschaftsmitgliedern an. Bewerbungen sind schriftlich im Personalbüro bei Frau Hornfeld bis spätestens zum 15. Nov. abzugeben.

Mit freundlichen Grüßen

Die Geschäftsleitung

ppa. Horst Grunert

Horst Grunert

Verteiler
Personalabteilung
Belegschaft/Aushang

Innerbetriebliches Rundschreiben

6 Die Einladung

Bei vielen Gelegenheiten versammeln sich Menschen um sich unterrichten zu lassen, um sich zu beraten und Entscheidungen zu fällen oder um ein Ereignis zu feiern.

Zu solchen Veranstaltungen wird in der Regel schriftlich eingeladen, wobei die Art der Veranstaltung die Form der Einladung beeinflusst. Die Einladung zu einer Betriebsfeier wird sicherlich so abgefasst, dass sich ein zusammenhängender ausformulierter Text ergibt. Zu einer Arbeitstagung hingegen wählt man wahrscheinlich die knappe, tabellarische Form (Seite 188). Damit sich die Teilnehmer auf die angesprochenen Themen einstellen und vorbereiten können, wird dieser Einladung eine Tagesordnung beigefügt, die für den Ablauf der Veranstaltung verbindlich ist. Auf Antrag und durch Mehrheitsbeschluss kann sie zu Beginn der Zusammenkunft verändert oder umgestellt werden. Im letzten Punkt der Tagesordnung unter „Verschiedenes" hat jeder Teilnehmer Gelegenheit Sachverhalte anzusprechen, die in den Themenkreis der Veranstaltung gehören, aber bisher in der Tagesordnung nicht erfasst worden sind.

Werden Arbeitsmaterialien bereits mit der Einladung verschickt, ist ein Anlagevermerk vorzunehmen. Die Teilnehmer können mit der Einladung auch aufgefordert werden bestimmte Vorarbeiten zu leisten oder selbst Unterlagen mitzubringen.

Der Teilnehmerkreis kann offen oder geschlossen sein. Beim offenen Kreis geht die Einladung an eine bestimmte Zielgruppe; welche Personen in welcher Anzahl kommen, ist dabei offen. Solch eine Veranstaltung könnte ein Werbetag sein, zu dem ein Werkzeuggroßhändler alle Handwerker der Umgebung einlädt um sie durch Vorträge und Vorführungen über den neuesten Stand des Leistungsangebotes zu informieren.

Beim geschlossenen Teilnehmerkreis werden nur bestimmte Personen eingeladen. Durch eine eventuell beigefügte Rückmeldekarte wird der Angeschriebene aufgefordert seine Teilnahme zu erklären. Handelt es sich um eine zur Teilnahme verpflichtende Veranstaltung, muss der Eingeladene bei Verhinderung sein Fehlen entschuldigen. Beim geschlossenen Teilnehmerkreis werden oft die Teilnehmer im Verteilervermerk genannt oder in einer Teilnehmerliste aufgeführt, die als Anlage der Einladung beigefügt ist.

Die Einladung ist auch ein Beleg und Beweismittel, denn viele Veranstaltungen ergeben sich nicht nur aus einem aktuellen Handlungsbedarf heraus, sondern sind, wie die Hauptversammlung einer Aktiengesellschaft oder die Betriebsversammlung in einem Unternehmen, in Inhalt und Häufigkeit durch Gesetz oder Satzung vorgeschrieben. Einladungen müssen rechtzeitig vorgenommen werden, denn eine zu spät verschickte Einladung gilt als nicht erteilt. Soweit durch gesetzliche oder andere Vorschriften keine Fristen vorgegeben sind, gilt eine 10 bis 14 Tage vorher ausgesprochene Einladung als rechtzeitig.

MMT
Magdeburger
Messtechnik

Magdeburger Messtechnik GmbH, Haller Str. 25, 39104 Magdeburg

Frau
Doris Kammerhoff
Lutherstr. 34

38820 Halberstadt

Ihr Zeichen, Ihre Nachricht vom	Unser Zeichen, unsere Nachricht vom	Telefon,Name (03 91) 45 67-	Datum
	sd-m	14 Herr Schreiber	..-08-01

Verkaufsleiterbesprechung

Sehr geehrte Frau Kammerhoff,

wir laden Sie zu unserer nächsten Verkaufsleiterbesprechung ein.

Datum:	15. Aug. 19..
Beginn:	14:00 Uhr
Ort:	Kleiner Sitzungssaal
Vorsitz:	Frau Schulze-Dehnert
Protokoll:	Herr Siebermann
Dauer:	ca 4. Stunden

Tagesordnung:

1. Berichte der Verkaufsleiter
2. Koordinierung der Absatzmaßnahmen
3. Unsere neuen Geschäftsbedingungen
4. Verschiedenes

Die Berichte zu TOP 1 sind bitte bis zum 10. Aug. 19.. an das Hautbüro zu schicken.

Mit freundlichen Grüßen

Magdeburger Messtechnik GmbH

Schulze-Dehnert
Ilona Schulze-Dehnert

Anlagen
Umsatzstatistik 19..
Auszüge aus dem AGB-G

Geschäftsräume
Haller Str. 25
Magdeburg

Telefon (03 91) 45 67-1
Telefax (03 91) 45 50 51

Commerzbank Magdeburg
(BLZ 305 701 00) Konto-Nr. 8 022 135

USt-IdNr. DE365 765 234

Einladung

7 Das Protokoll

Sehr häufig treffen Geschäftspartner zusammen um z. B. über die Grundlagen eines Geschäftsabschlusses zu beraten, Bedingungen auszuhandeln oder Verträge vorzubereiten.

Auch im betriebsinternen Bereich finden wichtige Besprechungen statt; Geschäftsleitung und Betriebsrat verhandeln z. B. über Maßnahmen des Unfallschutzes, besondere Arbeitszeitregelungen oder über die Beschwerde eines Mitarbeiters.

In all diesen Fällen ist es angebracht einen Beleg zu erstellen, der für die Beteiligten sowohl Erinnerungshilfe als auch Grundlage für weitere Entscheidungen und Maßnahmen darstellt. Diese Aufgabe übernimmt das **Protokoll.**

Der **Protokollkopf** enthält alle „äußeren" Angaben wie Tag, Ort, Beginn der Besprechung, Namen der Anwesenden und Abwesenden sowie die Tagesordnung. Die

```
Protokoll über die Besprechung

am:          25. Juni 19..
um:          18:00 Uhr
Ort:         Kleiner Sitzungssaal

Anwesend:    Geschäftsleitung - Frau Hornberg (Vorsitz),
                                Herr Mühlmann
             Betriebsrat - Frau Storm, Frau Scherer
Abwesend:    Herr Neubert (entschuldigt)

Tagesordnung:

1. Bericht der Geschäftsleitung
2. Änderung der Arbeitszeit
3. Verschiedenes

TOP 1:
```

Protokollkopf

Feststellung der Anwesenheit eingeladener Sitzungsmitglieder ist für den Vorsitzenden sehr wichtig, weil sie Auswirkung auf die Beschlussfähigkeit und die Abstimmung hat und außerdem die Zahl der Protokollempfänger festlegt.

```
TOP 2:

Herr Mühlmann berichtet über den erschreckenden Umsatz-
rückgang, dessen Ursache er im zu hohen Verkaufspreis
sieht. Um die Kosten zu senken sind seiner Meinung
nach einige Arbeitsplätze neu zu organisieren, was mit
Entlassungen verbunden sei. Frau Storm hält dem entge-
gen, dass die hohen Kosten nicht in diesem Bereich, son-
dern im Lager hervorgerufen würden, weil die Größe des
Lagerbestandes und der damit verbundene Lageraufwand
in keinem Verhältnis zum Umsatz stünde und bei ent-
sprechender Reduzierung erhebliche Kosten eingespart
werden könnten.

Herr Mühlmann sagt zu dieser Aussage nachzugehen und
```

Auszug aus einem Verlaufsprotokoll

Soll außer dem Verhandlungsergebnis auch der Verlauf der Sitzung erkennbar werden, schreibt man ein **Verlaufsprotokoll.** Es folgt dem Verhandlungsgeschehen und nennt die Sprecher und deren wichtigsten Aussagen. Der Protokollant beschreibt den Sitzungsverlauf im Präsens (Gegenwart), die Redebeiträge werden in indirekter Rede und folglich im Konjunktiv (Möglichkeitsform) wiedergegeben (siehe S. 212).

Kommt es dagegen nur auf den wesentlichen Inhalt und die entsprechenden Ergebnisse einer Besprechung an, schreibt man ein **Ergebnisprotokoll** (Beschlussprotokoll). Der Protokollant beschränkt sich auf die knappe Darstellung des Sachverhaltes und nennt das Gesprächsergebnis, dem er bei Abstimmungen das Stimmergebnis hinzufügt.

TOP 2:
Der starke Umsatzrückgang muss nach Meinung der Geschäftsleitung durch Abbau von Arbeitsplätzen und Neuorganisation der Arbeitsbereiche aufgefangen werden. Vorher muss geprüft werden, ob durch Bestandsminderungen und verbesserte Lagertechnik Kosten im Lagerbereich eingespart werden können.
Bis zum 15. Aug. ist der Geschäftsleitung zu berichten.

Auszug aus einem Ergebnisprotokoll

In der Praxis kann man eine Form des Ergebnisprotokolls finden, bei der die Beschlüsse in terminierte Aufträge an bestimmte Mitarbeiter umgewandelt und in einer Seitenspalte ausgewiesen werden.

- 2 -

TOP 2:	Auftrag	Termin
Der starke Umsatzrückgang muss nach Meinung der Geschäftsleitung durch Abbau von Arbeitsplätzen und Neuorganisation von Arbeitsbereichen aufgefangen werden. Vorher soll geprüft werden, ob durch Bestandsminderungen und verbesserte Lagertechnik Kosten im Lagerbereich eingespart werden können.	Herr Dorn: Bestandsminderung	15. Aug.
Bis zum 15. Aug. ist der Geschäftsleitung zu berichten.	Herr Blume: Lagertechnik	15. Aug.

Auszug aus einem Ergebnisprotokoll mit Auftragsfestlegung

In jedem Falle hat der Protokollant darauf zu achten, dass seine Ausführungen trotz aller gewünschten Genauigkeit knapp gehalten sind und keinerlei Wertung oder persönliche Meinung in das Protokoll einfließen.

Werden im Rahmen der Besprechung wichtige Unterlagen wie Tabellen, Skizzen oder Gutachten eingebracht, so sind sie dem Protokoll als Anlagen beizufügen; im Protokoll selbst ist darauf hinzuweisen, z. B.: *(siehe Anlage 2).*

Das Protokoll endet mit der Angabe der Uhrzeit vom Sitzungsende und wird vom Protokollanten links, vom Vorsitzenden rechts unterschrieben. Mit seiner Unterschrift bestätigt der Vorsitzende die Richtigkeit der Ausführungen.

8 Die Kurzmitteilung

Sind lediglich Unterlagen zu verschicken, für die ein besonderer, begleitender Text nicht nötig ist, bedient man sich der **Kurzmitteilung.** Sie ist ein durch Norm (DIN 5012) festgelegter Vordruck und ist für die Verwendung einer Fensterbriefhülle mit dem Format DL gedacht.

Die Größe des Vordruckes (1/3 DIN A4) entspricht dem Abschnitt des Geschäftsbriefes bis zur Bezugszeichenzeile. Diese wird ausnahmsweise zwischen Briefkopf und Anschriftfeld angeordnet. Der Raum rechts neben dem Anschriftfeld enthält kurze Auswahltexte, die jeweils nur anzukreuzen sind und für den Empfänger Bearbeitungshinweise darstellen. Die Unterschrift des Absenders schließt dieses Feld ab.

Gerätebau GmbH Calw-Alzenberg

Ihr Zeichen, Ihre Nachricht vom	Unser Zeichen, unsere Nachricht vom	Telefon (0 70 51) 1 24-	Datum
be-04 ..-03-12	do-re ..-03-8	4 01	..-03-16

Kurzmitteilung

Gerätebau GmbH, Postfach 61 42, 75351 Calw-Alzenberg

Stanzwerkzeuge
Düber KG
Postfach 12 86

72708 Reutlingen

Beigefügte Unterlagen erhalten Sie

☐ *mit Dank zurück* ☐ *zum Verbleib*

mit der Bitte um

☐ *Anruf* ☐ *Entscheidung* ☐ *Erledigung*

☐ *Kenntnisnahme* ☐ *Prüfung* ☐ *Rückgabe*

☐ *Rücksprache* ☐ *Stellungnahme* ☐ *Zustimmung*

Bitte vorrangig bearbeiten!

Carola Dombrowski

Unterschrift

Kurzmitteilung (nach DIN 5012)

9 Der Pendelbrief

Oft benötigt der Sachbearbeiter Informationen, deren Umfang zwar sehr gering, deren Inhalt aber unter Umständen so wichtig ist, dass eine schriftliche Anfrage beim Geschäftspartner nötig wird. Hier hilft der **Pendelbrief** nach DIN 5013, den Vorgang zu erleichtern und zu beschleunigen (siehe Beispiel S. 192).

Der Pendelbrief besteht aus einem dreiteiligen, durchschreibefähigen Vordrucksatz. In seiner äußeren Form entspricht er dem Aufbau des Geschäftsbriefes, doch sollte er nach DIN 5013 handschriftlich ausgefüllt werden. Die Besonderheit liegt in seiner Handhabung.

Der Sachbearbeiter formuliert auf dem Vordruck unter einem entsprechenden Betreff den Text in knappen, zusammenhängenden Worten und beendet ihn mit seiner Unterschrift. Das Original und die erste Durchschrift schickt er an den Geschäftspartner, die zweite Durchschrift behält er als Beleg und zur Terminüberwachung.

Der Geschäftspartner schreibt seine Antwort direkt unter die Anfrage und schließt mit Datum und Unterschrift. Das Original schickt er dem Absender zurück, die Durchschrift behält er für seine Unterlagen.

Ostermann - Brunnen - OHG Korbach

Ostermann-Brunnen-OHG, Postfach 1304, 34486 Korbach

Paderborner Maschinenbau KG
Postfach 2345
33048 Paderborn

Pendelbrief Tragen Sie bitte Ihre Antwort im Anschluss an den Fragetext ein und senden Sie das Original -mit Datum und Unterschrift versehen- zurück. Die Durchschrift ist für Sie bestimmt. Für die Verwendung von Fensterbriefhüllen ist die Anschrift auf der Rückseite vorgedruckt.

Ihr Zeichen, Ihre Nachricht vom	Unser Zeichen, unsere Nachricht vom	Telefon	Datum
	Br - Ny	(0 56 31) 5 82	..-06-24

Maschinenwartung

▼ Frage/Mitteilung

Unsere Abfüllanlage arbeitet z.Z. fehlerhaft und müsste dringend gewartet werden. Wegen der damit verbundenen Beeinträchtigung des Betriebsablaufes teilen Sie uns bitte verbindlich mit, wann die Arbeiten vorgenommen werden könnten und welchen Zeitraum Sie maximal dafür benötigen.

Ina Bremer

Mit den Wartungsarbeiten kann am 2. Juni.. begonnen werden. Den benötigten Zeitraum nennt Ihnen Herr Kragel, er wird Sie am 28. Juni.. aufsuchen und die Abfüllanlage besichtigen.

..-06-26

Otmar Niemeyer

Geschäftsräume	Telefon	Telex	Telefax	Kontoverbindungen	
Talstr.27 Korbach	(0 56 31) 5 82	649043 osbr d	(0 56 31) 5 85	Kreissparkasse Korbach (BLZ 523 500 05) Konto-Nr. 20 312-15	Postbank Frankfurt (BLZ 500 100 60) Konto-Nr. 54 75 42-604

Pendelbrief (nach DIN 5013)

Nachdem der Sachbearbeiter das beantwortete Original erhalten hat, ist der Informationskreis geschlossen; die bei ihm aufbewahrte zweite Durchschrift kann er nun vernichten.

10 Die Fernkopie (Telefax)

Briefpost oder andere Vorlagen, die das Format A4 und eine Papierstärke von 0,15 mm nicht überschreiten, können als **Fernkopie/Telefax** verschickt werden. Voraussetzung für den Betrieb eines Fernkopierers ist ein sog. Telefaxanschluss, der einem normalen Telefonanschluss mit Anschaltemöglichkeit entspricht, und ein Netzanschluss.

Fernkopieren ist also ein Verfahren der Datenübermittlung und hat mit dem Abfassen eines Geschäftsbriefes direkt nichts zu tun. Die auf der Kopiervorlage befindlichen Texte oder Abbildungen werden durch optisches Abtasten erfasst, in Form elektronischer Signale versendet und beim Empfänger wieder in den Text oder ein Bild umgewandelt. Man muss lediglich darauf achten, dass keine Büro- oder Heftklammern in den Kopierer gelangen oder Vorlagen mit noch nicht angetrocknetem Korrekturlack verwandt werden. Vorlagen, die sehr klein, beschädigt oder geknickt sind, werden in Vorlagehüllen eingelegt und dann kopiert. Entsprechend kann auch mit dünnen Folien oder Unterlagen, deren Buchstaben und Bilder nicht wischfest sind, verfahren werden. Da eine Kopie nicht besser sein kann als das Original, sollte man grundsätzlich auf eine entsprechende Qualität bei der Vorlage achten.

Nach dem Absenden einer Information druckt der Fernkopierer einen Sendebericht, der die Kennungen (Faxnummern) von Sender und Empfänger, Datum und Uhrzeit, die Dauer, die Betriebsart, die Seitenanzahl und eine Bemerkung über die Übertragungsqualität enthält. Auf einer empfangenen Fernkopie sind Datum, Uhrzeit, Kennung des Absenders und die Seitenzahl vermerkt. Diese Angaben sollen helfen die Bearbeitung zu erleichtern; der Hinweis auf die Seitenzahlen soll erkennbar machen, ob eine Sendung vollständig kopiert wurde. Das setzt natürlich voraus, dass die Anzahl der zu sendenden Kopien vermerkt ist.

In der betrieblichen Praxis ist es üblich, mit Hilfe von Telefax einen verkürzten Schriftverkehr abzuwickeln, wie er vom Pendelbrief (vergl. Seite 191) bereits bekannt ist. Dabei verzichtet man auf all die Angaben, die beim offiziellen Geschäftsbrief verlangt werden. Es werden lediglich die Daten aufgenommen, die zur Abwicklung des Kopierverkehrs erforderlich sind, also die Anschriften der Beteiligten, ihre Kennungen, das Datum und die Seitenzahl.

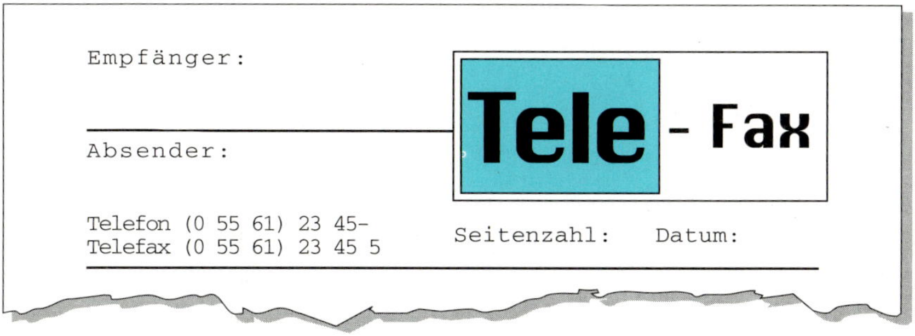
Empfänger:

Tele - Fax

Absender:

Telefon (0 55 61) 23 45-
Telefax (0 55 61) 23 45 5

Seitenzahl: Datum:

Ein Kaufmann versendet z. B. als Telefax eine Anfrage, der Geschäftspartner macht die gewünschten Angaben auf der gleichen Vorlage und kopiert sie zurück, für seine eigenen Unterlagen lässt er sich auf seinem Faxgerät eine Kopie ausdrucken. Während man bei einem Telefongespräch kaum Zeit für sachbezogene Überlegungen hat, können bei diesem Verfahren in Ruhe die notwendigen Maßnahmen ergriffen werden, bevor man die Antwort per Telefax zurücksendet.

Wer kein Telefaxgerät besitzt, kann sich trotzdem an diesem modernen Kommunikationsverfahren beteiligen. Postämter mit „Telebriefstelle" übermitteln die Unterlagen wie hand- oder maschinengeschriebene Briefe, Zeichnungen oder Urkunden an das entsprechende Empfangspostamt. Von dort werden die Informationen in einem verschlossenen **Telebrief** mit der normalen Briefpost oder als Eilbrief (Eilzustellung) dem Empfänger zugestellt. Besitzt der Empfänger ein Faxgerät, kann ihm die Information auch direkt übermittelt werden.

Besondere Formen des Schriftverkehrs

1. Wählen Sie ein Formular aus ihrem Ausbildungsbetrieb und überprüfen Sie es nach den auf Seite 180 aufgeführten Gestaltungshinweisen für Vordrucke.

2. Entwerfen Sie Formulare für folgende Vorgänge:
a) Benachrichtigung an einen Kunden, dass die gewünschte Ware eingetroffen ist und zur Abholung bereitsteht.
b) Mängelbericht an einen Lieferanten, der auch Angaben über die Schadensregulierung enthalten soll.
c) Beantragung von Beurlaubungen. Das Formular sollte für den Jahresurlaub und für Einzelbeurlaubungen verwendbar sein.
d) Beleg für die Entnahme von Materialien aus einem zentralen Magazin für den Bürobedarf.

3. Sie erhalten am 15. Juni um 10.46 Uhr einen Telefonanruf von dem Kunden Zerpner, der Sie bittet den Auftrag Nr. 136-05 dahingehend zu ändern, dass statt der Kunststoffgleiter die besseren Rollengleiter verwendet werden sollen. Da Sie den Auftrag nicht bearbeiten, die zuständige Sachbearbeiterin sich aber gerade im Außendienst befindet, versprechen Sie Klärung in der Angelegenheit und Rückruf innerhalb der nächsten zwei Tage.
Veranlassen Sie das Erforderliche.

4. Beim Besuch einer Fachmesse stoßen Sie auf einen Aussteller, der einen Artikel als Neuheit anbietet, den ihr Betrieb aber seit langem erfolgreich im Verkaufsprogramm führt.
Da Sie hierin einen Verstoß gegen die Wettbewerbsbestimmungen vermuten, teilen Sie am nächsten Tag Ihrer Geschäftsleitung diesen Vorgang mit.

5. Sie sind Mitarbeiter/-in in einem großen Unternehmen. Als sportlicher und kontaktfreudiger Mensch vermissen Sie die Einrichtung des Betriebssports, von der Sie sich neben den Vorteilen für die Gesundheit auch bessere Kontakte unter den Kollegen versprechen.
Nach Rücksprache mit der Geschäftsleitung und dem Betriebsrat werden Sie beauftragt in einem Rundschreiben das Interesse der Belegschaft an einer derartigen Einrichtung zu erkunden und im Bedarfsfalle die Neigungen für bestimmte Sportarten festzustellen.

6. Die Gebrüder Berthold betreiben unter gleichnamiger Firma in 25335 Elmshorn, Lübecker Landstraße 123 ein Eisenwarenfachgeschäft. Sie beabsichtigen

anlässlich ihres 50-jährigen Betriebsjubiläums in der 38. Kalenderwoche eine Hausmesse durchzuführen, bei der alle Stammlieferanten Gelegenheit haben sollen ihre Artikel der Kundschaft persönlich vorzustellen.
Entwerfen Sie einen Pendelbrief, in dem Sie Ihre Lieferer bitten die Teilnahme an dieser Hausmesse zu erklären.

7. Sie sind Zeuge eines Verkehrs- oder Sportunfalls.
Schreiben Sie einen Bericht des Unfallhergangs an die Versicherung.

8. Erstellen Sie auf Grund des folgenden Gesprächs ein Verlaufsprotokoll in indirekter Rede. Angaben zum Protokollkopf sind von Ihnen sinnvoll zu ergänzen.

Der Geschäftsführer Herr Dr. Krohne und die Betriebsratsmitglieder Frau Förster, Herr Judith und Herr Lüpke führen ein Gespräch über eine neue Betriebsvereinbarung, die vom Betriebsrat zugunsten der neun Auszubildenden gefordert wird. Das Gespräch hat folgenden Wortlaut:

Herr Dr. Krohne: Frau Förster, Herr Judith und Herr Lüpke, Sie baten um dieses Gespräch um das Problem der Schulbuchkosten für unsere Auszubildenden neu zu regeln.

Frau Förster: Ja, unsere Auszubildenden klagen darüber, dass sie bereits für acht Fächer Schulbücher kaufen müssen. Dadurch entstehen ihnen im 1. Ausbildungsjahr Kosten in Höhe von ca. 200,00 DM. Im 2. Ausbildungsjahr sind zusätzlich 50,00 DM aufzubringen. Wir meinen, dass das Unternehmen diese Kosten zu tragen hat, da es ja schließlich auch von der Ausbildung profitiert. Den Auszubildenden kann dieser Betrag wegen der niedrigen Ausbildungsvergütung nicht zugemutet werden.

Herr Dr. Krohne: Immerhin erhalten unsere Auszubildenden im 1. Jahr bereits 550,00 DM netto. Davon kann man die Buchkosten ohne weiteres bestreiten, außerdem sind es ja auch keine betrieblichen, sondern schulische Ausbildungsmittel.

Herr Judith: Sie wissen aber, Herr Dr. Krohne, dass wir in unserem Bundesland keine Lehrmittelfreiheit genießen. Unsere Auszubildenden sind somit bei gleich hoher Ausbildungsvergütung schlechter gestellt als Auszubildende in Bundesländern mit Lehrmittelfreiheit.

Herr Dr. Krohne: Das ist schon richtig, aber diese ungleiche Behandlung kann nicht von den Betrieben ausgebadet werden. Wir sind schließlich kein Sozialhilfeverein, sondern ein modern arbeitendes Unternehmen, das seinen Gesellschaftern verpflichtet ist.

Herr Lüpke: Sollte man nicht auch seinen Mitarbeitern und der guten Berufsausbildung verpflichtet sein? Ich meine, dass bei drei Auszubildenden pro Jahr die Kostenübernahme für das Unternehmen vertretbar ist. Wenn ich zum Vergleich nur mal an die hohen Bewirtungskosten der Geschäftleitung erinnern darf!

Herr Dr. Krohne: Bleiben wir sachlich, Herr Lüpke. Das hat hiermit nichts zu tun. Schließlich sprechen wir ja auch nicht über den neuen Schreibtisch für den Betriebsratsvorsitzenden!

Herr Judith: Jetzt bitte aber auch ich um Sachlichkeit. Kommen wir zu unserem Problem zurück.

Herr Dr. Krohne: Nun gut, ich meine, wir können es uns zur Zeit noch leisten etwas zu den Buchkosten zuzuschießen. Ich schlage vor jedem Auszubildenden einmalig 50,00 DM zu gewähren.

Frau Förster: Das ist nun wirklich zu wenig. Bei einem Jahresgewinn von ca. 700 000,00 DM müssten die 250,00 DM pro Auszubildenden für

	das Unternehmen vertretbar sein. Außerdem haben unsere Auszubildenden bisher immer überdurchschnittlich bei der Prüfung abgeschlossen. Ich meine, das sollte man belohnen.
Herr Dr. Krohne:	Nun gut, unsere Auszubildenden mit der Abschlussnote „sehr gut“ sollen nachträglich nochmals 50,00 DM erhalten.
Herr Lüpke:	Wieso kann man denn nicht sämtliche Kosten übernehmen? Bei der Übernahme der Bewirtungskosten für die Geschäftsleitung wird ja auch nicht danach gefragt, ob die Vertragsverhandlungen mit den Geschäftspartnern erfolgreich waren.
Herr Dr. Krohne:	Kommen Sie nicht schon wieder mit diesen sachfremden Argumenten. Ich mache Ihnen nun meinen letzten Vorschlag: Der Betrieb übernimmt prinzipiell 50 % der Schulbuchkosten.
Frau Förster:	Wir stimmen unter der Voraussetzung zu, dass bei einer gleich guten Gewinnsituation im nächsten Jahr über eine Verbesserung für die Auszubildenden verhandelt wird.
Herr Dr. Krohne:	Damit Sie sehen, dass ich kein Unmensch bin, gehe ich auf Ihren Vorschlag ein. Vom neuen Ausbildungsjahr an soll diese Regelung gelten; bei einem Unternehmensverlust wird sie aber sofort gestrichen.
Herr Judith:	Kann diese Regelung nicht auch schon für unsere jetzigen Auszubildenden gelten?
Herr Dr. Krohne:	Wenn Sie so weiter machen, sind wir bald kein gewinnerwirtschaftendes Unternehmen mehr. Aber nun gut, mein letztes Wort: einmalig 100,00 DM Kostenzuschuss für alle bereits im Unternehmen beschäftigten Auszubildenden. Das vorher Gesagte wird Bestandteil der Betriebsvereinbarung.
Herr Lüpke:	Herr Dr. Krohne, wir freuen uns, dass dieses Gespräch zu einer neuen Betriebsvereinbarung geführt hat, und danken für Ihre Kompromissbereitschaft.

9. Verfassen Sie zu diesem Gesprächsausschnitt ein Ergebnisprotokoll.

Stilübungen

1 Der Briefanfang

Sie erinnern sich wahrscheinlich noch, wie schwierig es in Ihrer Schulzeit war den Anfang für einen Aufsatz zu finden. War dieser erst gefunden, dann ging es ganz leicht weiter. Auch in vielen Geschäftsbriefen wird die Not mit dem Anfang deutlich. Viele Schreiben beginnen z. B. folgendermaßen:

> Ich habe Ihr Schreiben vom 5. d. M. mit bestem Dank erhalten und teile Ihnen hierauf mit, dass ich Ihnen die gewünschte Ware leider nicht liefern kann, weil . . .

Der Satz ist umständlich und enthält viele überflüssige Angaben. In der Bezugszeichenzeile unseres Normbriefes steht unter dem Stichwort „Ihre Nachricht vom" das Datum, nämlich 5. Jan. Der Empfänger weiß bereits, dass dieser Brief eine Antwort auf seine Anfrage vom 5. Januar ist. Weshalb also zweimal schreiben? Dasselbe gilt auch für die Briefanfänge:

> Bezug nehmend auf . . ., In Beantwortung Ihres Briefes . . .

Auch wenn Sie meinen, dass es besonders höflich klingt, wenn Sie einleitend schreiben: „. . . habe ich mit bestem Dank erhalten", so ist diese Redewendung weder grammatisch noch stilistisch einwandfrei. Besser schreibt man:

> Ich danke für Ihre Anfrage . . .

Ist es übrigens wichtig zu schreiben, dass Sie den „Brief erhalten" haben? Würden Sie dem Empfänger überhaupt schreiben, wenn Sie seine Anfrage oder Bestellung nicht erhalten hätten?

Und wie ist es mit der Wendung „Ich teile Ihnen mit"? Jeder Brief hat die Aufgabe etwas mitzuteilen. Folglich müsste jeder Brief, auch der private, mit dieser Einleitung beginnen. Was meinen Sie zu folgendem Briefanfang:

> Ich teile dir mit, dass ich dir recht herzlich zu deinem Geburtstag gratuliere . . .

Oder gar:

> Liebe Ulrike, ich teile dir mit, dass ich dich sehr gern habe.

Der Satz „Ich teile Ihnen mit" sagt etwas Selbstverständliches, etwas, was jeder Briefempfänger schon weiß; also ist er überflüssig.

Ebenso unpassend sind Redewendungen wie „hierdurch teile ich Ihnen mit" oder „hiermit bestelle ich". Dass Sie mit diesem Brief etwas mitteilen wollen – und nicht erst mit dem nächsten – kann als selbstverständlich gelten.

Und wie sollen wir nun anfangen? Durch die Bezugszeichenzeile weiß der Empfänger, dass sich dieser Brief auf seine Anfrage bezieht. Außerdem sieht er aus dem Wortlaut des Betreffs, um welchen Inhalt es sich handelt. Wir beginnen also mit der Sache, um die es geht. Das genügt als Einleitung. Wir beginnen in unserem Beispiel also sofort:

> Leider können wir Ihnen die gewünschte Ware nicht liefern, weil . . .

Wie dieses Kapitel zum Briefanfang zeigt, gibt es in kaufmännischen Briefen eine Reihe von stilistischen Mängeln, die sich durch eine erstaunliche Langlebigkeit auszeichnen. Auf weitere, häufig auftretende Fehler in der Wortwahl sowie im Satzbau weisen die folgenden Übungen hin.

2 Fehler in der Wortwahl

2.1 „möchte“ als Höflichkeitsform?

Wir möchten Sie darauf hinweisen, dass . . . – Ich erlaube mir . . .

In Geschäftsbriefen kann man häufig solche Wendungen finden, die höflich und bescheiden klingen sollen, aber auf Grund ihres formelhaften Gebrauches diese Bedeutung verloren haben und daher überflüssig sind. Im Sinne eines klaren und schlüssigen Briefstils sollte man in Geschäftsbriefen auf solche umständlichen Floskeln verzichten und z. B. das Wort „möchte“ nur in seiner eigentlichen Bedeutung benutzen.

Wenn jemand sagt: „Am liebsten möchte ich jetzt nach Hause gehen“, dann ist „möchte“ richtig verwendet. Er hat nämlich den Wunsch nach Hause zu gehen. Wir werden ihm wahrscheinlich antworten: „Bitte geh, wenn du willst.“

Ebenso richtig ist es, wenn der Sachbearbeiter zu seinem Mitarbeiter sagt: „Ich möchte eigentlich den Kunden darauf hinweisen, dass die Sonderanfertigung sehr teuer wird.“ Wenn er sich aber entschlossen hat und dem Kunden tatsächlich schreibt, dann „möchte“ er nicht mehr hinweisen, sondern dann tut er es, er „weist darauf hin“. Der Beispielsatz muss also richtig heißen: „Wir weisen Sie darauf hin . . .“ oder: „Wir bitten Sie zu bedenken . . .“

Ebenso sollten Sie folgende Wendungen vermeiden:

Wir *möchten* Sie bitten . . .	**besser:**	Wir bitten Sie . . .
Ich *darf* Ihnen Folgendes anbieten . . .		Ich biete Ihnen an . . .
Ich *würde* Sie bitten . . .		Ich bitte Sie . . .
Wir *können* Ihnen mitteilen, dass die Ware heute eingetroffen ist.		Die Ware ist heute eingetroffen.

Sinnvoll oder überflüssig?

Verbessern Sie, falls notwendig:

1. Im nächsten Urlaub möchten wir an die See fahren. 2. Ich würde Sie bitten mich in der nächsten Woche anzurufen. 3. Zum 4. April möchten wir die unten aufgeführten Artikel fix bestellen. 4. Wir dürfen Ihnen versichern, dass wir nur umweltschonende Rohstoffe verwenden. 5. Wir möchten Sie bitten die Muster genau zu prüfen. 6. Ich kann Ihnen garantieren, dass unsere Elektrogeräte störungsfrei arbeiten. 7. Sehr geehrte Frau Hagemann, ich möchte Ihnen sehr herzlich zu Ihrem Geburtstag gratulieren. 8. Wir möchten es auch mal so gut haben wie Onkel Otto. 9. Wir möchten Sie auffordern die Plätze zu räumen. 10. Wir möchten endlich Ruhe haben. 11. Wir dürfen Ihnen mitteilen, dass unsere Preise ab sofort um 3 % gesenkt werden. 12. Ich kann Ihnen versichern, dass es sich um ein spülmaschinenfestes Dekor handelt. 13. Wir würden Sie bitten uns Ihre Bestellung umgehend zuzusenden. 14. Glücklicherweise können wir Sie davon in Kenntnis setzen, dass wir demnächst samstags bis 14 Uhr geöffnet haben.

2.2 Füllwörter sind überflüssig

Die Ware wird aber garantiert morgen eintreffen.

Was halten Sie von dem Beispielsatz? Ist es sinnvoll das Wort „aber“ hier zu verwenden?

In diesem Satz soll mit Hilfe des Wortes „aber“ kein Gegensatz ausgedrückt werden; das Wort dient hier dazu etwas hervorzuheben. Diese Funktion wird bereits durch das Wort „garantiert“ erfüllt – die Konjunktion „aber“ ist überflüssig.

In der Umgangssprache stören **überflüssige Wörter** kaum, im kaufmännischen Schriftverkehr sollte man sie vermeiden. Ob ein Wort überflüssig ist, hängt vom Sinnzusammenhang des Satzes ab. Prüfen Sie daher in jedem Einzelfall, inwieweit die benutzen Wörter notwendig sind.

Folgende Wörter treten oft als **Füllwörter** auf:

aber	natürlich
auch	nun
denn	selbstverständlich
eigentlich	so
gewissermaßen	sozusagen
ja	übrigens
jedoch	wirklich

Füllwörter oder nicht?

Stellen Sie fest, auf welche Wörter im folgenden Text verzichtet werden kann. Begründen Sie Ihre Entscheidung.

Wir haben die bestellten Plattenspieler Marke „Sound 2000“ gestern von Ihnen erhalten. Als wir die Geräte überprüften, stellten wir aber fest, dass sie gewissermaßen so nicht einwandfrei funktionieren: bei nahezu fast allen Geräten läuft der Plattenteller sozusagen nicht gleichmäßig. Wir bitten Sie nun die fehlerhaften Plattenspieler umzutauschen. Sollten Sie jedoch unserem Wunsch nicht nachkommen, sehen wir uns selbstverständlich gezwungen uns bei einem anderen Lieferanten auch einzudecken. Wir hoffen allerdings, dass dieser Schritt jedoch überflüssig ist, da wir ja schon seit längerer Zeit so gut zusammenarbeiten.

Wir möchten Sie außerdem bitten uns ab sofort ein Zahlungsziel von insgesamt 8 Wochen einzuräumen, da diese Regelung nach unseren Erfahrungen sozusagen nahezu branchenüblich geworden ist. Natürlich werden wir aber auch weiterhin bemüht sein die Rechnungen innerhalb der Skontofrist von 10 Tagen pünktlich zu bezahlen, da diese wirklich positive Regelung für beide Seiten selbstverständlich von großem Vorteil ist.

Zum Schluss sei nun übrigens noch daran erinnert, dass wir die von Ihnen zugesagten Prospekte der Hifi-Neuheiten leider noch immer nicht erhalten haben. Sie würden uns gewissermaßen eine große Freude bereiten, wenn Sie uns diese Prospekte wirklich noch diese Woche zusenden könnten. Wir werden praktisch jeden Tag von einer Vielzahl unserer Kunden auf dieses so wirklich gute Werbematerial angesprochen, so dass wir dringend darauf warten.

2.3 Keine Doppelausdrücke!

**Er pflegte gewöhnlich . . . – die erzielten Ergebnisse –
Wir erwarten Ihre Rückantwort.**

Wenn jemand täglich einen Spaziergang macht, kann man auch sagen:

Er pflegt täglich einen Spaziergang zu machen.

Oder:

Er macht gewöhnlich täglich einen Spaziergang.

Sagt man aber:

„Er *pflegt gewöhnlich* einen Spaziergang zu machen“,

dann drückt man einen Gedanken doppelt aus.

Häufig werden in Geschäftsbriefen auch **überflüssige Adjektive** verwendet:

Wir sind mit den *erzielten* Ergebnissen zufrieden.

Das Adjektiv „erzielt“ dient nicht dazu, das Substantiv „Ergebnisse“ genauer zu beschreiben, denn es liegt im Wesen eines Ergebnisses erzielt zu sein.

Ebenso unsinnig ist der Gebrauch des Wortes „echt“ im folgenden Satz:

Es ist mir ein *echtes* Bedürfnis Ihnen herzlich zu danken.

Gibt es auch falsche Bedürfnisse? Das Wort „echt“ ist dann richtig, wenn es einen Unterschied deutlich macht, z. B. „ein *echter* Hundertmarkschein“, bekanntlich gibt es auch falsche.

Weitere Beispiele für **Doppelausdrücke:**

Falsch:	**Richtig:**
Wir erwarten Ihre Rückantwort.	Wir erwarten Ihre Antwort.
Das Geschäft wurde neu renoviert.	Das Geschäft wurde renoviert.
Die Preise wurden um 2 % herabgemindert.	Die Preise wurden um 2 % gemindert.

Um überflüssige Wörter zu vermeiden sollten Sie stets den Sinn jedes einzelnen Wortes in Ihren Briefen hinterfragen.

Überflüssig oder notwendig?

Prüfen Sie, in welchen Sätzen Doppelausdrücke vorliegen, und korrigieren Sie:
1. Sie müssen die Beträge zusammenaddieren. 2. Die Ware wurde bereits schon abgeschickt. 3. Im Absatzbereich sollten Sie über ein sensibles Feingefühl für Marktveränderungen verfügen. 4. Wir werden Ihnen den Betrag rückvergüten. 5. Kontrollieren Sie den Fall nach. 6. Es könnte möglich sein, dass er verkauft. 7. Auf seine Rückantwort wirst du lange warten müssen. 8. Die getroffene Entscheidung wurde lebhaft diskutiert. 9. Ich darf mit Recht die Provision beanspruchen. 10. Sie fuhr in der Rede weiter fort. 11. Die Entstehungsursache des Brandes ist noch nicht geklärt. 12. Ich werde mich lediglich nur auf das Notwendigste beschränken. 13. Sie stellte ihn vor vollendete Tatsachen. 14. Ich muss Ihnen leider zu meinem Bedauern den Betrag stornieren. 15. Die gewährten Kredite werden nutzlos vergeudet. 16. Der Kunde hatte echtes Interesse an der Ware.

2.4 Der Superlativ übertreibt oft

> **vorzüglichste Ware – einzigstes Geschäft –**
> **die meistgekaufteste Ware**

Vor allem in Werbebriefen besteht die Gefahr **übertreibende Redewendungen** zu benutzen. Viele Kaufleute schreiben fast ausschließlich im Superlativ (Höchststufe), wie folgende **Negativbeispiele** zeigen:

niedrigste Preise
haltbarste/beste/vorzüglichste Ware
größtes/leistungsfähigstes Geschäft
günstigste/zuvorkommendste Bedingungen
vollste Zufriedenheit

Hierzu gehören auch **übertreibende Adjektive,** die im Positiv (Grundstufe) stehen und durch ihre häufige Verwendung nichts sagend geworden sind:

enorm	furchtbar
entsetzlich	großartig
erstklassig	fantastisch
fabelhaft	sagenhaft

Der Leser wird misstrauisch oder er stumpft solchem Wortschwall gegenüber ab. Die Aussagen verlieren ihre Wirkung.

Der **Superlativ** wird oft falsch verwendet. Wenn ein Kaufmann sein Geschäft als das „Einzigste“ am Platze anpreist, macht er einen Fehler. Ist er allein da, so ist er „einzig“; aber einziger als einzig kann er nicht sein.

Man kann „volles“ Vertrauen haben, nicht aber „vollstes“ Vertrauen. Was voller ist als voll, muss überfließen.

Auch zwei Steigerungsstufen in einem Wort sind falsch. Statt

die meistgekaufteste Ware

muss es heißen:

die am meisten gekaufte Ware

oder:

die meistgekaufte Ware

Ist die Verwendung des Superlativs richtig?

1. Wir liefern den einzig(   ) Joghurt mit Früchten aus biologischem Anbau. 2. Zuvorkommend(   )Bedienung ist für uns selbstverständlich. 3. Sie stellten die bestbewährt(   ) Werkzeugmaschinen aus. 4. Die bedeutend(   ) Hersteller waren auf der Messe vertreten. 5. Wir erwarten von unseren Mitarbeitern voll(   ) Vertrauen. 6. Die nächstliegend(   ) Filiale befindet sich in Hameln. 7. Wir räumen Ihnen günstig(   ) Lieferbedingungen ein. 8. In unserem Hause können Sie mit vorzüglich(   ) Beratung rechnen. 9. Mit höch(   ) Genauigkeit werden die Spezialwerkzeuge gefertigt. 10. Niedrig(   ) Preise und vorzüglich(   ) Ware sind für unser Unternehmen selbstverständlich. 11. Die Firma Meier KG ist das einzig(   ) Unternehmen dieser Art in unserer Region. 12. Wir liefern nur erstklassig(   ) Ware.

2.5 Vermeiden Sie verstaubte Wörter

hinsichtlich – zwecks – seitens

Hinsichtlich unserer Ferienreise wollen wir *zwecks* Beschaffung der nötigen Geldmittel diesbezügliche Schritte unternehmen.

Viele Leute glauben sich schriftlich „gebildeter“ ausdrücken zu müssen, als sie es mündlich tun. Deshalb verwenden sie gewichtig erscheinende Wörter wie:

abschlägig	gemäß
anlässlich	hinsichtlich
betreffs	in Anbetracht
diesbezüglich	vermittels
etwaig	vermöge
gelegentlich	zwecks

Diese Wörter sind veraltet und überflüssig.

Ebenso beliebt ist bei vielen Leuten das bereits verstaubt anmutende Wörtchen „seitens“:

Schlecht:	**Besser:**
Ihrerseits ist beanstandet worden	Sie haben beanstandet
von vielen Seiten wurde bemerkt	viele haben bemerkt
von der Seite der Hersteller	von den Herstellern
seitens der Wirtschaft	von der Wirtschaft

Lesen Sie sich Ihre Berichte und Briefe vor, bevor Sie sie abschicken. Sie werden leicht merken, welche Wendungen eingeflossen sind, die nicht hineinpassen.

Verbessern Sie:

1. Gemäß Ihren Bedingungen bestelle ich 500 Kleiderbügel Nr. 45/18. 2. In Anbetracht der Wirtschaftslage empfehlen wir die Preise zu senken. 3. Wir haben unsererseits mehrmals bemängelt, dass die Preise zu hoch sind. 4. Seitens der Stadtverwaltung wird verfügt, dass die Gehwege regelmäßig zu säubern sind. 5. Etwaige Vorschläge zwecks Verbesserung reichen Sie bitte unserem technischen Büro direkt ein. 6. Hoffentlich gehen wir mit Ihnen in der Frage einig, dass dieser Fehler umgehend beseitigt werden muss. 7. Wir weisen darauf hin, dass der Betrag von 95,40 DM Ihrerseits noch nicht beglichen wurde. 8. Gelegentlich meines Aufenthaltes in München werde ich Sie eventuell besuchen. 9. Zwecks Räumung unseres Lagers bieten wir diesen Artikel besonders günstig an. 10. Anlässlich der Einweihung der Schule hielt der Rektor eine Rede.

„Entstauben“ Sie folgendes Schreiben:

Hochgeehrtester Herr! Erst heute bin ich im Stande Ihr geehrtes Schreiben in der gewünschten Weise beantworten zu können. Es tut mir Leid, dass ich, wie mir aus Ihrem werten Briefe hervorzugehen scheint, den Verdacht der Nachlässigkeit erregt habe. Seien Sie aber überzeugt, dass es wohl mein ernstes Bestreben gewesen ist meine Schuld abzutragen, dass es mir bisher aber unmöglich war. Heute, wo ich einen meiner längst erwarteten Außenstände eingenommen habe, beeile ich mich nun, meiner Verpflichtung nachzukommen. Ich sage Ihnen für die mir gütigst gewährte Nachsicht meinen ergebensten Dank.

Hochachtungsvoll und ergebenst

2.6 Suchen Sie das treffende Wort

ein interessantes Angebot – eine interessante Ausstellung

Sicherlich kann vieles „interessant“ sein, doch sollte man sich davor hüten, einige Wörter – das gilt insbesondere für Modewörter – zu häufig zu benutzen. Es besteht die Gefahr, dass der Leser die besondere Bedeutung eines benutzten Adjektivs (Eigenschaftswort) überliest, wenn es sich ständig wiederholt.

Falls Sie glauben, dass die deutsche Sprache zu wortarm sei um sprachliche Feinheiten ausdrücken zu können, vergleichen Sie z. B. einige **sinnverwandte Wörter** zum Adjektiv „interessant“:

- anregend
- ansprechend
- beachtenswert
- bedeutsam
- bemerkenswert
- ergreifend
- gehaltvoll
- inhaltsreich
- lehrreich
- lesenswert
- sehenswert
- wertvoll
- wichtig
- wissenswert

Auch bei der Wahl des richtigen Verbs (Tätigkeitswort) hilft es häufig weiter sinnverwandte Wörter zu suchen um Wortwiederholungen zu vermeiden oder den Sachverhalt treffender auszudrücken.

Im kaufmännischen Schriftverkehr ist es oft schwierig für das vielbenutzte Verb „zahlen“ andere Wörter zu finden – deswegen einige Beispiele für begriffsähnliche Ausdrücke:

- aufwenden
- begleichen
- entrichten
- erstatten
- finanzieren
- überweisen
- vergüten

Falls Ihnen einmal nicht das richtige Ersatzwort einfallen sollte, hilft ein sogenanntes **Synonymlexikon** weiter, das zu einem Stichwort mehrere sinnverwandte Wörter anbietet.

Formulieren Sie treffend!

Suchen Sie sinnverwandte Wörter zu:
günstig, dringend, modern, schreiben, liefern, anbieten

Ersetzen Sie – soweit nötig und möglich – das Wort „interessant“ durch treffendere Adjektive:
Eine interessante Fachausstellung erwartet Sie ab Februar in unserem Unternehmen. Insbesondere die interessanten Neuheiten werden Sie interessieren. Sollten Sie sich für einige Produkte entscheiden, so können wir Ihnen anlässlich der Ausstellung interessante Konditionen bieten. Wir sind sicher, dass Ihnen unser interessantes Sortiment gefallen wird. Ohne Zweifel machen wir Ihnen durch unsere Preisgestaltung ein äußerst interessantes Angebot.

2.7 Fachausdrücke erleichtern das Verständnis

Das Konto wird belastet – Ein Wechsel wird gezogen

Jeder Berufsstand – sei es der Arzt, der Gärtner, der Ingenieur oder der Kaufmann – hat seine Fachausdrücke, die für ihn unentbehrlich sind. Sie sind in entsprechenden **Fachwörterbüchern** zusammengefasst.

Aus der großen Zahl der kaufmännischen Fachwörter wollen wir ein paar Beispiele herausgreifen. Man sagt: „Ein Konto wird belastet“ und stellt sich dabei das Bild einer Waage vor, die durch ein Gewicht beschwert oder „belastet“ wird. Der Buchhalter „belastet“ das Konto, d. h., er bucht im „Soll“ oder „Debet“.

Hat uns ein Lieferer Ware geschickt, kann er für den Betrag der Sendung einen Wechsel ausstellen und uns zur Annahme vorlegen. In diesem Falle sagt der Lieferer: Ich habe auf Sie einen Wechsel „gezogen“. Wir werden dann als Kunde zum „Bezogenen“, d. h., wir müssen die Wechselschuld bezahlen.

Häufig ist das Fachwort ein **Fremdwort,** das schwer zu übersetzen ist, z. B.:

Der Betrieb arbeitet *rationell.*

„Ratio“ heißt: „Sinn“, „Verstand“, „Vernunft“. „Rationell“ bedeutet in diesem Zusammenhang aber nicht nur „vernünftig“ oder „sinnvoll“, sondern auch „zweckmäßig“, „kostengünstig“.

Versuchen Sie die Fachausdrücke zu erläutern:

1. Der Gewinn wird ausgeschüttet. 2. Die Firma wird gelöscht. 3. Es handelt sich um ein Termingeschäft. 4. Die Mehrwertsteuer ist kein Kostenfaktor, sie ist ein durchlaufender Posten. 5. Beide Geschäftspartner vereinbarten ein Zug-um-Zug-Geschäft. 6. Die Bank diskontiert den Wechsel. 7. Frau Elis wurde Prokura erteilt. 8. Die fixen Kosten sind in der Abteilung zu hoch. 9. Herr May verlangt einen Effektivzins von 6 %. 10. Der Einkäufer war gezwungen sofort zu disponieren.

2.8 Wann benutzt man Abkürzungen?

Lb. Frl. May – Mit frdl. Grüßen

Amtliche und allgemein gebräuchliche Abkürzungen, wie

DM, kg, z. B., vgl., HGB usw.,

kann man unbedenklich verwenden (Punktsetzung bei Abkürzungen s. S. 48).

Kürzt man aber auch andere Wörter in einem Brief ab, z. B.

Lb. Frl. May, Ihre frdl. Zeilen habe ich mit best. Dank erhalten . . .,

so wird das Verhalten den Empfänger unangenehm berühren; denn er sieht, dass seine Angelegenheit nicht mit der nötigen Ruhe und Gewissenhaftigkeit erledigt wurde. Eine solche Behandlung wirkt unhöflich.

Aber auch so übliche Abkürzungen wie „S.“, „Nr.“, „Bd.“ sollten ausgeschrieben werden, wenn sie in Verbindung mit einem Artikel oder einer vorangestellten Zahl stehen:

die Seite 5 die Nummer 17 2. Band der Gesamtausgabe

Gebräuchliche Abkürzungen

Abs.	– Absender, Absatz
Abt.	– Abteilung
a. G .	– auf Gegenseitigkeit
AG	– Aktiengesellschaft
Anm.	– Anmerkung
B	– Brief (auf Kurszettel)
BAT	– Bundesangestelltentarif
BfA	– Bundesversicherungsanstalt für Angestellte
BGB	– Bürgerliches Gesetzbuch
BGBl.	– Bundesgesetzblatt
bzw.	– beziehungsweise
Co., Co	– Companie (Handelsgesellschaft)
DBGM	– Deutsches Bundes-Gebrauchsmuster
DGB	– Deutscher Gewerkschaftsbund
dgl.	– dergleichen
d. h.	– das heißt
DIHT	– Deutscher Industrie- und Handelstag
DIN	– Deutsche Industrie-Norm
EGmbH	– eingetragene Genossenschaft mit beschränkter Haftpflicht
einschl.	– einschließlich
etc.	– et cetera – und so weiter
e.V.	– eingetragener Verein
evtl.	– eventuell
exkl.	– exklusive – ohne
ff.	– folgende Seiten
fr.	– frei, franko
G	– Geld (auf Kurszettel)
Gebr.	– Gebrüder
gez.	– gezeichnet
GmbH	– Gesellschaft mit beschränkter Haftung
HGB	– Handelsgesetzbuch
i. A.	– im Auftrag
IHK	– Industrie- und Handelskammer
inkl.	– inklusive, einschließlich
i. V.	– in Vertretung, in Vollmacht
KG	– Kommanditgesellschaft
lt.	– laut
LZB	– Landeszentralbank
m. E.	– meines Erachtens
OHG	– Offene Handelsgesellschaft
o. O.	– ohne Obligo
p. a.	– per annum, aufs Jahr, für das Jahr
PLZ	– Postleitzahl
ppa.	– per procura – in Stellvertretung
PS	– postscriptum – Nachschrift
resp.	– respektive – beziehungsweise
S.	– Seite
Sa.	– Summa
s. o.	– siehe oben
u. a.	– 1. unter anderem 2. und andere(s)
ult.	– ultimo – am Letzten des Monats
usw.	– und so weiter
Val.	– Valuta, Wertstellung
v. H.	– vom Hundert (Prozent)
z. B.	– zum Beispiel
z. H.	– zu Händen
z. T.	– zum Teil
zz.	– zurzeit

Was bedeuten folgende Abkürzungen? Schlagen Sie notfalls im Wörterbuch nach:

AG, ARD, Bd., Bde., BetrVG, BLZ, bzw., DAG, DB, d. h., DIN, d. M., dto., etc., e.V., EU, ff., GmbH, HGB, i. A., IHK, KG, LZB, MWSt., ÖTV, p. a., PLZ, ppa., s. o., StGB, u. a., u. E., UNO, USA, UWG, z. H.

2.9 Benutzen Sie Verben

einen Einkauf tätigen – die Inbetriebname –
Entschuldigen Sie das Verzögern der Verbuchung Ihrer Überweisung

Ew. Wohlgeboren
hatten die Güte auf mein Ersuchen vom 15. März d. J. mir zu versprechen, dass ich bis Ende April unfehlbar auf Berichtigung meiner Forderung rechnen dürfte. Es sind seit dem festgesetzten Termin wieder drei Monate verflossen, ohne dass ich den Betrag meiner Rechnung erhalten habe. Aber dessenungeachtet würde ich mir nicht erlauben Sie nochmals mit der Bitte um baldige Zahlung zu belästigen, wenn mich nicht eigne Zahlungsverbindlichkeiten dazu zwängen. Sie gestatten mir deshalb, dass ich mich der sichern Hoffnung hingeben darf spätestens bis Ablauf dieses Monats Ihnen über den Empfang meines Guthabens quittieren zu können.

Hochachtungsvoll

Was uns heute zum Lachen reizt, galt vor ca. 100 Jahren als vornehm, würdevoll und für einen Geschäftsbrief angemessen: der sogenannte **„Nominalstil“** (Nomen = Substantiv = Hauptwort). Auf uns wirkt diese Anhäufung von Substantiven umständlich, hölzern und schwerfällig. Aber auch heute ist in vielen Geschäftsbriefen noch die Vorliebe für Substantive zu finden, die nicht selten zu einem schwülstigen Briefstil führt. Der moderne Geschäftsbrief zeichnet sich jedoch dadurch aus, dass er einfach, treffend und anschaulich geschrieben ist.

Die folgenden Hinweise helfen diesem Ziel näher zu kommen:

1. **Bevorzugen Sie Verben,** vermeiden Sie unnötige Substantive! Verben wirken lebendig, anschaulich und verständlich. Warum also umständlich „in Rechnung stellen“ und „zum Versand bringen“, wenn man dafür auch einfach und treffend „berechnen“ und „versenden“ schreiben kann?

2. **Vermeiden Sie Substantive auf „-ung“„-nahme“, „-heit“„-keit“;** es handelt sich um wenig schöne Neubildungen, die sich besser und treffender ausdrücken lassen:

im *Falle* der *Nichtzahlung*	**Besser:** wenn Sie nicht zahlen
ist eine dringende *Notwendigkeit*	**Besser:** ist dringend notwendig

3. **Vermeiden Sie vor allem die Anhäufung von Substantiven:**
Entschuldigen Sie das *Verzögern* der *Verbuchung* Ihrer *Überweisung.*
Besser:
Entschuldigen Sie, dass wir erst jetzt gebucht haben.

Schreiben Sie einfacher:

1. Bitte stellen Sie Nachforschungen an. 2. Wir haben eine Preisherabsetzung vorgenommen. 3. Ich habe den Brief aus Mexiko unter Zuhilfenahme eines Wörterbuches gelesen. 4. Die Inbetriebnahme der Maschine verzögert sich. 5. Die Instandsetzung der Büroräume dauert eine Woche. 6. Die Außerachtlassung dieser Bedingungen führt zur Annullierung der erteilten Aufträge. 7. Er nahm sofort die Buchung vor. 8. Im Falle der Nichtzahlung bleibt die Ware mein Eigentum. 9. Wir sollten dem Kunden die Mitteilung machen, dass wir erst in drei Tagen liefern können. 10. Der Betrag ist unverzüglich in Abzug zu bringen. 11. Wir müssen Ihnen leider diese Mitteilung machen. 12. Gestern wollte ich verschiedene Einkäufe tätigen.

2.10 „erfolgt"

Die Zustellung erfolgt durch die Post

> Die *Prüfung erfolgt* durch einen Ausschuss.
> Die *Bezahlung erfolgt* durch Wechsel.
> Die *Zustellung* des Pakets *erfolgt* durch die Post.

Warum muss alles „erfolgen"? Meiden Sie dieses nichts sagende Modewort, das häufig zusammen mit Substantiven gebraucht wird und damit den unschönen „Nominalstil" (s. S. 206) fördert. Schreiben Sie einfacher:

> Ein Ausschuss *prüft.*
> Wir *zahlen* mit Wechsel.
> Die Post *stellt* das Paket *zu.*

Ersetzen Sie das Wort „erfolgt":

1. Die Schadenfeststellung erfolgt durch eine Kommission. 2.Die Abholung der Ware erfolgt zweimal täglich. 3. Die Bezahlung erfolgt in fünf Raten. 4. Die Benachrichtigung erfolgt sofort durch uns. 5. Ihre Zustimmung erfolgte am nächsten Tag. 6. Die Prüfung der Ware erfolgte unmittelbar nach der Annahme der Ware. 7. Die Mahnung erfolgte bereits nach einer Woche.

2.11 „derselbe" oder „der gleiche"?

derselbe Kunde – die gleichen Tische

Wenn man eine **bestimmte Person** oder **Sache** meint, haben „derselbe", „dieselbe" und „dasselbe" ihre Berechtigung:

> Das ist *derselbe* Kunde, der vor einer Woche hier im Geschäft war.
> Klaus und Dieter lieben *dasselbe* Mädchen, nämlich Inge Müller.

Spricht man aber von **Gegenständen der gleichen Art,** verwendet man in der Regel „der gleiche", „die gleiche" und „das gleiche":

> Im Gymnasium und in der Berufsschule stehen die *gleichen* Tische und Stühle.
> Wir haben das *gleiche* Fernsehgerät wie Hempels.

Diese strenge Unterscheidung zwischen „derselbe" und „der gleiche" usw. ist laut DUDEN[1] nur dann notwendig, wenn sich durch den unterschiedlichen Gebrauch der beiden Ausdrücke ein anderer Sinn ergibt, z. B. im folgenden Satz:

> Beide benutzten *dieselbe* Zahnbürste. (Oder doch nur die gleiche?),

[1] DUDEN, Bd. 9. Richtiges und gutes Deutsch. 2. Aufl. Mannheim, Wien, Zürich: Bibliographisches Institut 1985

„derselbe“ oder „der gleiche“?

Setzen Sie richtig ein und begründen Sie Ihre Entscheidung:
1. Bei beiden Lieferanten erhalten wir die( ) Ware. 2. Die Sekretärinnen schreiben mit der( ) Schrelbmaschine. 3. Sie fuhren das( ) Auto. 4. Die( ) Ware kann man nicht zweimal verkaufen. 5. Wir musizieren mit der( ) Gitarre. 6.Beide Firmen erhielten das( ) Angebot. 7. Der Makler verkaufte das( ) Grundstück nachweislich zweimal.

2.12 „innerhalb“ – „binnen“ – „in“?

> **Zahlen Sie innerhalb zweier Wochen netto Kasse**
> **oder binnen acht Tagen unter Abzug von 2 % Skonto.**

Die Präposition (das Verhältniswort) **„innerhalb“** verlangt den **Genitiv** (Wesfall):

innerhalb des Betriebes	innerhalb Kölns
innerhalb eines Tages	innerhalb acht Tagen
innerhalb zweier Wochen	innerhalb vier Wochen
innerhalb dreier Monate	innerhalb vier Monaten

Beachten Sie: Die Beugungsendung „-er“ tritt nur bei „eins“, „zwei“, „drei“ auf.

Der zusätzliche Gebrauch des Wortes **„von“** ist nur noch bei **Orts- und Ländernamen** üblich:

innerhalb von Bremen
innerhalb von Bayern

Nach der Präposition **„binnen“** steht in der Regel der **Dativ** (Wemfall), allerdings kann auch der **Genitiv** verwendet werden:

Dativ:	**Genitiv:**
binnen einem Jahr	binnen eines Jahres
binnen zwei Wochen	binnen zweier Wochen
binnen vier Monaten	binnen vier Monaten

Um Wortwiederholungen im Schriftverkehr zu vermeiden können die Wörter „innerhalb“ bzw. „binnen“ durch die Präposition **„in“** ersetzt werden:

Zahlen Sie in acht Tagen.
Wir liefern in vier Wochen.

„innerhalb“ – “binnen“ – “in“

Ersetzen Sie das Wort“innerhalb“ durch andere Präpositionen um Wortwiederholungen zu vermeiden. Achten Sie dabei auf den richtigen Fall:
1. Der Rechnungsbetrag ist innerhalb vier Wochen ohne Abzug zu begleichen, bei Zahlung innerhalb zweier Wochen erhalten Sie 3 % Skonto. 2. Die Ware wird innerhalb acht Tagen frei Haus geliefert. 3. Falls Sie innerhalb eines Monats bestellen, erhalten Sie 5 % Einführungsrabatt; sollten Sie sich noch innerhalb dieser Woche entscheiden, gewähren wir Ihnen sogar 10 % Rabatt.

Setzen Sie ein Wort Ihrer Wahl ein; beachten Sie aber den richtigen Fall:
1. Zahlen Sie bitte ( ) drei( ) Wochen. 2. Wir erwarten Ihre Lieferung ( ) ein( ) Jahr( ). 3. Unsere Artikel erhalten Sie ( ) zwei( ) Tag( ) durch unseren Hausspediteur. 4. Können Sie ( ) acht( ) Tag( ) liefern? 5. Wir sind ( ) Frankfurt ( ) sechsmal vertreten. 6. Die Ware kann ( ) sechs( ) Monaten umgetauscht werden. 7. ( ) Frankreich( ) besitzen wir zwanzig Filialen. 8. Sollten Sie ( ) zwei( ) Wochen bezahlen, gewähren wir Ihnen 3 % Skonto. 9. Ihre Antwort erwarten wir ( ) drei( ) Monate( ). 10. Ist es Ihnen möglich ( ) ein( ) Jahr( ) den Spezialauftrag auszuführen?

2.13 „zahlbar" oder „fällig"?

Die Rechnung ist in Raten zahlbar. – Die Zahlung ist am 30. Mai .. fällig.

Das Wort **„zahlbar"** bedeutet: **„kann** bezahlt werden". Möglich ist somit auch, dass der Kunde den ganzen Betrag auf einmal zahlt. Dagegen drückt **„fällig"** etwas anderes aus: die Summe muss zu einem Stichtag gezahlt werden.

Häufig wird die Bedeutung beider Wörter verwechselt:

Falsch:	**Richtig:**
Die Rechnung ist in Raten *fällig.*	Die Rechnung ist in Raten *zahlbar.*
Die Rechnung ist am 5. März *zahlbar.*	Die Rechnung ist am 5. März *fällig.*

„zahlbar" oder „fällig"?

Setzen Sie richtig ein:
1. Die Summe ist am 15. Mai ( ). 2. Der Kaufpreis ist in drei Raten ( ). 3. Ist der Betrag bereits am 5. August ( )? 4. Die Rechnung ist in sechs Teilbeträgen ( ). 5. Der Wechsel ist schon am 2. Februar ( ).

2.14 „auf" oder „offen"?

Machen Sie das Fenster auf. – Lassen Sie das Fenster offen.

Das Wort **„auf"** kennzeichnet die **Bewegung,** den **Vorgang** des Öffnens; **„offen"** bezeichnet die **Ruhe,** den **Zustand:**

auf:	**offen:**
aufmachen	offen bleiben
aufschließen	offen sein
aufstehen	offen stehen

„auf“ oder „offen“?

Ergänzen und überlegen Sie, ob die Verbindungen zusammen- oder getrennt geschrieben werden (s. S. 124.):
1. Soll die Haustür ( ) bleiben? 2. Der Laden war ( ). 3. Lassen Sie das Fenster ( ), und machen Sie die Tür auch noch ( ). 4. Gestern stand die Tür weit ( ). 5. Wir müssen die Augen ( ) halten. 6. Wie lange ist der Laden ( )? 7. Dieses Geschäft ist bis 18Uhr ( ). 8. Auf ihrem Konto stehen noch 300,00DM ( ). 9. Nachdem der Pförtner das Fabriktor ( ) gemacht hatte, blieb es bis zum Betriebsschluss ( ). 10. Mach den Brief ( ); er ist ja schon ( ). 11. Das Zelt war auf beiden Seiten ( ). 12. Unser Haus ist den ganzen Tag ( ). 13. Mach deine Ohren ( ) und höre aufmerksam zu. 14. Wenn man immer auf dem Laufenden sein will, muss man die Ohren ( ) halten. 15. Die Frage blieb auch nach der Aussprache noch ( ).

2.15 „anscheinend“ oder „scheinbar“?

Anscheinend gibt as morgen Regen.
Scheinbar bewegt sich die Sonne um die Erde.

anscheinend: möglich, wahrscheinlich

scheinbar: (nur) zum Schein, nicht in Wirklichkeit.

Ergänzen Sie „anscheinend“ oder „scheinbar“:

1. Die Tasche ist ( ) aus Leder; die Imitation ist gut gelungen. 2. Die neue Personalchefin hat ( ) guten Kontakt zu ihren Mitarbeitern. 3. Die Banknote ist ( ) nicht echt. 4. Die Ernte wird in diesem Jahr ( ) gut. 5. Die Telefonverbindung ist ( ) unterbrochen. 6. Der ermüdete Schüler hörte ( ) zu. 7. War sie nur ( ) krank? 8. ( ) sind die Erdbeeren noch nicht reif. 9. ( ) bewegt sich die Sonne um die Erde.

2.16 „als“ oder „wie“?

Diese Sendung ist teurer als die vorige.
Maschinenschreiben ist ebenso wichtig wie Stenografieren.

Nach dem **Komparativ** (erste Steigerungsstufe), der stets eine **Ungleichheit** ausdrückt, steht immer das Wort **„als“:**

Das Angebot ist *größer als* die Nachfrage.
Unser Sortiment ist *breiter als* das der Mitanbieter.

Bei der **Gleichstellung im Positiv** (Grundstufe) wird in der Regel das Wort **„wie“** (so...wie) verwendet:

Das Angebot ist *so groß wie* die Nachfrage (ebenso groß wie).

Falsch ist in jedem Fall die Wortverbindung „als wie“:

Falsch:	**Richtig:**
Heute ist das Wetter schöner *als wie* gestern.	Heute ist das Wetter schöner *als* gestern.

Ergänzen Sie „als“ oder „wie“:

1. Sie hat mehr Kredit ( ) du? 2. Dieser Wein ist besser, ( ) ich dachte, aber nicht so gut ( ) dieser Jahrgang. 3. Lieber großen Umsatz und kleinen Nutzen ( ) kleinen Umsatz und schließlich gar keinen Nutzen. 4. Ich verlange nicht mehr, ( ) mir zusteht. 5. Nichts ist schlechter ( ) ein Versprechen, das man nicht hält. 6. Schreib so sauber, ( ) du kannst. 7. Wir haben genauso geliefert, ( ) Sie bestellt haben. 8. Sein Lager ist reichhaltiger ( ) das der Konkurrenz.

2.17 „Glas“ oder „Gläser“?

Er kaufte zwei Biergläser. – Er bezahlte zwei Glas Bier.

Im Beispiel „zwei Glas Bier“ wird das Substantiv „Glas“ benutzt um eine Menge zu kennzeichnen; in diesem Fall steht der Singular.

Weitere Beispiele:

Singular:	**Plural:**	**Mengenkennzeichnung:**
das Fass	die Fässer	vier Fass Wein
das Stück	die Stücke	zehn Stück Seife
der Sack	die Säcke	fünf Sack Kartoffeln
der Karton	die Kartons	sieben Karton Briefumschläge
der Ballon	die Ballons	drei Ballon Johannisbeerwein
der Pfennig	die Pfennige	Zahlen Sie bitte vierzig Pfennig.

Aber:

fünf Tonnen Reis
vier Tassen Kaffee
zwei Flaschen Wein

Substantive weiblichen Geschlechts (z. B. die Tonne) werden zur Mengenkennzeichnung im Plural gebraucht.

Singular oder Plural?

1. Der Spediteur lieferte achtzehn Karton( ) Wolle. 2. Jörn warf drei Karton( ) in die Ecke. 3. Gestern hatte Michael sechs Glas( ) Cola getrunken. 4. Sabine holte fünf Stück( ) Seife. 5. Der Lkw kippte um und es liefen vierzig Fass( ) Wein aus. 6. Karin sammelte schon zweihundert Pfennig( ) für ihre Brautschuhe. 7. Die Waffel kostet achtzig Pfennig( ). 8. Können Sie mir hundert Block( ) holzfreies Schreibpapier liefern? 9. Zwei Fass( ) stehen als Blumenkästen vor dem Hoteleingang.

3 Fehler im Satzbau

3.1 Jeder Satz braucht ein Subjekt

Habe Ihre Ware erhalten. – Bieten preisgünstig an:...

Jeder **grammatisch vollständige Satz** besteht mindestens aus **Subjekt** (Satzgegenstand) und **Prädikat** (Satzaussage). Die Beispiele müssen demnach grammatisch richtig heißen:

Ich habe Ihre Ware erhalten . . .
Wir bieten preisgünstig an: . . .

Manche Leute meinen, man dürfe einen Satz oder gar einen Brief nicht mit „ich“ beginnen; das sei unhöflich. Diese Ansicht ist veraltet. Wenn es Sie stört einen Brief mit „ich“ oder „wir“ zu beginnen, so stellen Sie die Wörter um oder geben Sie dem Satz eine andere Wendung:

Falsch:	**Richtig:**
Bestätige Ihnen den Erhalt Ihrer Sendung vom 5. Mai.	Ich bestätige Ihnen den Erhalt Ihrer Sendung vom 5. Mai. Oder: Ihre Sendung ist eingetroffen.

Beseitigt man „ich“ oder „wir“ am Satzanfang, also sich selbst, so spricht man vom grammatischen Selbstmord.

Berichtigen Sie:

1. Eröffne am 1. November eine Leihbücherei. 2. Habe mich als Zahnärztin niedergelassen. 3. Kaufe ständig Antiquitäten. 4. Erledigen Schreibarbeiten aller Art. 5. Verlege mein Geschäft vom Markt 7 nach Kaiweg 10. 6. Haben geschlossen.

3.2 Wählen Sie den richtigen Konjunktiv

Sie rief: „Ist Hilfe nötig?“ – Sie rief, ob Hilfe nötig sei.

In der deutschen Sprache unterscheidet man folgende Modi (Aussageweisen):

- **Indikativ** (die Wirklichkeitsform), z. B.
  Er *kommt* heute.
- **Konjunktiv I und II** (die Möglichkeitsformen), z. B.
  Er sagt(e), er *komme* heute. (Konjunktiv I)

Er sagt(e), er *käme* heute. (Konjunktiv II)

- **Imperativ** (die Befehlsform), z. B.
  Komm heute!

Insbesondere bereitet die Verwendung des Konjunktivs viele Schwierigkeiten. Der **Konjunktiv I** dient überwiegend dazu, die indirekte Rede auszudrücken und wird daher beim Abfassen von Sitzungsprotokollen (s. S. 189) häufig angewendet:

Der Arbeitgebervertreter sagte, dass mit einer leichten Tariferhöhung zu rechnen *sei.*

Im **Konjunktiv II** wird vorwiegend etwas nur Vorgestelltes, etwas Irreales zum Ausdruck gebracht:

Der Arbeitgebervertreter sagte, wenn der Tarifabschluss zu hoch *ausfiele, wäre* das volkswirtschaftlich nicht zu vertreten.

Der Konjunktiv II muss aber auch in der indirekten Rede benutzt werden, wenn sich Indikativ und Konjunktiv I der Form nach nicht unterscheiden:

Die Sekretärin sagt(e), die Herren seien eben vorgefahren und *kämen* sofort. (nicht Konjunktiv I: kommen)
Die Chefin sagte, sie halte sich an die Abmachungen, und die Personalvertreter stellten fest, auch sie *hielten* sich daran. (nicht Konjunktiv I: halten)

Da immer wieder die Hilfsverben „haben“ und „sein“ bei der Konjunktivbildung Schwierigkeiten bereiten, werden sie hier genannt:

haben

Indikativ		**Konjunktiv**	
Präsens	**Präteritum**	**Konjunktiv I**	**Konjunktiv II**
ich habe	ich hatte	ich habe	ich hätte
du hast	du hattest	du habest	du hättest
er, sie, es hat	er, sie, es hatte	er, sie, es habe	er, sie, es hätte
wir haben	wir hatten	wir haben	wir hätten
ihr habt	ihr hattet	ihr habet	ihr hättet
sie haben	sie hatten	sie haben	sie hätten

sein

Indikativ		**Konjunktiv**	
Präsens	**Präteritum**	**Konjunktiv I**	**Konjunktiv II**
ich bin	ich war	ich sei	ich wäre
du bist	du warst	du sei(e)st	du wär(e)st
er, sie, es ist	er, sie, es war	er, sie, es sei	er, sie, es wäre
wir sind	wir waren	wir seien	wir wären
ihr seid	ihr wart	ihr seiet	ihr wär(e)t
sie sind	sie waren	sie seien	sie wären

Wählen Sie die richtige Konjunktivform:

1. Sie fragte, ob das meine Arbeit (sei – wäre). 2. Er meinte er (brauche – brauchte) nicht zu kommen. 3. Die Packer erwiderten, sie (haben – hätten) das Paket der Auszubildenden gegeben. 4. Sie entgegnete, er (habe – hätte) sich deutlicher ausdrücken müssen. 5. Er vermutete, du (seiest – wärest) im Kino.

Übertragen Sie in die indirekte Rede:
Frau Müller sagte: „Ich bin nicht länger bereit diese Verzögerungen hinzunehmen.“ Herr Weber antwortete: „Es ist doch nicht meine Schuld, dass die Ware noch nicht eingetroffen ist. Außerdem habe ich den Lieferanten bereits zweimal schriftlich gemahnt.“ Daraufhin erwiderte Frau Müller: „Ich kann höchstens noch eine Woche auf die Ware warten, andernfalls verzichte ich auf sie.“

3.3 Der Konjunktiv mit „wenn“

Wir wären Ihnen dankbar, wenn Sie uns die Ware bald schickten.

Steht im Hauptsatz der Konjunktiv (Möglichkeitsform), so wird in der Regel auch im Nebensatz mit „wenn“ (Konditionalsatz) der Konjunktiv angewendet, z. B.

Hauptsatz:	**Konditionalsatz:**
Wir *wären* Ihnen sehr dankbar,	wenn Sie uns die Ware bald *schickten.*

Häufig wird im Konditionalsatz der Konjunktiv mit „würde“ gebildet:

..., wenn Sie uns die Ware bald *schicken würden.*

Diese Formulierung gilt als unschön und sollte vor allem vermieden werden, wenn „würde“ im Haupt- und Nebensatz auftritt:

Falsch:	**Richtig:**
Ich *würde* mich gern beteiligen, wenn ich das Geld dazu *haben* würde.	Ich *würde* mich gern beteiligen, wenn ich das Geld dazu *hätte.*

Aber:

„würde“ ist richtig, wenn es sich um den Konjunktiv II von „werden“ handelt:

Ich *hätte* keinen Ersatz für Sie, wenn Sie krank *würden.*
Wenn das Urteil rechtskräftig *würde, müsste* er bezahlen.
Wenn die Masse fest *würde, könnten* wir sie schneiden.

Einige Konjunktivformen sind eher ungebräuchlich, z. B.:

nennen – nennte
kennen – kennte

Solche Konjunktive kann man durch die Ergänzung der Verben „wollen“, „sollen“, „mögen“ oder „können“ vermeiden:

Ich *würde* die Anschrift im Adressbuch schnell finden, wenn Sie mir den Vornamen *nennen* könnten.

Berichtigen Sie:

1. Wenn ich es wissen würde, dann würde ich es sagen. 2. Wir würden die beschädigte Ware behalten, wenn Sie uns einen Preisnachlass gewähren würden. 3. Es würde unklug sein, wenn er sich auf dieses Angebot einlassen würde. 4. Es würde am besten sein, wenn alles beim Alten bleiben würde. 5. Es würde mich freuen, wenn Sie auf meinen Vorschlag eingehen würden. 6. Wenn ihm die Berufsaussichten bekannt sein würden, würde er sicherlich nicht studieren. 7. Wir würden auf die Klage verzichten, wenn sich ein anderer Weg finden würde. 8. Würde ich auf Besserung hoffen, würde ich die Kur machen. 9. Wenn ich mehr Geld bekommen würde, würde ich sicherlich weiterhin in diesem Unternehmen bleiben. 10. Ich würde die Wohnung sofort nehmen, wenn Sie die Miete senken würden. 11. Frau Bauer würde wahrscheinlich kommen, wenn wir sie einladen würden. 12. Unser Vertreter würde höhere Umsätze tätigen, wenn wir bessere Konditionen anbieten würden. 13. Ich würde weniger Zeit benötigen, wenn du mir helfen würdest.

3.4 Vermeiden Sie Partizipialsätze

Beiliegend sende ich Ihnen die Rechnung.
Für Ihr Angebot dankend bestelle ich . . .

Solche **Partizipialsätze** (Mittelwortsätze) findet man fast nur in Geschäftsbriefen; sie sind nicht nur schwerfällig, sondern oft auch grammatisch und inhaltlich falsch gebildet. Dazu ein Beispiel:

Pfeifend schlendere ich durch die Straßen.

Das Partizip „pfeifend" steht stellvertretend für den ganzen Satz: „Indem ich pfeife, ...".

Grammatisch richtig ist das Partizip verwendet, wenn Haupt- und Nebensatz dasselbe Subjekt haben:

Indem *ich* pfeife, schlendere *ich.*

Häufig findet man in Geschäftsbriefen den Satz:

Beiliegend sende ich Ihnen die Rechnung.

Richtig aufgelöst, hat diese Formulierung folgende Bedeutung:

Indem *ich* beiliege, sende *ich* Ihnen die Rechnung.

Gemeint ist aber:

Ich sende Ihnen die *beiliegende* Rechnung.

Das gleiche gilt für folgende Wendungen:

Beigefügt erhalten Sie...
Anliegend sende ich...

Inhaltlich richtig gebildet ist ein Satz, wenn durch das Partizip die Gleichzeitigkeit der Handlungen ausgedrückt wird. Dazu unser Beispiel:

Indem ich pfeife, schlendere ich.

Beide Tätigkeiten kann man gleichzeitig ausführen, also ist der Satz richtig. Betrachten wir jetzt den Satz:

Für Ihr Angebot *dankend* bestelle ich...

Kann man danken und dabei (also gleichzeitig) bestellen? Nein. Die beiden Tätigkeiten kann man nur nacheinander ausführen. Besser heißt es:

Ich danke Ihnen für Ihr Angebot *und bestelle...*

Berichtigen Sie:

1. Von der Reise zurückgekehrt finden meine Sprechstunden wie üblich statt. 2. Unten stehend finden Sie die Liefer- und Zahlungsbedingungen. 3. Mit dem Versand der Ware beschäftigt kam Ihr Anruf. 4. Bezug nehmend auf Ihr Schreiben vom . . ., schicke ich Ihnen heute . . . 5. Zurückkommend auf Ihr Angebot bestelle ich . . . 6. Auf dem Bahnsteig angekommen fuhr der Zug ab. 7. Ihr günstiges Angebot lesend bitte ich um Zusendung des Staubsaugers. 8. Den Verlust des Paketes bedauernd empfehlen wir Ihnen sich sofort an das Postamt zu wenden. 9. Wir haben den Betrag dankend gutgeschrieben.

3.5 Der richtige Fall bei Präpositionen

wegen des Briefes – entgegen dem Erlass – ohne den Verlust

Bei Präpositionen (Verhältniswörtern) wird häufig der falsche Fall verwendet.

Der **Genitiv** (Wesfall) steht bei folgenden Präpositionen:

angesichts	kraft	trotz
außerhalb	längs	unbeschadet
diesseits	laut	ungeachtet
entlang	mittels	unterhalb
halber	namens	unweit
inmitten	oberhalb	während
innerhalb*	seitens	wegen
jenseits	statt	zufolge

Es heißt daher:

wegen des Geldes	außerhalb des Raumes
während der Ferien	trotz des Vorbehalts
ungeachtet des Sturmes	innerhalb zweier Tage

Den **Dativ** (Wemfall) verlangen folgende Präpositionen:

aus	gegenüber	samt
außer	gemäß	seit
bei	mit	von
binnen*	nach	zu
entgegen	nächst	zuwider
entsprechend	nebst	

Deshalb muss es heißen:

gemäß Ihrem Auftrag	demzufolge
nebst dem Muster	dem Befehl zufolge
samt allen Unterlagen	

Anmerkung:

Bei Präpositionen, die den Genitiv bzw. den Dativ verlangen, gibt es auch Ausnahmen; schlagen Sie daher im Zweifel im DUDEN nach.

Der **Akkusativ** (Wenfall) steht nach folgenden Präpositionen:

durch	ohne
für	um
gegen	wider

Es heißt daher:

Für Sie ist ein Paket abgegeben worden.
Durch Sie bin ich darauf aufmerksam geworden.
Ohne das ginge es nicht **(falsch:** Ohne dem...).
Um keinen Preis verkaufe ich das Objekt.
Wider alle Vernunft kaufte er Aktien.

* Vergleichen Sie dazu auch S. 208

Einige Präpositionen können mit **Dativ oder Akkusativ** stehen:

an	über
auf	unter
hinter	vor
in	zwischen
neben	

Mit dem **Dativ** werden diese Präpositionen verbunden, wenn sie **Ortsangaben** beinhalten (Frage: **wo?**); mit dem **Akkusativ** stehen diese Präpositionen, wenn sie eine **Richtung** angeben (Frage: **wohin?**).

Daher heißt es:

Wo? (Ort):	**Wohin? (Richtung):**
Das Paket liegt *neben dem Schrank.*	Ich lege das Paket *neben den Schrank.*
Ein Zettel klebt *an der Kiste.*	Ich klebe einen Zettel *an die Kiste.*
Vermerken Sie noch etwas *unter dem Brief.*	Schreiben Sie noch etwas *unter den Brief.*

Wählen Sie den richtigen Fall:

1. Längs (der Fluss) zieht sich ein Höhenrücken hin. 2. Statt (die vielen Vorschläge) gab es zum Schluss der Aussprache nur noch einen. 3. Außerhalb (die Stadt) können wir die Geschwindigkeit erhöhen. 4. Gegenüber (der Bahnhof) ist ein großes Hotel errichtet worden. 5.Trotz (das schlechte Wetter) werden wir morgen verreisen. 6. Wegen (die Bestellung) habe ich noch einmal angerufen. 7. Wir stellen den Wagen hinter (das Haus); hinter (die Garage) steht noch einer. 8. In (die Zeitung) steht ein Bericht über (unser Verein). 9. Zwischen (die Regale) fand ich den Brief.

3.6 Vermeiden Sie die Häufung von Präpositionen

mit bis zu – bis zum von – an bis zu

Häufig findet man folgende Formulierungen:

In dieser Gegend soll ein Sporthotel *mit bis zu* 300 Betten errichtet werden.

Die Themen des Pressegesprächs reichten vom Landesentwicklungsplan *bis zum von* den Journalisten dringend erwarteten Umweltprogramm.

Erwähnt wurden Angestellte, die *an bis zu* sieben verschiedenen Stellen Gehälter kassieren.

Diese hässliche Anhäufung von Präpositionen (Verhältniswörtern) kann man vermeiden, wenn man Nebensätze bildet oder eine andere Formulierung sucht:

In dieser Gegend soll ein Sporthotel mit annähernd 300 Betten errichtet werden.

Die Themen des Pressegesprächs reichten vom Landesentwicklungsplan bis zum Umweltprogramm, das die Journalisten dringend erwartet hatten.

Erwähnt wurden Angestellte, die an mehreren Stellen (zum Teil sogar an sieben!) Gehälter kassieren.

Suchen Sie nach Auswegen:

1. Sie gingen auf mit Kies bedeckten Wegen. 2. Er gelangte mit durch Schrauben befestigten Brettern über den Bach. 3. Seine Angst vor von oben stürzenden Steinen war groß. 4. Auf unter Drohungen erzwungenen Versprechungen kam die Abmachung zustande. 5. Auf die auf Ihre persönlichen Verhältnisse abgestellte Beratung weisen wir hin. 6. Unter auf dünnen Stangen liegenden Zeltplanen ruhten sie aus. 7. Mit bis an die Grenze gehender Geduld erklärte die Lehrerin die Aufgabe.

3.7 Das Aktiv und das Passiv

Der Rechnungsbetrag wird Ihnen von uns überwiesen.
Wir überweisen Ihnen den Rechnungsbetrag.

Die gebräuchliche Ausdrucksform im täglichen Leben ist das **Aktiv:**

Wir *überweisen* Ihnen den Rechnungsbetrag.
Morgen *liefern* wie die Ware.

Diese Form wirkt anschaulich und lebendig.

Das **Passiv** ist unpersönlich und führt leicht zu umständlichen Formulierungen:

Der Rechnungsbetrag *wird* Ihnen von uns *überwiesen.*
Morgen wird die Ware von uns geliefert.

Im kaufmännischen Schriftverkehr sollten Sie das Aktiv wählen um den Geschäftspartner persönlich anzusprechen:

Passiv:		**Aktiv:**
Es *wird* Ihnen von uns *garantiert,* dass es sich um biologisch abbaubare Produkte handelt.	*Besser:*	Wir *garantieren* Ihnen, dass es sich um biologisch abbaubare Produkte handelt.

Dagegen wählt man das **Passiv,** wenn die Person unwichtig oder unbekannt ist:

Dem Roten Kreuz *wurden* 5.000 DM *gespendet.*
In dieser Gegend *wird* ein Sporthotel *errichtet.*

Übertragen Sie folgende Sätze ins Aktiv:

1. Die Ware wird von uns im Mai geliefert. 2. Die Ausstellung wird von uns am 10. Januar eröffnet. 3. Ihre Bestellung wird schnellstens bearbeitet. 4. Ihnen wird ein Sonderrabatt von 5 % gewährt. 5. Die Rechnung wird von uns noch in diesem Monat bezahlt. 6. Fehlerhafte Ware wird von uns jederzeit zurückgenommen, der Kaufpreis wird Ihnen sofort erstattet. 7. Bei Zahlung innerhalb 14 Tagen wird vom Lieferanten ein Skonto von 3 % eingeräumt. 8. Trotz unserer Mahnung ist der Liefertermin von Ihnen nicht eingehalten worden. 9. Die Lehrerin wurde von den Schülern sehr verehrt. 10. Die Ware wurde vom Kunden beanstandet.

3.8 Der Schachtelsatz beeinträchtigt die Klarheit der Gedanken

Das Mittel, das allen, die von diesem Übel, das die Berufsausübung so empfindlich beeinträchtigt, befallen sind . . .

Schachtelsätze entstehen, wenn man in einen Nebensatz einen zweiten einfügt, in den zweiten einen dritten usw. Häufig wird die Aussage dadurch unverständlich:

Schlecht:
Ein Fachgeschäft, das hier schon lange gefehlt hat, weil es bisher an den Räumlichkeiten mangelte, die aber jetzt zur Verfügung stehen, und das auch Ihre Wünsche erfüllen möchte, wird am 1. Oktober eröffnet.

Besser:
Ein Fachgeschäft hat bei uns schon lange gefehlt. Es mangelte bisher an den Räumlichkeiten, die jetzt zur Verfügung stehen. Wir eröffnen unsere Drogerie am 1. Oktober und möchten auch Ihre Wünsche erfüllen.

Durch Schachtelsätze entsteht das **„Nachklappen“,** das oft verwirren kann. Der fließende Stil wird beeinträchtigt.

Schlecht:
Der Chef blies, nachdem er festgestellt hatte, dass kein Interesse dafür bestand, kurzerhand das vorgesehene Betriebsfest ab.

Sie dachten, der Chef blies auf der Trompete oder ins Horn. Die Gedanken wurden in eine falsche Richtung gelenkt, weil die zusammengehörigen Wörter „blies ab“ zu weit auseinander gerissen wurden.

Besser:
Nachdem der Chef festgestellt hatte, dass für das vorgesehene Betriebsfest kein Interesse bestand, blies er es kurzerhand ab.
Oder:
Der Chef hatte festgestellt...; deshalb blies er es kurzerhand ab.

Entschachteln Sie, indem Sie kurze Sätze bilden oder umstellen:

1. Die Sendung Wellpappkartons, die Sie mit Ihrem Schreiben vom 2. d. M. angekündigt haben, dem Sie ein Muster Ihrer Faltkartons, deren Herstellung Sie ebenfalls aufgenommen haben, beifügten, ist bis heute noch nicht eingetroffen, obwohl wir sie dringend benötigen, weil wir uns zu einer Terminlieferung verpflichtet haben, die wir unbedingt einhalten müssen.
2. Je höher die Abschreibungen sind und je niedriger die in den Bilanzen aufgeführten Geldbeträge für die Anlagen, desto größer ist die Gewähr für die Richtigkeit und Wahrheit der Bilanz, weil die Wahrscheinlichkeit, dass die Geldbeträge, die man für Sachgüter in die Bilanzrechnung einstellt, auch in Geld umgewandelt werden können, wächst.
3. Das Mittel, das allen, die von diesem Übel, das die Berufsausübung so empfindlich beeinträchtigt, befallen sind und aufgehört haben auf Heilung zu hoffen, schnelle Erlösung verspricht, ist jetzt gefunden worden.

Moderne Textverarbeitung

1 Die Arbeitsweise mit moderner Schreibtechnik

Die Büromaschinenindustrie bietet eine Vielzahl von programmgesteuerten Schreibmaschinen an. Allen gemeinsam ist die Fähigkeit Texte zu speichern und nach Bedarf in gewünschter Stückzahl mit sehr hoher Schreibgeschwindigkeit zu drucken. Einige Maschinen ähneln noch der herkömmlichen Schreibmaschine, andere bestehen aus Tastatur, Bildschirm und Drucker.

In einem ersten Arbeitsgang wird der Brief entworfen; der Entwurf wird entweder gedruckt oder erscheint auf dem Bildschirm. Im zweiten Arbeitsgang wird der Brief überarbeitet. Da alle Angaben sich im Arbeitsspeicher befinden, ist neben der üblichen Fehlerkorrektur von Worten oder Textteilen eine Umgestaltung des gesamten Briefes möglich. Es können z. B. Absätze ausgetauscht oder eingefügt und der Text links- und rechtsbündig ausgerichtet werden (Blocksatz). Der fertige Brief wird im dritten Arbeitsgang fehlerfrei bei hoher Schreibgeschwindigkeit gedruckt. Lässt er sich auch bei anderen Anlässen verwenden, wird er außerdem auf einen externen Speicher (z. B. Diskette) übernommen und ist jederzeit abrufbar.

2 Die Programmierte Textverarbeitung

2.1 Die Verwendung von Textbausteinen bei der herkömmlichen Schreibtechnik

In vielen Abteilungen eines Unternehmens (z. B. Einkauf, Verkauf, Buchhaltung, Mahnabteilung) wiederholen sich die Vorgänge und führen daher auch zu inhaltlich gleichen oder sehr ähnlichen Geschäftsbriefen.

Es ist daher naheliegend, immer wiederkehrende Briefteile „auf Vorrat“ zu schreiben. In vielen Unternehmen werden daher von einem Arbeitsteam solche Briefteile sachlich und stilistisch einwandfrei formuliert und nach einzelnen Sachgebieten geordnet. Jede Abteilung verfügt über entsprechende Arbeitsmappen oder **Texthandbücher,** aus denen der Sachbearbeiter nur noch die gewünschten Sätze auswählt und deren Selektionsnummern (Auswahlnummern) an die Stenotypistin weitergibt, die dann den Brief – ohne zeitaufwendige Diktataufnahme – schreibt.

Textbausteine dieser Art finden Sie in vielen Kapiteln dieses Buches. In Texthandbüchern sind solche Bausteine noch **mit Selektionsnummern** versehen. Am Beispiel der zweiten Mahnung soll dieses Prinzip verdeutlicht werden:

Aufbau und Inhalt der zweiten Mahnung:

1. Bezug auf erste Mahnung
2. Bitte, den Betrag zu einem bestimmten Termin zu bezahlen
3. Hinweis auf Verzugszinsen und Mahnkosten

Textbausteine mit Selektionsnummern

Zu 1: 11 Trotz unserer Mahnung vom . . . haben Sie nicht gezahlt.
12 Am . . . habe ich gebeten den fälligen Betrag von . . . zu überweisen.

Zu 2: 21 Ich fordere Sie auf bis zum . . . die Summe von . . . zu bezahlen.
22 Wir erwarten deshalb Zahlung bis spätestens zum . . .
23 Ausnahmsweise verlängere ich das Zahlungsziel bis zum . . .

Zu 3: 31 Nach Ablauf der Frist muss ich leider Verzugszinsen und Mahnkosten berechnen.
32 Daher sollten Sie unbedingt bezahlen, wenn Sie die Berechnung von Verzugszinsen und Mahnkosten vermeiden wollen.

Nun kann man den Brief nach Wunsch zusammenstellen und der Stenotypistin die entsprechenden Selektionsziffern angeben, z. B.: 11, 22, 31.

2.2 Die Arbeit mit dem Schreibautomaten

Die **„Programmierte Textverarbeitung“** (PTV) benutzt Schreibautomaten, die die einzelnen Sätze des Texthandbuches speichern und diese in der gewünschten Zusammenstellung nach Abruf automatisch schreiben. Ein vereinfachtes Beispiel:

1. Das Texthandbuch (s. S. 222)

2. Der Schreibauftrag des Sachbearbeiters
Der Sachbearbeiter sucht aus dem Texthandbuch die Textbausteine, die er für seine Korrespondenz benötigt, und überträgt die Selektionsnummern auf den Schreibauftrag. Hinter die Selektionsnummern werden - falls individuelle Einschübe erforderlich sind - die Daten in der Reihenfolge des Einfügens geschrieben. Zunehmend stellen Sachbearbeiter am Bildschirm die Briefe selbst zusammen.

3. Die Vorprogrammierung durch die Schreibkraft
Die Maschine arbeitet **mit zwei Speichern** (Bänder oder Disketten). Der eine Speicher enthält die Bausteine des Texthandbuches, der andere die veränderlichen Bestandteile wie Adresse, Datum und Einschübe. Das Umschalten von einem Speicher auf den anderen geschieht automatisch, ebenso das Schreiben des Briefes. Auf diese Weise kann auch fremdsprachliche Korrespondenz geschrieben werden, ohne dass die Schreibkraft über die notwendigen Sprachkenntnisse verfügt.

4. Der fertige Brief
Der automatisch geschriebene Brief ist ohne Kontrolle unterschriftsreif (s. S. 223). Das Baukastensystem lässt sich in den meisten Fällen (teilweise bis zu 80%) des geschäftlichen Schriftverkehrs anwenden.

Entwerfen Sie Textbausteine:

1. für Anfragen
2. für Angebote
3. für Mängelrügen
4. für den Lieferungsverzug
5. für eine letzte Mahnung

Texthandbuch

Selektions- nummer	
01	Sehr geehrte Damen und Herren,
02	Sehr gehrter Herr . . .,
03	Sehr geehrte Frau . . .,
11	vielen Dank für Ihr Schreiben.
12	bitte entschuldigen Sie, wenn wir Sie durch die eingetretene Verzögerung verärgert haben.
13	die in Ihrem Schreiben geäußerten Vorwürfe können wir nicht teilen.
14	wir werden uns bemühen den geschilderten Schaden schnellstens zu beheben.
26	Technisches Personal ist überall knapp, sodass sich trotz größter Anstrengungen Verzögerungen nicht immer vermeiden lassen.
27	Wir bedauern, dass wir das Ersatzteil noch nicht verfügbar haben, weil der Hersteller die angeforderten Teile nicht termingerecht liefern konnte. Wir hoffen, dass der Engpass in wenigen Tagen überwunden sein wird. Bitte haben Sie noch etwas Geduld.
28	Die Reparatur wurde umgehend ausgeführt und die Funktionstüchtigkeit überprüft. Das Gerät steht am . . . zu Ihrer Verfügung.
29	Die entstandenen Reparaturkosten in Höhe von . . . DM müssen wir anrechnen, da die Garantie bereits abgelaufen ist.
41	Mit freundlichen Grüßen
	Reparatur GmbH & Co. KG
42	Hochachtungsvoll
	Reparatur GmbH & Co. KG

Beispiele aus einem Texthandbuch

Reparatur GmbH & Co KG • Braunschweig

Reparatur GmbH & Co KG, Postfach 10 15, 38024 Braunschweig

Herrn
Hans Meyer
Postfach 30 10

12503 Berlin

Ihr Zeichen, Ihre Nachricht vom	Unser Zeichen, unsere Nachricht vom	Telefon,Name (05 31) 45 15-	Datum
d-03 ..-08-12	re-o-g	321 Frau Ohm	..-09-15

Sehr geehrter Herr Meier,

die in Ihrem Schreiben geäußerten Vorwürfe können wir nicht teilen.

Die Reparatur wurde umgehend ausgeführt und die Funktionstüchtigkeit überprüft. Das Gerät steht am 20. Sept. 19.. zu Ihrer Verfügung.

Die entstandenen Reparaturkosten in Höhe von 68,90 DM müssen wir anrechnen, da die Garantie bereits abgelaufen ist.

Mit freundlichem Grüßen

Reparatur GmbH & Co. KG

Geschäftsräume	Telefon	Telex	Telefax	Kontoverbindungen	
Lönsstr. 43 Braunschweig	(05 31) 45 15-1	952510 rep d	(05 31) 45 15 50	Commerzbank Braunschweig (BLZ 270 400 80) Konto-Nr. 424 321	Postbank Hannover (BLZ 250 100 30) Konto-Nr. 425 19-302

Programmierter Brief

Der kaufmännische Schriftverkehr im Zeichen des EU-Binnenmarktes

Seit Beginn des Jahres 1993 besteht in den Staaten der Europäischen Union ein einheitlicher Binnenmarkt. Ein gemeinsamer Markt mit dem freien Verkehr von Waren, Dienstleistungen, Kapital und Arbeitskräften führt auch zu einer Ausweitung des Schriftverkehrs. Geschäftsbriefe, die von Deutschland ins Ausland gesandt werden, sind wie bisher nach der DIN 5008 zu gestalten. Die aus dem Ausland bei uns eintreffenden kaufmännischen Schreiben richten sich selbstverständlich nicht nach der deutschen Norm, sie sind nach den jeweils landesüblichen Regelungen abgefasst. Eine EU-weite Norm zur Briefgestaltung gibt es nicht. Es ist zur Zeit auch noch nicht beabsichtigt eine entsprechende internationale Norm auf EU-Ebene auszuarbeiten. Nur Großbritannien und Frankreich verfügen bisher über eine der DIN 5008 vergleichbare Vorgabe: das Published Document (PD) 6506 aus dem Jahre 1982 und die französischen Normen NFZ 11/001 und Z 11/003.

Die beiden Abbildungen auf den Seiten ... und ... verdeutlichen, dass man relativ schnell die uns bekannten Gestaltungsmerkmale eines Geschäftsbriefes auch bei diesen ausländischen Schreiben wieder erkennt: zum Beispiel den Briefkopf (1), das Anschriftfeld (2), die Datumsnennung (3), die Bezugszeichen (4), die Betreffangabe (5) und den Anlagenvermerk (6) (siehe unten die vergleichende Gegenüberstellung der wichtigsten Fachbegriffe sowie auf Seite ... die wichtigsten Anreden, Grußformeln und Postvermerke in Englisch und Französisch). Die sichere Beherrschung der deutschen Norm zur Briefgestaltung ist somit auch eine wichtige Voraussetzung für das Erkennen der wichtigsten Briefbestandteile von Schreiben aus dem Ausland, was für die richtige Zuteilung von Briefen beim Posteingang von Bedeutung ist.

Die Bezeichnung der wichtigsten Briefbestandteile in Englisch und Französisch

Deutsch	Englisch	Französisch
Briefkopf	Heading/letterhead	En-tête
Anrede	Salutation	Appellation
(Bezugs-)Zeichen	Reference initials	Références
Ihr Zeichen	Your reference	Vos références
Unser Zeichen	Our reference	Nos références
(Absende-)Datum	Date	Date du départ
Betreff	Subject line/“re“ line	Object
Grußformel	Complimentary close	Formule de politesse
Unterschrift	Signature	Signature
Anlagen	Enclosure	Pièces jointes/Annexes

Anreden in Englisch und Französisch

Englisch:	Französisch:
Dear Mr Brown	Monsieur
Dear Mrs Harrison	Madame
Dear Sir	Messieurs
Dear Sirs	Mesdames, Messieurs
Dear Madam	

Grußformeln in Englisch und Französisch

Englisch:
Yours sincerely (bei den Anreden „Dear Mr ...“ bzw. „Dear Mrs ...“)
Yours faithfully (bei den Anreden „Dear Sir(s)“ bzw. „Dear Madam“)

Französisch:
Veuillez agréer, Monsieur/Madame, nos salutations distinguées. (Hochachtungsvoll)
Je vous prie d’agréer mes meilleures salutations. (Mit freundlichen Grüßen)

Postvermerke in Englisch und Französisch

Bei dem Briefverkehr ins Ausland sind die internationalen Postvermerke zu beachten. Die Post verlangt, dass „die Bezeichnung der Sendungsart und des gewünschten Sonderdienstes zweisprachig in deutscher und französischer oder einer anderen im Bestimmungsland allgemein bekannten Sprache“ angegeben wird (zitiert nach: *Postbuch. Ratgeber für Kunden. Herausgegeben vom Bundesministerium für das Post- und Femmeldewesen. Darmstadt 1988).*

Deutsch	Englisch	Französisch
Brief	Letter	Lettre
Drucksache	Printed Matter	Imprimé
Drucksache zu ermäßigter Gebühr	Printed Matter at Reduced Rate	Imprimé à taxe réduite
Eigenhändig	Personal	A remettre en main propre
Eilzustellung	(By) Express US: Special Delivery	Exprès
Einschreiben	(By) Registered (Mail)	Recommandé
Frei von Gebühren und Abgaben	Postage Prepaid	Franc de taxes et de droits
Mit Luftpost	By Airmail	Par avion
Nachnahme	Cash on Delivery	Remboursement
Päckchen	Small Packet	Petit paquet
Postkarte	Postcard	Carte postale
Postlagernd	Poste Restante	Poste restante
Rückschein	Receipt	Avis de réception

Your ref:
④ W/P
Our ref:
PS/AMS
③ Date:
6 June 19..

① CARTER & BROWN

159 Knightsbridge
LONDON SW7 IRE

Telephone 071-584 4005

Fax 071-584 0187

Mr Klaus Wolters
② Postfach 56 20
D-38038 Braunschweig

Germany

Dear Mr Wolters

⑤ PEACE NOW

Following our pleasant meeting in Braunschweig last week and your subsequent correnspondence, I am pleased to enclose a cpmplete set of colour proofs from 'Peace Now'.
I also enclose the manuscripts of the text. I will fax you prices under separate cover.

If you decide you are not interested in 'Peace Now', I should be grateful if you could return the colour proofs to me, as we are fairly short of these for our own sales team.

Best wishes to you for Christmas and the New Year.

Yours sincerely

Peter Sailor

Peter Sailor
Director of Marketing

⑥ Encl

Registered Office: 28 Lincoln's Inn Fields, London WC2A 3HH
Carter & Brown Ltd Registered in England No. 2367697

Englischer Geschäftsbrief

① **bondas** service photographique

16 rue de Vézelay
92534 Montrouge Cedex

Tél.: (1) 56 46 25 77
Télex.: BONDA 502875 F
Télécopie: (1) 56 46 26 78

② Madame Sylke PAETSCH
VERLAG AKTUELL

Postfach 80 50

D-68042 MANNHEIM

④ vos références: V/Lettre du 19..-10-21

nos références: HM/EF

③ Paris, le 10 décembre 19..

⑤ objet: Guide international

⑥ pièces jointes: 3 cartes postales

Madame,

En réponse à votre lettre du 19 octobre, nous vous prions de trouver ci-joint, à titre d'information, les spécimens de nos cartes postales reproduisant des gravures anciennes de la Cathédrale de Strasbourg.

Veuillez agréer, Madame, nos sincères salutations.

Le Chef du Service des Ventes,

H. Mathieu

H. MATHIEU

S.A. au capital de 20 500 000 F, Siret 775 636 437 00018, R.C. Paris B 757636437

Französischer Geschäftsbrief

Situationsaufgaben zur Wiederholung

1. Aufgabe: Mängelrüge

Der folgende Prüfbericht bezieht sich auf die in der Abbildung auf Seite 229 beschriebene Lieferung. Schreiben Sie zu diesem Vorgang eine Mängelrüge; entscheiden Sie dabei selbst über die Art der Maßnahmen.

Prüfbericht — **Abt. Einkauf**

Unsere Auftrags-Nr.: MA 4239

Wareneingang am: 8. Okt. 19..

10 St. F413 50x50 statt 50x40 - zurück

20 St. F417 Ecken nicht gerundet - Nacharbeit

20 St. K725a o. k.

Prüfer: [illegible]

Datum: 9. Okt. 19..

2. Aufgabe: Beanstandungen

a) Schreiben Sie zu dem auf Seite 230 dargestellten Vorgang einen Brief an den Elektromeister.

b) Herr Kleinhans betont seinerseits sein Bestes versucht zu haben und empfielt sich an den Hersteller zu wenden.
Obwohl keine Garantie mehr besteht, schreiben Sie einen Brief an den Hersteller, der Klimatechnik AG in 64810 Dieburg, Postfach 12 18.

3. Aufgabe: Aktenvermerk – Zahlungsaufforderung

Bei der Kontrolle des Zahlungseingangs stellen Sie anhand der Belege (siehe Abbildung auf Seite 231) eine Abweichung fest.

a) Klären Sie den Sachverhalt; fragen Sie mittels Aktenvermerk bei Ihrem Vorgesetzten nach, ob Sie eine Korrektur veranlassen sollen.

b) Auf Grund der Entscheidung des Vorgesetzten fordern Sie den Kunden auf den fehlenden Betrag nachzuzahlen.

Kreinse & Co Kreinse & Co

Kreinse & Co, Postfach 3441, 31080 Freden

Einrichtungshaus
Gebr. Mühlmeier
Weserstraße 7

34346 Hann. Münden

Lieferschein/Lieferanzeige

Nr.	108-163-9
Versanddatum	..-10-05
Rechnung Nr.	
vom	

Ihr Zeichen/Bestellung Nr./Datum	Unsere Abteilung	Hausruf	Unsere Auftrags-Nr.
XA 24257-MA 4239 vom ..-09-20	AB 32 N	1 03	ab 163-09

Zusatzdaten des Bestellers	Lieferwerk/Werkauftrags-Nr.	Versandort/-bahnhof
XA 1237-B		

Versandart	frei	unfrei	Verpackungsart	Versandzeichen	Gesamtgewicht kg brutto	Gesamtgewicht kg netto
eigener Lkw	X		1 Kiste		67,8	59,6

Versandanschrift	Empfangs-/Abladestelle
Lager Gebr. Mühlmeier, Kasseler Str. 40, Hann. Münden	Rampe/Tor 1

Pos.	Sachnummer	Bezeichnung der Lieferung/Leistung	Menge und Einheit	Empfängervermerke
		Spiegel mit polierten Kanten u. Steilfacetten, Ecken leicht gerundet		
1	F 413	Größe 50 x 40 cm	10 St.	
2	F 417	Größe 60 x 40 cm	20 St.	
		Spiegel, kreisrund mit polierten Kanten u. Normalfacetten		
3	K 725 a	Größe 50 cm Ø	20 St.	

Allgemeine Hinweise siehe Rückseite

	Eingangsvermerke	Mengenprüfung	Güteprüfung/Prüfbericht	Empfänger	Rechnungsprüfung
Datum					
Name/ Nr.					

Geschäftsräume Wallstr. 25 · Fernsprecher (0 51 84) 6 30 · Telex 53761 krei d · Telefax (0 51 84) 6 31 · Konten Kreissparkasse Freden 135640 (BLZ 259 510 20) Postbank Hannover 12686-305 (BLZ 250 100 30)

Abbildung zur Aufgabe 1

Wertmann & Braun **Bären Drogerie**

Wertmann & Braun, Postfach 725, 55042 Mainz

Elektromeister
D. Kleinhans
Dortmunder Weg 25

55128 Mainz

19..-12-15

Reparaturauftrag

Sehr geehrter Herr Kleinhans,

die Klimaanlage in unserer Drogerie arbeitet sehr unregelmäßig, immer wieder fällt die Feinregulierung aus. Wir wären Ihnen dehalb sehr dankbar, wenn Sie die notwendige Reparatur umgehend durchführen könnten.

Mit freundlichen Grüßen

Quittung

Nr.

	DM	Pf
netto	108	07
+ 15 % MWSt	16	21
gesamt	124	28

Gesamtbetrag DM in Worten: einhundertvierundzwanzig 28/100 (Pfennig wie oben)

von: Bären Drogerie

für: Reparatur an Klimaanlage

dankend erhalten

Ort: Mainz

Datum: 17. Dez. 19..

Buchungsvermerke

Stempel/Unterschrift des Empfängers: Kleinhans

19..-12-20
Anlage geht schon wieder nicht!
Lehmann

Geschäftsräume: Wiesbadener Str. 7, Mainz
Telefon: (0 61 31) 6 40 02
Telex: 4187549 webr d
Telefax: (0 61 31) 6 40 10
Kontoverbindungen: Mainzer Volksbank (BLZ 551 900 00) Konto-Nr. 233 148
Postbank Frankfurt (BLZ 500 100 60) Konto-Nr. 428 80-602

Abbildung zur Aufgabe 2

GLAS GLÖTZER

Verglasung • Glasbearbeitung • Handel • Reparaturservice • Industrieverglasung • Fenster • Ganzglastüren • Spiegel • Bildereinrahmung

Magdeburger Kamp 12
Gewerbegebiet Bassgeige
Tel. (0 53 21) 5 00 08

Bäringerstr. 26
Tel. (0 53 21) 2 28 08
38640 Goslar

Thomas Glötzer, Magdeburger Kamp 12, 38640 Goslar

Herrn
Martin Breitkopf
Schieferweg 42

38685 Langelsheim

Rechnung: 0372 112000 Ls. 0604 **Datum:** ..-09-08

lfd. Nr.	Stück	Beschreibung	Einzelpreis	Gesamtpreis
		Glas geliefert:		
	6	Floatglas, 3mm		
		36 cm x 51 cm = 1,1 m²	m² 53,20	58,61 DM
		15 % MWSt		8,79 DM
				67,40 DM

G1

NORDBANK
NORDDEUTSCHE LANDESBANK GIROZENTRALE

Gutschrift

Empfänger: Name, Vorname/Firma (max. 27 Stellen): THOMAS GLÖTZER GLASBAU
Konto-Nr. des Empfängers: 0136440
Bankleitzahl: 26870032
bei (Kreditinstitut): DEUTSCHE BANK GOSLAR
Betrag: DM, Pf: 64,82
Kunden-Referenznummer - noch Verwendungszweck, ggf. Name und Anschrift des Auftraggebers - (nur für Empfänger): RECHNUNG 0372 VOM
noch Verwendungszweck (insgesamt max. 2 Zeilen à 27 Stellen): 8. SEPT. 19..
Kontoinhaber: Name, Vorname/Firma, Ort (max. 27 Stellen, keine Straßen- oder Postfachangaben): M. BREITKOPF LANGELSHEIM
Konto-Nr. des Kontoinhabers: 2816350802

51

Mehrzweckfeld | X | Konto-Nr. | X | Betrag | X | Bankleitzahl | X | Text

51d

Bitte dieses Feld nicht beschriften und nicht bestempeln

Deutsche Bank AG, Filiale Goslar (BLZ 268 700 32) 0 136 440
Stadtsparkasse Goslar (BLZ 268 500 01) 40 001 067

Abbildung zur Aufgabe 3

4. Aufgabe: Rückfrage (Aktennotiz) – Lieferungsverzug (Mahnung) – Überweisung

Für die Außenanlagen des Hotelneubaus „Zur Eiche“ in 32139 Spenge, Am Sonnenberg 23 waren am 19. Juni bei der Dannewerker Baumschule GmbH in 24867 Danneberg, Postfach 1 59 nach Katalog diverse Containerpflanzen im Gesamtwert von 12 000,00 DM zur sofortigen Lieferung bestellt worden. In der Bestellungsannahme vom 25. Juni wurde die Lieferung zum 4. Juli angekündigt.

a) Am 5. Juli werden Sie beauftragt bei der Dannewerker Baumschule telefonisch nachzufragen, warum die Pflanzen am 4. Juli nicht wie versprochen geliefert wurden. Dabei erfahren Sie, dass wegen heftiger Regenfälle der Boden zu weich sei und die Rodung der Pflanzen sich dadurch verzögere. Die Bahnbehälter würden aber morgen abgeschickt werden.
Erstellen Sie über dieses Gespräch eine Aktennotiz.

b) Nach 5 Tagen sind immer noch keine Pflanzen eingetroffen. Sie sprechen deshalb mit Ihrem Arbeitgeber, der folgende Entscheidung trifft: Die Baumschule GmbH ist zu mahnen; wegen der Eröffnung des Hotelbetriebes Ende Juli ist spätestens bis zum 18. Juli zu liefern. Eine weitere Verzögerung werde man nicht hinnehmen, sondern eine ortsnahe Großgärtnerei mit der Bepflanzung beauftragen, die entstehenden Mehrkosten würden dann der Dannewerker Baumschule in Rechnung gestellt. Schreiben Sie die unterschriftsreife Mahnung.

c) Am 13. Juli werden die angemahnten Pflanzen geliefert. Der mit der Einpflanzung beauftragte Gärtner ist mit der Qualität der Ware sehr zufrieden. Als am 20. Juli die Rechnung Nr. 156/07 über 12 000,00 DM eintrifft, soll deshalb die Bezahlung unter Ausnutzung von 3 % Skonto innerhalb der nächsten 8 Tage vorgenommen werden.
Füllen Sie eine Postgiroüberweisung aus, wobei Sie die notwendigen Angaben nach eigenem Ermessen ergänzen.

5. Aufgabe: Bestellung – Mängelrüge – Überweisung

Herr Dieter Gräber ist Bauherr. Sein Einfamilienhaus in Eutin hat er sich als Rohbau erstellen lassen, die weiteren Baumaßnahmen will er in Eigenregie durchführen. Fenster, Außen- und Innentüren soll die Baustoffhandlung Heiner & Sohn aus 23501 Lübeck, Postfach 3 42 liefern, deren Angebot vom 15. April am preisgünstigsten war.

a) Schreiben Sie am 28. April für Herrn Gräber die Bestellung, beziehen Sie sich auf die Ausschreibungsunterlagen und auf das vorliegende Angebot und verlangen Sie Lieferung frei Baustelle in 23701 Eutin, Pfahlweg 7 zum schnellstmöglichen Termin.

b) Am 6. Mai werden die Türen und Fenster geliefert. Leider ist der Rahmen der Haustür um 8 cm tiefer, als er nach dem Mauermaß sein dürfte.
Schreiben Sie eine Mängelrüge und bitten Sie um Beseitigung des Fehlers.

c) Der Lieferant schlägt Herrn Gräber vor den Rahmen bei einem örtlichen Tischler auf das entsprechende Maß bringen zu lassen und den Betrag für die Änderung vom Rechnungsbetrag, der über --,-- DM lautet, abzusetzen.

Herr Gräber ist mit dem Vorschlag einverstanden und bittet Sie die Rechnung unter Berücksichtigung der Kosten für die Änderung auszugleichen und den entsprechenden Betrag auf das Konto Nr. 62-1046 bei der Handelsbank Lübeck (BLZ 230 302 00) zu überweisen.
Ergänzen Sie die fehlenden Angaben nach eigenem Ermessen.

6. Aufgabe: Angebot (Telefax) – Lieferschein – Rechnung

Sie sind Mitarbeiter in der Stahlhandel GmbH in 37552 Einbeck, Postfach 13 59 und arbeiten im Verkauf.

a) Am 23. September 19.. liegt Ihnen das unten abgebildetete Fax zur Bearbeitung vor. Laut Auskunft der Lagerverwaltung sind nur noch 8 Tafeln vorhanden, die restlichen können innerhalb 14 Tagen beschafft und nachgeliefert werden.
Beantworten Sie durch ein Fax die Anfrage des Kunden, wobei Sie die wichtigsten Daten aufführen, ansonsten aber auf die AGB verweisen.

b) Da der Kunde mit Ihrem Angebot einverstanden ist, bittet er um unverzügliche Lieferung, die Sie am 25. September 19.. ausführen lassen.
Stellen Sie den Lieferschein nach DIN 4994 aus; ergänzen Sie fehlende Angaben so, dass sie mit der Praxis übereinstimmen könnten.

c) Schreiben Sie am 20. Okt. 19.. die Rechnung nach DIN 4991 über insgesamt 12 Tafeln, da auch die fehlenden 4 Tafeln zwischenzeitlich nachgeliefert wurden. Der Preis pro kg beträgt --,-- DM, eine Tafel wiegt 23,5 kg. Laut AGB werden dem Kunden außerdem Frachtkosten von --,-- DM pro 100 kg berechnet.

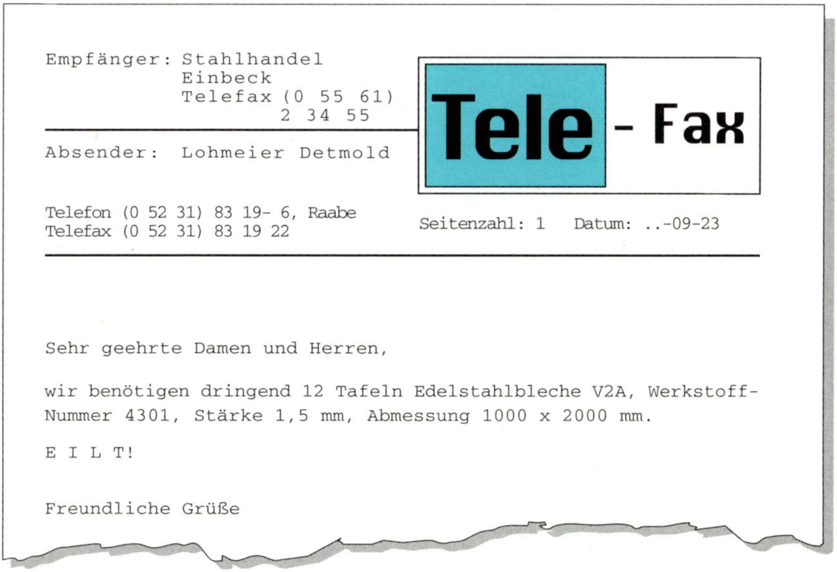

Empfänger: Stahlhandel
Einbeck
Telefax (0 55 61)
2 34 55

Tele - Fax

Absender: Lohmeier Detmold

Telefon (0 52 31) 83 19- 6, Raabe
Telefax (0 52 31) 83 19 22

Seitenzahl: 1 Datum: ..-09-23

Sehr geehrte Damen und Herren,

wir benötigen dringend 12 Tafeln Edelstahlbleche V2A, Werkstoff-Nummer 4301, Stärke 1,5 mm, Abmessung 1000 x 2000 mm.

E I L T!

Freundliche Grüße

Abbildung zur Aufgabe 6

7. Aufgabe: Innerbetriebliches Rundschreiben – Anfrage – Pendelbrief

Sie sind Jugendvertreter in einem Einzelhandelsunternehmen, das in mehreren Filialen insgesamt 23 jugendliche Arbeitnehmer einschließlich der Auszubildenden beschäftigt. Verschiedentlich angeregt tragen Sie beim Betriebsrat und bei der Geschäftsleitung den Wunsch vor anlässlich des Tages der Wiedervereinigung (3. Oktober) eine Fahrt nach Berlin durchzuführen und anschließend ein ehemaliges Konzentrationslager zu besuchen; für diese Veranstaltung werden insgesamt zwei Tage benötigt. Ihr Vorhaben wird sehr positiv aufgenommen; Arbeitsbefreiung und Kostenübernahme werden unter der Bedingung zugesagt, dass alle Jugendlichen an dieser Veranstaltung teilnehmen.

a) Entwerfen Sie ein innerbetriebliches Rundschreiben, in dem Sie überzeugend Sinn und Zielsetzung der geplanten Veranstaltung darstellen und die jugendlichen Arbeitnehmer zur Teilnahme auffordern. Die verbindliche Teilnahmeerklärung erbitten Sie innerhalb 10 Tagen.

b) Da von allen Jugendlichen Ihr Vorhaben begeistert aufgenommen wurde, bekommen Sie von der Geschäftsleitung grünes Licht und die Aufforderung für den Transport und die Unterbringung zu sorgen. Sie fragen deshalb bei mehreren Busunternehmen an und erbitten ein ausführliches Angebot.
Wie könnte der Inhalt dieser Anfrage lauten?

c) Für die Übernachtung kommen wahlweise drei Jugendherbergen und mehrere Hotels in Frage. Erkundigen Sie sich durch einen Pendelbrief, ob und zu welchen Preisen eine Übernachtung zum gewünschten Termin möglich ist.
Entwerfen Sie einen Pendelbrief und setzen Sie in das Anschriftfeld eine Adresse Ihrer Wahl ein.

8. Aufgabe: Zahlungsverzug (Mahnung) – Wechselziehung

Frau Erika Schultz betreibt eine Großhandlung für den Malerbedarf in 94458 Deggendorf, Postfach 68. Am 07. Oktober hatte ihr Betrieb den Malermeister Hubert Teubner verschiedenes Material geliefert, dessen Gegenwert durch die Rechnung auf Seite 235 angefordert worden ist.

a) Da die Rechnung noch nicht beglichen wurde, erhalten Sie den Auftrag den fälligen Betrag anzumahnen. Schreiben Sie die Mahnung.

b) Auf Ihr Schreiben hin erbittet Herr Teubner einen Zahlungsaufschub von drei Monaten, da die Erledigung des Auftrages, für den das gekaufte Material bestimmt war, sich verzögert hat und deshalb die Bezahlung noch aussteht. Frau Schultz beauftragte Sie auf den Malermeister Teubner einen Wechsel zu ziehen und ihn zur Unterschrift mit einem Begleitschreiben an Herrn Teubner zu schicken. In dem Schreiben belasten Sie Herrn Teubner mit 6% Diskont; außerdem bitten Sie um die Angabe einer Zahlstelle.
Füllen Sie den Wechsel aus und schreiben Sie den entsprechenden Begleitbrief.

MALEREINKAUF
ERIKA SCHULTZ

Erika Schultz, Postfach 68, 94458 Deggendorf

Malermeister
Hubert Teubner
Am Südhang 26 b

94227 Zwiesel

Lieferschein-Nr.

Versanddatum

Rechnung

Nr.
7356
vom
..-10-12

Ihr Zeichen/Bestellung Nr./Datum	Unsere Abteilung	Hausruf	Unsere Auftrags-Nr.
vom 5.Okt.19..		5 80	ab 163-09

Zusatzdaten des Bestellers	Lieferwerk/Werkauftrags-Nr.	Versandort/-bahnhof

Versandart	frei	unfrei	Versandzeichen	brutto	Gesamtgewicht kg	netto
Selbstabhol.						

Versandanschrift	Empfangs-/Abladestelle

Pos.	Sachnummer	Bezeichnung der Lieferung/Leistung	Menge und Einheit	Preis je Einheit	Betrag DM
1	7304	Rostschutzgrund 7001	3 2500 ml	27,60	82,80
2	7313	Vorstreich - weiß	10 750 ml	12,10	121,00
3	7507	Acryl-Seidenglanz 11A	10 750 ml	16,85	168,50
4	7525	Heizkörperlack weiß	8 750 ml	14,75	118,00
5	6816	Terpentin-Ersatz	3 6 ml	17,40	52,20
6	6738	Holzlasur 916 weiß	7 5 ml	69,95	489,65
					1 032,15
		abzügl. 20 % Rabatt			206,43
					825,72
		+ Mehrwertsteuer 15 %			123,86
					949,58

Wir weisen darauf hin, dass diese Rechnung 3 Wochen nach Rechnungsausstellung, also am 02.Nov.19.. fällig wird.

Beanstandungen werden nur berücksichtigt, wenn sie unverzüglich nach Warenempfang erhoben werden.

Verpackung wird zu Selbstkosten berechnet und- ausgenommen Sezialverpackung- nicht zurückgenommen.

Die Waren bleiben unser Eigentum bis zur Erfülllung aller uns Ihnen gegenüber zustehenden Ansprüche.

Rückwaren können wir ohne vorherige schriftliche Zustimmung weder annehmen noch gutschreiben.

Gerichtsstand ist Passau

Geschäftsräume Passauer Str. 25 | Fernsprecher (09 91) 5 80 | Telex 58951 schu d | Telefax (09 91) 5 85 | Kreissparkasse Deggendorf 135640 (BLZ 741 500 00) | Postbank München 126 86-183 (BLZ 700 100 80)

Abbildung zur Aufgabe 8

9. Aufgabe: Unverlangtes Angebot (Zeitungsbeilage) – Erkundigung

Frau G. Mohr hat in Saarburg ein Spielwarengeschäft eröffnet und will durch ein Werbeblatt, das der örtlichen Tageszeitung beigefügt werden soll, auf ihr Fachgeschäft aufmerksam machen.

a) Entwerfen Sie eine Zeitungsbeilage, in der Sie die Bedeutung des Spieles für jung und alt hervorheben, und machen Sie deutlich, dass das Spielwarengeschäft Mohr den unterschiedlichen Spielwünschen durch ein umfangreiches Sortiment gerecht werden kann.

b) In der letzten Zeit fragen Kunden immer häufiger nach elektronisch gesteuerten Spielwaren. Da diese im Verhältnis zu anderem Spielzeug recht teuer sind, möchte Frau Mohr diese Waren gern in Kommission übernehmen.
Schreiben Sie deshalb an den Großhandel für technisches Spielzeug in 54215 Trier, Postfach 12 34 und erkundigen Sie sich nach den Bedingungen für einen Kommissionsvertrag. Versuchen Sie den Ansprechpartner davon zu überzeugen, dass das Spielwarengeschäft Mohr ein geeigneter Geschäftspartner und auf Grund der gegenwärtigen Umsatzentwicklung mit einem ansprechenden Verkauf zu rechnen sei.

10. Aufgabe: Zahlungsverzug (1. und 2. Mahnung) – Berichtigung des Kontostandes

Die Ausgangsrechnung Nr. 36-06 an das Bettenhaus Lange in 25899 Niebüll, Am Alten Deich 23 vom 12. Juni über 6.921,00 DM war am 12. Juli fällig, ist aber bis heute, dem 18. Juli noch nicht bezahlt worden.

a) Schreiben Sie im Auftrag der Textilgroßhandlung Bremer & Kamm, 24534 Neumünster, Kieler Landstraße 123 an den Kunden eine Mahnung, in der Sie ihn zur Zahlung des fälligen Betrages auffordern. Ihre Kontoverbindung lautet: Volksbank Neumünster, BLZ 212 900 16, Kto.-Nr. 130 09 16.

b) Da der Kunde weder bezahlt noch geantwortet hat, sollen Sie eine zweite Mahnung schicken, in der Sie nachdrücklich die Bezahlung verlangen und die Berechnung von Mahnkosten und Verzugszinsen androhen.

c) Am 30. Juli 19.. erhalten Sie ein Schreiben des Kunden Lange, in dem er sich für die ausbleibende Zahlung entschuldigt; durch die Betriebsferien wurde die Bezahlung vergessen, sie ist jetzt aber umgehend vorgenommen worden.
Auf dem Kontoauszug der Volksbank finden Sie nur den Betrag von 6.129,00 DM. Bitten Sie deshalb das Bettenhaus Lange um entsprechende Korrektur und belegen Sie Ihre Forderung durch eine beigefügte Kopie des Kontoauszuges.

11. Aufgabe: Rückfrage – Annahmeverzug – Rücktritt

Sie sind beim Großmarkt für Raumausstattung GmbH in 87414 Kempten, Postfach 5 16 beschäftigt.
Am 24. Nov. bestellt der Ingenieur Herr F. Sander, der in 88239 Wangen, Hinter

der Eiche 7 ein Planungsbüro betreibt, bei Ihnen die Einrichtungen für zwei Büroräume gemäß Katalog-Nr. 164. Die Lieferung soll pünktlich zum 15. Dez. 19.. durchgeführt werden, und zwar frei Haus. Wegen des Umfangs des Auftrags erwartet er einen höheren Rabatt als den im Katalog angegebenen.

a) Schreiben Sie am 28. Nov. 19.. Herrn Sander, dass Sie die Möbel zum gewünschten Termin liefern können; eine Änderung des Rabatts ist nicht möglich, da sich die Preise bereits an der untersten Grenze befinden. Durch die Lieferung frei Haus ergibt sich außerdem schon ein erheblicher Preisvorteil.
Weisen Sie darauf hin, dass die Möbel im neuen Katalog bereits teurer ausgedruckt sind.

b) Am 3. Dezember lässt Herr Sander telefonisch mitteilen, dass er mit dem vorgegebenen Rabatt einverstanden ist, sodass Sie die Auslieferung pünktlich zum 15. Dezember 19.. veranlassen. Unverständlicherweise wird die Sendung ohne Begründung nicht angenommen.
Setzen Sie deshalb am 17. Dezember Herrn Sander in Annahmeverzug, und teilen Sie ihm mit, dass die Möbel auf seine Kosten gelagert sind und zur Abholung bereitstehen.

c) Tags darauf hören Sie von einem Außendienstmitarbeiter, dass Herr Sander einen Autounfall erlitten hat; es sei zweifelhaft, ob der Betrieb weitergeführt werden könne.
Nach Rücksprache mit der Geschäftsleitung teilen Sie dem Planungsbüro in einem entsprechend abgefassten Schreiben mit, dass Sie vom Vertrag zurücktreten.

12. Aufgabe: Kundenkredit (Angebot und geschäftsinterne Mitteilung)

Der Baustoffgroßhandlung Scheer & Co. in 47728 Krefeld, Postfach 13 26 geht am 6. April eine Anfrage zu, in der sich Frau G. Zerpner aus 47 608 Geldern, An der Niers 104 erkundigt, ob sie Baumaterial, das sie für Umbauarbeiten an ihrem Einfamilienhaus benötigt, auf Kredit bekommen könnte.

a) Schreiben Sie Frau Zerpner, das sich der Kunde in solchen Fällen ein Baukonto einrichten lässt. Er kommt auf diese Weise in den Genuss eines Kundenrabatts und erhält bei Barzahlung der Rechnung 2 % Skonto. Der allgemeine Zahlungszeitraum beträgt 30 Tage. Allerdings hängt die Einrichtung dieses Baukontos von der Bausumme und der Bonität des Kunden ab. Frau Zerpner müsste deshalb die etwaige Bausumme und eventuelle Sicherheiten angeben.

b) In ihrem Antwortschreiben nennt Fr. Zerpner eine Bausumme von 40.000,00 DM, besondere Sicherheiten kann sie nicht bieten. Über die Kreditauskunftei erfahren Sie, dass Frau Zerpner am 15. Februar dieses Jahres nach Geldern gezogen ist und dort das Haus gekauft hat; die Finanzierung wurde über eine Bausparkasse abgewickelt, das Haus ist entsprechend belastet. Frau Zerpner arbeitet als Sekretärin in der örtlichen Verwaltung.
Unterrichten Sie durch eine interne Mitteilung den Geschäftsführer Herrn Friebel kurz von diesem Sachverhalt und bitten Sie um seine Entscheidung.

c) Herr Friebel ist bereit einen ungedeckten Kredit bis 5.000,00DM unter der Bedingung einzuräumen, dass Frau Zerpner eine Abbuchungsgenehmigung erteilt;

als Anreiz sollte ihr ein Sonderskonto von 3 % angeboten werden.
Unterrichten Sie Frau Zerpner von dieser Bedingung. Verweisen Sie in einem Teilbetreff auf die Ausstellungsräume der Baustoffgroßhandlung, in denen neueste Baumaterialien vorgestellt werden und fachkundige Beratung bereitsteht. Legen Sie dem Brief entsprechendes Prospektmaterial bei.

13. Aufgabe: Schadenersatz – Auftragserteilung (Gesprächsnotiz) – Kurzmitteilung

Der Möbelmarkt Groth in 26592 Aurich, Postfach 713 hatte am 15. März eine Kollektion dänischer Wohnmöbel bei der dänischen Firma K. Poulsen in DK-9300 Aarhus, Nordmandhage 45 zur Lieferung frei Haus bestellt. Am 18. April werden die Möbel durch einen Sattelzug geliefert. Dabei passiert dem Fahrer das Missgeschick, dass er einen Torpfosten an der Einfahrt abknickt, wodurch die Spanndrähte reißen und der Zaun auf 15 m Länge durchhängt.

a) Berichten Sie dem dänischen Möbellieferanten von dem Schaden und erklären Sie, dass die Reparaturkosten von der Rechnung abgesetzt werden.

b) Mit der unverzüglichen Instandsetzung haben Sie die Zaunsetzerei A. Frahm in Aurich beauftragt und eine schriftliche Auftragsbestätigung erbeten.
Erstellen Sie über diesen Vorgang eine Gesprächsnotiz, von der Sie außerdem über Verteiler die Geschäftsleitung und den Pförtner unterrichten.

c) Über die Reparatur erhalten Sie am 6. Mai 19.. die Rechnung Nr. 16405 von --,-- DM.
Schicken Sie dem dänischen Lieferanten mit einer Kurzmitteilung die Originalrechnung. Entwerfen Sie den hierfür erforderlichen Vordruck nach dem Muster auf Seite 191.

14. Aufgabe: Rückfrage – Absage – Angebot

Auf Ihrem Arbeitsplatz finden Sie die Gesprächsnotiz der Seite 239. Ihr Arbeitgeber, die Drucktechnik GmbH in 12531 Berlin, Postfach 62 93 befasst sich mit Reparatur und Vertrieb von Druckanlagen und könnte das Gesuchte am Lager haben.

a) Da Sie zur Erledigung des Auftrages genauere Angaben benötigen, erbitten Sie schriftlich Auskunft über den fraglichen Maschinentyp. Sinnvoll wäre die Übersendung eines schadhaften Kugellagers.

b) Auf Grund der Angaben des Kunden, der umgehend geantwortet hatte, stellen Sie fest, dass dieser Maschinentyp völlig veraltet ist und deshalb auch keine Ersatzteile mehr vorhanden sind.
Teilen Sie diesen Sachverhalt der Druckerei Woltinger mit. Schlagen Sie die Anschaffung einer entsprechenden modernen Maschine vor, weisen Sie auf die weitaus höhere Leistungsfähigkeit hin und legen Sie einen Prospekt bei. Unterbreiten Sie gleichzeitig einen Finanzierungsvorschlag.

Gesprächsnotiz

Datum 26. Aug.

10	~~11~~	12	13	14
9	Uhrzeit			15
8	7	18	17	16

aufgenommen von K. Meier

[x] telefonisch
[ ] persönlich

Gesprächspartner Frau Kuhn

von Firma Druckerei Woltinger

Straße Peitzer Weg 12a

in Cottbus

Telefon 75 00 / 1 26 38

[ ] erbittet Rückruf
[ ] ruft wieder an
[ ] wünscht Besuch
[ ] zur Kenntnisnahme
[x] zur Bearbeitung

Gesprächsinhalt

Betrieb braucht für eine alte Druckpresse Ersatzkugellager. Wir sollen so etwas haben. Habe Prüfung und schnelle Bearbeitung zugesagt.

Mei

Abbildung zur Aufgabe 14

Grammatische Fachausdrücke

Adjektiv (Eigenschaftswort)	*lustig, schön; fünf* (→ Zahladjektiv)
Adverb (Umstandswort)	*dort, gestern, sehr, trotzdem*
Adverbial (Umstandsbestimmung)	Sie traf mich *gestern.*
Akkusativ (Wenfall/4. Fall)	Frau Sommer diskontiert den *Wechsel.*
Aktiv (Tat- oder Tätigkeitsform des Verbs; → Passiv)	Sie *bezahlt* die Rechnung.
Apostroph (Auslassungszeichen)	Ihr geht's nicht gut.
Artikel (Geschlechtswort)	*der, die, das* (bestimmte Artikel); *ein, eine, ein* (unbestimmte Artikel)
Attribut (Beifügung/nähere Bestimmung)	das *schnelle* Auto; Peter *der* Große
Dativ (Wemfall/3. Fall)	Das war *dem Lehrer* nicht anzusehen.
Deklination (Formveränderung, Beugung des Substantivs, Adjektivs, Pronomens und Artikels)	*des* Lobes voll, *eine* hübsche Frau
Demonstrativpronomen (hinweisendes Fürwort)	*dieser, derjenige, jenes*
direkte Rede (wörtliche Rede; → indirekte Rede)	Karin sagte: *„Ich freue mich auf das Fest."*
flektiert (gebeugt)	
Flexion (Beugung = Oberbegriff für → Deklination und → Konjugation)	
Futur I (unvollendete Zukunft)	Wolfram *wird gehen.*
Futur II (vollendete Zukunft)	Wolfram *wird gegangen sein.*
Genitiv (Wesfall/2. Fall)	Er kann wegen *des schlechten Wetters* nicht kommen.
Gliedsatz (Nebensatz)	Susanne lachte, *als sie mich sah.*
Hilfsverb (Hilfszeitwort)	*haben, sein, werden*
Imperativ (Befehlsform des Verbs; → Indikativ, → Konjunktiv)	*Komm! Geh!*
Imperfekt (→ Präteritum)	
Indefinitpronomen (unbestimmtes Fürwort)	*alle, jemand*
Indikativ (Wirklichkeitsform des Verbs; → Imperativ, → Konjunktiv)	*er kommt, sie geht*
indirekte Rede (abhängige Rede; → direkte Rede)	Karin sagte, *dass sie sich freue.*
Infinitiv (Grundform des Verbs)	*schreiben, malen, musizieren*
Interjektion (Ausrufe- oder Empfindungswort)	*oh! hm!*
Interpunktion (Zeichensetzung)	
Interrogativpronomen (Fragewort)	*wer? welcher?*

Kardinalzahl (Grundzahl)	*eins, zwei, drei*
Kasus (grammatischer Fall; → Nominativ, → Genitiv, → Dativ, → Akkusativ)	
Komparation (Steigerung)	*schön* (→ Positiv), *schöner* (→ Komparativ), *am schönsten* (→ Superlativ)
Komparativ (erste Steigerungsstufe/ Höherstufe; → Komparation)	*schöner, besser, schneller*
Konditionalsatz (Bedingungssatz/ Nebensatz)	*Wenn die Schule ausfällt,* bin ich froh.
Konjugation (Formveränderung, Beugung des Verbs)	*liebte, geliebt*
Konjunktion (Bindewort)	*aber, und, oder*
Konjunktiv I/Präsens (Möglichkeitsform I)	Sie sagt, sie *habe* gearbeitet.
Konjunktiv II/Präterium (Möglichkeitsform II)	Sie behauptet, sie *hätte* gearbeitet.
Konsonant (Mitlaut; → Vokal)	*b, k, l, m*
Modus (Aussageweise; → Indikativ, → Imperativ, → Konjunktiv)	
Nomen (Hauptwort; → Substantiv)	
Nominativ (Werfall/1. Fall)	*Die Auszubildende* unterschrieb den Vertrag.
Numerale (Zahlwort, Zahladjektiv)	*dreizehn, viele*
Objekt (Sinn-, Satzergänzung)	Die junge Frau besucht *ihre Mutter.*
Ordinalzahl (Ordnungszahl)	*erste, zweite, dritte*
Partizip I/Präsens (Mittelwort der Gegenwart)	*singend, jubelnd*
Partizip II/Perfekt (Mittelwort der Vergangenheit)	*geliebt, gesungen*
Partizipialsatz (Mittelwortsatz)	*Grinsend* beobachtete er mich.
Passiv (Leideform; → Aktiv)	Die Rechnung *wird* von ihr bezahlt.
Perfekt (vollendete Gegenwart/ 2. Vergangenheit)	Wolfram *ist* gegangen.
Personalpronomen (persönliches Fürwort)	*ich, du, er, sie, es; wir, ihr, sie*
Plural (Mehrzahl; → Singular)	die Maschinen, die Tische
Plusquamperfekt (vollendete Vergangenheit/3. Vergangenheit)	Wolfram *war* gegangen.
Positiv (Grundstufe/Grundform; → Komparation)	*schön, gut, schnell*
Possessivpronomen (besitzanzeigendes Fürwort)	*mein, dein, sein, euer*
Prädikat (Satzaussage)	Das Baby *schreit.*
Präfix (Vorsilbe; → Suffix)	*be-, er-, ver-*
Präposition (Verhältniswort)	*an, bei, unter*
Präsens (Gegenwart)	Wolfram *geht.*
Präteritum (1. Vergangenheit)	Wolfram *ging.*

Pronomen (Fürwort)	*ich, du, er* (→ Personalpr.); *mein, dein, sein* (→ Possessivpr.); *der, welcher* (→ Relativpr.); *dieser, jener* (→ Demonstrativpr.) *wer? welcher?* (→ Interrogativpr.)
Relativpronomen (bezügliches Fürwort)	*der, welcher*
Satzgefüge (zusammengesetzter Satz, der mindestens aus einem Haupt- und einem Nebensatz besteht)	*Ich freute mich, als sie kam.*
Satzverbindung (zusammengesetzter Satz, der aus mehreren Hauptsätzen besteht)	*Im Mai besuchte er Rom und im Juni hielt er sich in Budapest auf.*
Singular (Einzahl; → Plural)	*die Maschine, der Tisch*
Subjekt (Satzgegenstand)	*Das Baby* schreit.
Substantiv/Nomen (Hauptwort)	*Buch, Liebe, Glück*
Substantivierung (andere Wortarten zum Substantiv machen; auch „Nominalisierung“ genannt)	*Das Blau* des Himmels ist herrlich. *Das Lesen* macht ihr viel Spaß.
Suffix (Nachsilbe; → Präfix)	*-keit, -lich*
Superlativ (2. Steigerungsstufe/Höchststufe; → Komparation)	*am schönsten, am besten, am schnellsten*
Synonym (sinnverwandtes Wort)	*Pilot – Flugzeugführer*
Tempus (Zeitform des Verbs)	er *geht* (→ Präsens), *ging* (→ Präteritum), *ist gegangen* (→ Perfekt), *war gegangen* (→ Plusquamperfekt), *wird gehen* (→ Futur I), *wird gegangen sein* (→ Futur II)
Verb (Tätigkeitswort, Zeitwort)	*gehen, singen, tanzen*
Vokal (Selbstlaut; → Konsonant)	*a, e, i, o, u*
Zahladjektiv (Eigenschaftswort, das eine Zahl ausdrückt; → Numerale)	

Stichwortverzeichnis

Schriftverkehr

Stichwortverzeichnis

Deutsch